AIGC 从一到无穷多

From one to infinity

许斌 王天琴 李兴健◎著

SPM 南方传媒 | 广东经济出版社

·广州·

图书在版编目（CIP）数据

AIGC：从一到无穷多 / 许斌，王天琴，李兴健著.
广州：广东经济出版社，2025. 3. — ISBN 978-7-5454-9584-3

Ⅰ. TP18

中国国家版本馆CIP数据核字第2025559NP2号

责任编辑：郑秋瑛　郭艳军
责任校对：郝锦枝　李　兰
责任技编：陆俊帆
封面设计：沐云 BOOK DESIGN QQ:2287215891
内文设计：友间文化

AIGC：从一到无穷多
AIGC：CONG YI DAO WUQIONG DUO
出 版 人：刘卫平
出版发行：广东经济出版社（广州市水荫路11号11～12楼）
印　　刷：佛山市迎高彩印有限公司
（佛山市顺德区陈村镇广隆工业区兴业七路9号）

开　　本：787 mm×1092 mm　1/16
印　　张：17. 75
版　　次：2025年3月第1版
印　　次：2025年3月第1次
书　　号：ISBN 978-7-5454-9584-3
字　　数：310千字
定　　价：88. 00元

发行电话：（020）87393830
如发现印装质量问题，请与本社联系，本社负责调换

Preface 前言

中国古典哲学中，有“一生二，二生三，三生万物”之说，它揭示了事物发展的普遍规律，即从简单到复杂、从少到多的演化过程，阐述了宇宙生成和演化的哲学思想。

AIGC，即人工智能生成内容（Artificial Intelligence Generated Content），正以前所未有的方式拓展创作疆界，它生动地诠释了“一生二，二生三，三生万物”的古老智慧，在现代科技语境下，展现了一个从算法出发，进而繁衍出无限创意可能性的新时代图景。

起始于“一”，AIGC的核心是一套基于深度学习与大数据技术构建的智能模型。这种模型汲取了海量的人类知识与创造性表达，如同老子哲学中的“一”，既是初始，亦是源泉，它可以通过自我迭代优化，逐步具备原创能力。

“二生三”，象征AIGC从简单的数据输入迈向复杂的内容输出的质变过程。AI模型掌握了基础规则与模式后，便能依据用户需求，自动生成包括文本、音乐、图像、视频等在内的多种形态的内容，由“一”而“二”，再由“二”衍生出新的创意结合体——“三”。

“三生万物”，在这一阶段，AIGC便进入了一片广阔无垠的创新天地。无论是新闻报道、文学作品、艺术设计，还是虚拟现实场景构建，AI生成的内容已渗透到社会生活的各个领域，创造出人类未曾设想的全新应用形式。每一种类型的内容生成都是对“万物”的一部分塑造，随着技术的持续进步和完善，AIGC的创造力正在不断拓宽，其潜在的可能性接近于无穷。

《AIGC：从一到无穷多》这本书从宏观到微观，描述了AIGC为时代与行业带来的变革；从理论到实践，揭示了AIGC如何为个人提供无限的创意。同时，也为读者提供了一个全新的认识AIGC的视角。

在宏观层面，本书探讨了AIGC的发展背景、技术原理及其对社会、经济、文化等多个领域的影响；在微观层面，本书提供了丰富的使用案例，帮助读者提升AI应用能力和捕捉新的机会。

在理论层面，本书详细介绍了AIGC的技术细节，包括深度学习、自然语言处理、计算机视觉等关键技术的原理和应用。读者将能够理解AIGC是如何从海量的数据中学习、如何生成新的内容，以及如何通过不断地自我优化，提高生成内容的质量和创意水平。在实践层面，本书通过丰富的案例和实操示范，展示了AIGC在各个领域的应用，包括职场应用、艺术创作、产品设计、科学研究等。在本书中，读者将看到AIGC如何在实际应用中发挥其独特的创造力，以及如何解决实际问题，推动社会的发展。

本书旨在帮助读者了解AIGC的技术原理、应用及其带来的深远影响。无论你是行业从业者，还是对AIGC感兴趣的读者，或者是希望在AI时代找到新机会的读者，都能从本书中获得丰富的知识和实操经验。

Contents 目录

第 8 章 AIGC文本生成应用实操

第 9 章　AIGC文生图像应用实操

第 10 章　AIGC音乐与音频

第 11 章 AIGC生成视频与动画

第 12 章 AI赋能编程与软件开发

第 13 章 多模态应用

第 14 章 DeepSeek与创新无止境

第 15 章 AIGC的未来趋势和挑战

第 16 章 相关概念及常用术语

AIGC时代 大道至简，创造力的永恒光芒

关于本书稿中案例的说明

文本案例基于版面限制并非完整演示过程，完整演示案例请微信扫描二维码进行查看。另需说明的是文本中的案例部分文字内容与演示文稿有所差异是基于编辑出版规范的要求，在保证语句通顺和用词准确的情况下对文本内容进行了微调。

第 1 章 为什么要关注AIGC

解锁AIGC密码——从零到一的奇迹跃迁，揭秘创新背后的核心引擎，量身定制您的阅读指南，一窥AIGC舞台幕后的无限魅力，翻页即启航！

1.1 AIGC从零到一的突破

在数字化浪潮席卷全球的今天，人工智能技术正在以其颠覆性的创新力量持续重塑各行各业。其中，AIGC作为前沿领域的一颗璀璨明珠，也在以前所未有的方式拓展内容创作的边界。AIGC从零到一的突破，昭示着一个内容生产与消费模式深度变革的新时代的到来。

1. 打破创作门槛，实现个体潜能释放

在绘画、写作、音乐制作等艺术创作领域，传统的创作模式往往要求创作者经过长期的专业训练，并积累起丰富的实践经验。然而，AIGC的到来，彻底打破了这一门槛。以绘画为例，过去一个从未接受过绘画教育的人，要想创作出一幅艺术作品几乎是难以实现的。而现在，借助AIGC工具，用户只需通过文字描述、关键词输入或者简单的交互操作，即可让AI“代笔”，生成符合其创作意图的高质量画作。这种从零到一的跨越，使得每个人都能成为创作者，极大释放了个体的艺术潜能，实现了“全民创作”的可能性。

2. 效率提升与成本优化，驱动产业升级

AIGC技术不仅能帮助个人实现创作愿望，更为产业层面带来了显著的效率提升和成本优化等优势。在广告设计、影视特效、游戏开发等领域，AIGC可以快速生成大量

风格多样、细节丰富的视觉素材，大幅缩短内容制作周期，降低人力投入。此外，对于新闻报道、市场分析、报告撰写等工作，AIGC能够基于大数据自动生成初步稿件，减轻专业人士的信息筛选与整合压力，让他们有更多精力专注于深度思考与创新。这种高效、经济的内容生产方式，无疑将激发各行业创新活力，推动产业结构升级。

3. 个性化定制与海量内容供给，满足多元消费需求

随着消费者对个性化内容的需求日益增长，AIGC凭借其强大的学习与生成能力，能够根据用户的特定偏好、所处情境甚至情绪实时生成定制化内容。无论是个性化推荐的新闻资讯、专属风格的音乐曲目，还是符合个人审美偏好的视觉艺术作品，AIGC都能精准匹配并即时产出。这种海量且高度个性化的内容供给，极大地丰富了消费者的体验和选择，推动内容消费市场向更加多元化、精细化的方向发展。

4. 激发创新思维，探索未来内容形态

AIGC不仅仅是现有创作手段的补充或替代，更是对未来内容形态的积极探索。它挑战了我们对“创作”本质的认知，促使我们重新审视人类与机器在创意生成过程中的角色定位与协作模式。当AI能够生成具有创新性、情感共鸣甚至哲学深度的作品时，我们不得不思考：何为真正的“原创”？人类智慧与AI创造力如何交融互补？这些深入的探讨将激发新的研究方向，推动科技、艺术、哲学等多领域的交叉创新。

AIGC从零到一的突破，不仅使不具备特定技能的个体实现创作梦想，更在产业、消费、创新思维乃至社会规则等多个层面产生深远影响。面对这场内容创作领域的革命，我们有必要保持敏锐的关注与深入的理解，积极参与并引导其健康发展，共同迎接一个由AI赋能、人机共创的美好未来。

1.2 AIGC是创新的重要驱动力

AIGC不仅代表了技术进步的前沿，更是社会发展和创新的重要驱动力。

1. 创新与效率

AIGC的核心优势在于其自动化生成内容的能力，这在提高生产效率、降低成本方面具有巨大潜力。对于媒体、广告和内容营销等行业，AIGC可以极大地提升工作效率，实现快速且规模化的内容产出。

2. 个性化和定制化

通过分析用户行为和偏好，AIGC技术能够生成个性化内容，为用户提供定制化体验。这种高度个性化的内容不仅增强了用户满意度，还提升了用户忠诚度，为企业带来了差异化竞争优势。

3. 新形式的创作表达

AIGC为艺术家和创作者提供了新的工具，使他们能够创作出传统方法难以实现的作品。这推动了艺术和文化领域的创新，为表达和创作开辟了新的可能性。

4. 多语言和跨文化交流

AIGC技术通过自动化翻译和内容生成，有助于打破语言障碍，促进不同语言和文化背景的人们之间的交流和理解，为全球化提供了重要的沟通桥梁。

5. 教育和培训

在教育领域，AIGC能够根据学生的学习进度和风格提供个性化的学习材料，使教育变得更加灵活和适应每个学生的需求，从而提高教育质量。

6. 辅助决策

AIGC能够处理和分析大量数据，生成报告和摘要，帮助决策者更快地获取信息，作出更明智的决策。这种高效的信息处理能力对于需要快速响应的市场和行业至关重要。

7. 推动AI技术的发展

AIGC的发展推动了人工智能领域的创新，包括自然语言处理、计算机视觉和机器学习等技术的进步，为AI技术的长远发展奠定了基础。

8. 应对信息过载

在信息爆炸的时代，AIGC可以帮助人们筛选和消化大量信息，提供更有价值、更相关的内容，减轻人们的认知负担。

9. 商业价值

AIGC为企业和创业者提供了新的商业模式和收入来源，例如通过自动化内容创作来吸引用户，开辟了新的商业机会。

AIGC不仅是技术进步的产物，它在提升生产效率、提供个性化体验、促进文化交流、改善教育方式、辅助决策过程、推动技术发展、创造商业价值等方面都显示出巨大的潜力和重要性。

1.3 本书写作目的和目标读者

在人工智能技术蓬勃发展、AIGC日益渗透各行各业的时代背景下，本书致力于引领读者全方位领略AIGC带来的时代变革与个体化应用的价值。本书的写作目的明确，即从宏观到微观、从理论到实践，揭示AIGC的变革力量与无限的创意潜能，为读者提供一个崭新的观察窗口。

1. 宏观视角：揭示AIGC驱动的时代与行业变革

宏观层面，本书旨在勾勒AIGC在全球化、数字化背景下对时代与行业格局的深刻重塑，梳理了AIGC如何凭借其强大的内容生成能力，推动媒体传播、艺术创作、教育、科研、市场营销等众多领域发生结构性变革。书中详述了AIGC如何提高内容生产效率，打破传统创作模式，催生全新的商业模式，以及对就业市场、知识产权制度、社会伦理等更广阔的社会议题产生的影响。通过这样的宏观叙事，读者能够清晰洞察AIGC作为时代引擎的角色，理解其在全球化竞争、产业升级、社会进步中的战略地位。

2. 微观聚焦：展现AIGC为个人提供的高效创意工具

微观层面，本书致力于揭示AIGC如何成为个人创新与表达的高效工具。书中通过丰富的案例研究与实操指南，展示了AIGC如何赋能个体创作者。无论是专业人士还是业余爱好者，都能借助AI的力量突破创意边界，快速生成高质量的文本、图像、音乐甚至视频等作品。同时，本书强调AIGC在个性化学习、职业发展、日常生活等场景中的应用潜力，例如利用AI辅助写作、设计，或者通过AI生成的个性化教育资源增强学习效果。这能激发读者对AIGC技术的亲近感与应用热情，使之意识到AIGC不仅是行业变革的推手，更是个人创新力提升的有效工具。

3. 理论与实践结合：构建全面的AIGC知识体系

本书理论与实践并重，不仅深入浅出地讲解AIGC背后的核心技术原理，包括自然语言处理、深度学习、机器学习等，还结合具体应用场景，引导读者理解这些技术如何协同工作以生成高质量的内容。理论阐述与实践示例的紧密结合，让读者能够在掌握AIGC基础知识的同时，获得实际操作的指导，从而具备应用AIGC解决实际问题的能力，或是进一步探索AIGC创新应用的可能性。

4. 启迪思考：引导读者应对AIGC时代的挑战

最后，本书启迪读者对AIGC时代所面临的挑战与机遇进行深度思考。笔者在书中探讨了AIGC发展过程中可能出现的伦理道德、就业结构变迁、数据安全风险等问题，引导读者理性审视技术进步带来的社会影响。同时，本书鼓励读者把握AIGC带来的机遇，如新型职业的出现、个性化服务的提升、跨学科创新合作等，个体应以积极的姿态参与到这场技术革命中，共同塑造一个以人为本、和谐共生的智能未来。

本书为读者提供了一个从宏观到微观、从理论到实践的全新视角，深入解读AIGC如何驱动时代与行业变革，如何成为个人高效创意工具，以及如何应对由此带来的挑战与机遇。阅读此书，读者不仅能系统掌握AIGC的知识，更能拓宽视野，激发创新思维，更加主动参与和驾驭这场由AIGC引领的科技变革。

5. 本书的目标读者

本书的目标读者群体主要有：

· **科技爱好者与专业人士**：对人工智能技术特别是AIGC领域感兴趣的科技爱好者和专业人士。他们希望深入了解AIGC技术的最新进展、应用案例及未来发展趋势。

· **行业专业人士**：在媒体、广告、内容创作、教育、医疗、游戏开发等行业工作的专业人士。他们希望通过AIGC技术提高工作效率和创造新的业务机会。

· **企业家与创业者**：他们希望利用AIGC技术创造新商业模式或增强现有业务。

· **创新与研发人员**：在科技企业、研究机构或初创公司从事创新研发的人员。他们可能通过这本书获取灵感，探索AIGC技术在各自领域应用的可能性。

· **教育工作者和学生**：学生及相关领域的教育工作者。他们可能需要这本书作为学习资源，了解AIGC的基本概念、技术原理和应用场景。

本书的目标读者涵盖了从专业人士到普通大众的广泛群体，本书不仅提供了专业知识和技术分析，也适合一般读者作为科普读物使用。通过这本书，不同背景的读者都能获得有关AIGC的知识和启发，以及实操的技巧。

1.4 花絮：AIGC的魅力

在写作本书期间，笔者曾探访了一家卖各种美术书的小书店，在与店主聊及美术问题的时候，无意中向他提及了AIGC，我告诉他，现在用AIGC工具，直接输入文字或者语音就可以让AI 创作一幅画，美院的学生学习了十几年才掌握的绘画技能，你也可以具备了。店主没办法理解，我建议他下载几个App 试用，他下载下来，在屏幕输入几个字：画一条龙。当屏幕上显示出一条龙的时候，他非常吃惊，不知道该如何理解这一现象。

是的，对普通人而言，一个新的时代开始了。以前你不具备的技能，有AI 加持，你也可以具备了。但是，你能否从科技的新浪潮中获得什么，是否能抓住机会，还在于你能否进一步地学习与探索。

以下是笔者在智谱清言App中创作的一条龙，龙是我国的传统吉祥物，飞龙在天，腾飞万里，从画一条龙开始你的AIGC之旅吧，你需要做的，仅仅是马上开始输入你的第一条指令。

微信扫二维码
访问演示

▲ 指令1　画一条中国传统风格的龙。

▲ 指令2　画一条在海面上翻腾的龙，高清照片风格，龙要有细节。

▲ 指令3　画一条有翅膀的，正在飞翔的龙，高清照片风格，龙要有细节。

第 2 章
AIGC的基础概念

构建认知基石——解码核心技术概念，踏入创意技术的密室，直击本质。

2.1 AIGC是什么？

AIGC，即人工智能生成内容，是人工智能领域中一个极具前景的技术。它是人工智能从1.0时代向2.0时代迈进的一个重要标志，代表了人工智能在内容创作、生成和传播方面的能力的巨大飞跃。

AIGC的核心在于利用先进的算法和技术（如深度学习、机器学习、自然语言处理、计算机视觉、多模态技术等）以及具体的生成模型（如生成对抗网络、CLIP模型、Transformer模型、Diffusion模型、预训练模型等），自动化创建文本、图像、视频、音频、3D交互内容等多种形式的信息产品。

随着技术的不断迭代和创新，AIGC展现出强大的潜力，它不仅提高了内容生成的效率和质量，还推动了人工智能从计算智能、感知智能向认知智能的演进。这意味着AIGC不仅能够在单一的大规模数据集上学习并掌握跨领域的知识，还能通过适当的模型调整，适应不同的真实世界的任务。

1. AIGC的关键特性

· **自动化创作**：AIGC系统无须人工直接参与创作过程，就能够根据用户提供的指令、关键词、主题或特定要求，自动产生定制化的文本、图像、视频等内容。

· **高效与规模化**：凭借大数据和云计算能力，AIGC可以迅速处理大量信息并批量生成高质量内容，满足互联网环境下海量的用户需求和内容市场快速更新的需求。

· **跨领域知识整合**：经过大规模数据训练的AIGC模型能掌握多个领域的知识，只需适当调整便能应用于不同场景，展现强大的通用性和灵活性。

· **认知智能**：作为人工智能从计算智能、感知智能向认知智能演进的标志，AIGC拥有模拟人类理解、推理和生成复杂内容的能力。

2. 主要应用领域

· **传媒与新闻**：新闻报道撰写、文章撰写、报告撰写、新闻摘要等。

· **创意产业**：广告创意设计、海报制作、视频剪辑、音乐作曲、艺术作品生成等。

· **娱乐与游戏**：游戏内容设计、剧情脚本编写、虚拟角色对话、动画制作等。

· **教育**：个性化学习材料生成、教材改编、在线辅导问答、课件制作等。

· **电子商务**：产品描述、营销文案撰写、用户评论生成、个性化推荐等。

· **社交媒体与新媒体运营**：内容策划、话题生成、短视频创作、直播互动等。

· **职场提效**：会议记录、会议总结、市场调研报告、工作汇报、工作总结、PPT制作等。

AIGC作为一种革命性的内容创作手段，借助人工智能技术极大地提升了内容生产的效率、丰富度和个性化程度，正在广泛渗透并深刻影响各个行业的生产和消费模式，并在推动数字化转型、数据价值提升以及人工智能技术的持续发展中发挥着关键作用。

2.2 AIGC的关键技术和术语

1. 深度学习模型（Deep Learning Models）

（1）Transformer模型：一种基于自注意力机制的序列模型，广泛应用于自然语言处理任务，如文本生成、问答系统等。GLM（General Language Model）模型、GPT（Generative Pre-trained Transformer）模型等系列模型均属于此类。

（2）生成对抗网络（Generative Adversarial Networks, GANs）：由生成器（Generator）和判别器（Discriminator）两部分组成，通过双方博弈的方式进行训练，常用于生成逼真的图像、音频或视频内容。

（3）变分自编码器（Variational Autoencoders, VAEs）：通过编码解码架构学习数据分布，并能从中采样生成新的数据样本，适用于图像、文本等多种数据类型的生成任务。

2．预训练模型（Pre-trained Models）

（1）大型语言模型：如GLM模型、GPT-4模型、BERT模型、T5模型等，经过大规模无监督或半监督训练，具备强大的语言理解和生成能力，可用于文本创作、翻译、摘要、问答等。

（2）视觉语言模型：如CLIP（Contrastive Language-Image Pre-training）模型，能够理解并关联文本和图像，用于跨模态检索、文本引导的图像生成等任务。

3．扩散模型（Diffusion Models）

（1）扩散模型是一类生成模型，近年来在图像生成、音频合成和其他形式的生成任务中表现出色。

（2）与传统的生成对抗网络（GANs）和变分自编码器（VAEs）不同，扩散模型通过模拟数据分布的扩散过程来生成新的数据样本。

4．多模态技术（Multimodal Technology）

（1）跨模态学习：让AI模型同时理解并处理不同类型的输入数据（如文本、图像、语音），实现跨媒体内容的理解与生成。

（2）信息融合：多模态技术能够将来自不同模态的信息进行整合，实现信息的互补。

（3）增强理解：通过结合多种感官输入，可以更深入地理解数据内容和上下文。

（4）提高鲁棒性：不同模态可以相互补偿，当一种模态信息不足时，其他模态信息可以提供支持。

5．自然语言生成（Natural Language Generation, NLG）

（1）自然语言生成是自然语言处理（Natural Language Processing, NLP）的一个分支，它涉及将数据转换为自然语言形式的文本。

（2）自然语言生成的组成：内容确定、文本规划、句子构建、词汇选择、语言实现，确保生成的文本在语法和语义上是正确的，并且符合特定的语言风格和规范。

6．强化学习（Reinforcement Learning, RL）

（1）强化学习是机器学习的一种方法，主要研究如何让智能体（Agent）在环境中通过信息探索和利用来达到某种目标。

（2）让智能体在特定环境中通过试错，学习最优策略，如用于生成连贯的对话、故事线、游戏策略等。

7. 相关术语

（1）LLM（Large Language Model）模型：大语言模型，这类模型通常具有非常高的参数量，可以达到数十亿甚至千亿级别，这使得它们在理解和生成文本方面表现出色。

（2）GenAI（Generative Artificial Intelligence）：生成式人工智能，指的是一类能够创建新内容的人工智能系统。这类系统通过学习大量的数据（如文本、图像、音频等），能够生成新的、原创的内容。

（3）AGI（Artificial General Intelligence）：通用人工智能，是指一种具有广泛认知能力的机器智能，能够在各种不同的任务和环境中表现出与人类相当的智能水平。

这些技术和术语共同构成了AIGC领域的技术栈，支撑着AI在各种应用场景中生成多样化、高质量的内容。随着技术的不断发展，新的方法和术语也会不断涌现。

第 3 章 AIGC的发展历程

时光机中的创意进化——回溯AIGC的诞生轨迹，探究起源之石，照亮最初火花；穿梭历史长廊，见证里程碑事件，洞悉每一次飞跃如何编织成今日的AIGC奇景。

AIGC的发展历程可以说是人工智能技术进步的一个缩影。下面简要概述AIGC的发展历程。

1. 早期探索阶段（20世纪50年代至20世纪80年代）

（1）20世纪50年代，人工智能的概念被提出，早期的研究主要集中在算法和逻辑上。

（2）1957年，莱杰伦·希勒和伦纳德·艾萨克森完成了历史上第一支由计算机创作的《伊利亚克组曲》。

（3）1966年，约瑟夫·魏岑鲍姆和肯尼斯·科尔比开发了世界上第一款可人机对话的机器人Eliza。

（4）20世纪70年代，专家系统和早期的自然语言处理技术开始出现，为后来AIGC的出现奠定了基础。

（5）20世纪80年代中期，IBM创造了语音控制打字机Tangora。

2. 沉淀积累阶段（20世纪90年代至2010年）

（1）20世纪90年代，随着互联网的普及，计算机开始能够处理和生成大量的文本信息。这个时期，自动摘要、机器翻译等AIGC的早期形式开始发展。

（2）2006年，深度学习算法取得了重大突破。这为AIGC的发展提供了新的动力。

3. 快速发展阶段（2010年至今）

（1）2012年，深度学习的突破性成果——AlexNet在图像识别任务中取得了显著成绩，开启了计算机视觉的新时代。

（2）2014年，生成对抗网络的提出，使得AI能够生成高质量的图像和视频。

（3）2018年，深度学习模型——扩散模型被正式提出。

（4）2020年，OpenAI发布了GPT-3，标志着AI在文本生成能力上的巨大进步。

（5）2021年，OpenAI推出CLIP模型和DALL·E模型，主要应用于文本与图像交互生成内容；谷歌发布大语言模型——LaMDA。

（6）2022年，OpenAI发布ChatGPT，成为语言大模型发展史上的重要里程碑。

（7）2023年，OpenAI发布GPT-4模型、DALL·E 3模型、GPT-4 Turbo模型，Midjourney公司发布AI绘画产品。国内企业与机构也纷纷推出大模型，例如清华大学与智谱AI联合推出ChatGLM大模型、百度推出“文心一言”大模型、科大讯飞推出“讯飞星火”大模型、阿里巴巴推出“通义千问”大模型。

AIGC的发展历程与人工智能技术的进步紧密相连，从早期的算法探索到现在的多模态生成模型，AIGC正在不断地拓展内容创作和处理的边界。随着技术的不断进步，AIGC未来的发展仍然充满无限可能。

3.1 AIGC的起源

AIGC的起源可以追溯到人工智能和机器学习技术的早期发展阶段，作为一个被广泛认可的概念，它的兴起与以下几个因素有关：

· **深度学习技术的进步**：自2010年以来，深度学习技术的快速发展，特别是在自然语言处理和计算机视觉领域，生成对抗网络、变分自编码器和Transformer模型等的出现，为AI生成高质量内容提供了强大的技术支持。

· **大数据的可用性**：互联网的普及和数字化内容的爆炸性增长为训练强大的AI模型提供了海量的数据资源。

· **算力的提升**：随着GPU和其他专用硬件的发展，计算能力的提升使得训练大规模的深度学习模型成为可能。

· **应用需求的增长**：随着数字化转型的推进，对于个性化、自动化和高效内容生成的需求不断增长，推动了AIGC技术的发展。

· **跨学科融合**：AI技术与艺术设计、语言学、心理学等学科的交叉融合，为AIGC

的发展提供了新的思路和方法。

· **商业化和投资**：企业和投资者看到了AIGC在媒体、娱乐、营销、教育等领域的巨大潜力，因此投入资源进行研发和商业化尝试。

· **开源社区的贡献**：开源社区在推动AIGC技术的发展方面发挥了重要作用，许多开源的AI模型和工具为研究和应用AIGC提供了基础。

AIGC的早期应用主要集中在文本生成领域，例如自动生成新闻报道、撰写电子邮件等。随着技术的进步，AIGC的能力逐渐扩展到图像、音频和视频生成领域。如今，AIGC已经成为一个跨学科、跨领域的热点领域，不断推动着内容创作和数字媒体的变革。

3.2 AIGC的重要事件

AIGC的发展过程中出现了很多重要的理论、技术和应用进展，以下是一些重要事件。

1. 理论研究（1980年至2010年）

（1）1982年，约翰·霍普菲尔德提出了Hopfield网络，这是一种循环神经网络，能够解决优化问题。

（2）2006年，深度学习的概念重新受到关注，多伦多大学的杰弗里·辛顿[①]等人发表了关于深度置信网络（Deep Belief Networks）的论文。

2. 技术突破（2011年至2015年）

（1）2012年，AlexNet在ImageNet竞赛中取得了突破性的成绩，开启了深度学习在计算机视觉领域的新时代。

（2）2014年，生成对抗网络由伊恩·古德费洛等人提出，为AI生成高质量图像和其他媒体内容提供了新的方法。

（3）2015年，OpenAI成立，致力于推动人工智能的发展和应用。

① 约翰·霍普菲尔德与杰弗里·辛顿由于在人工神经网络基础理论方面的贡献而共同获得了2024年诺贝尔物理学奖。

3．应用扩展（2016年至2019年）

（1）2016年，谷歌的DeepMind推出了AlphaGo，击败了世界围棋冠军李世石，展示了AI在策略游戏中的强大能力。

（2）2017年，WaveNet等基于深度学习的音频合成技术出现，使得AI生成高质量音频成为可能。

（3）2019年，GPT-2模型由OpenAI发布，展示了AI在文本生成方面的巨大潜力。

4．商业化与普及（2020年至2022年）

（1）2020年，OpenAI发布了GPT-3模型，这是一个具有1750亿参数的大语言模型，能够生成非常流畅和连贯的文本。

（2）2021年，DALL·E模型和CLIP模型由OpenAI推出，分别用于生成图像和将文本与图像进行匹配，进一步扩展了AIGC的应用范围。

（3）2022年10月，Stability AI发布了Stable Diffusion模型，这是一个开源的文本到图像生成模型，进一步推动了AIGC的普及和商业化。

（4）2022年11月，OpenAI推出了搭载GPT-3.5的大模型ChatGPT，这款具有革命性的产品，吸引了全世界创业者的目光。

5．2023年AIGC引爆全球

（1）ChatGPT引爆全球热潮：2023年被称为“AIGC元年”，表明ChatGPT的出现对整个AIGC领域产生了重大影响，其强大的语言理解和生成能力引发了全球范围内的广泛关注和讨论。OpenAI发布GPT-4模型、DALL·E 3模型、GPT-4 Turbo模型。Midjourney公司发布AI绘画产品，可以生成高质量的图片。

（2）“百模大战”与技术军备竞赛：2023年，AIGC领域经历了激烈的“百模大战”，这意味着众多企业、研究机构纷纷推出自己的大语言模型，参与到这场技术竞争中。这种现象反映了行业内部对先进AI技术的积极研发与快速迭代。

（3）应用层生态“百花齐放”：随着技术的发展，AIGC的应用层生态呈现出多样化的特点，各类基于AIGC技术的产品和服务如雨后春笋般涌现，涵盖从B端到C端的广泛市场，包括但不限于内容创作、营销、客户服务、教育、娱乐等多个领域。

（4）政策引导与发展规划：国家在2023年发布了关于AIGC行业的多项政策，对行业发展进行规划与目标设定，显示出政府对AIGC产业的高度重视和支持。这些政策旨在推动AIGC在各行业的深度应用，促进技术创新和市场规范。

（5）技术与存储发展趋势：生成式AI（包括AIGC）与存储技术的发展和趋势受到专业机构的关注和分析，这表明随着AIGC产生的数据量和计算需求的增加，相关的存储解决方案和技术也在不断进化以适应新的挑战。

（6）产业观察与迭代升级：到2023年第三季度，AIGC产业被认为处于从“玩具”到“工具”的快速迭代关键时期，这意味着AIGC技术正逐渐从初期的公众好奇和娱乐用途转向更具实用价值的专业工具和商业解决方案。

（7）研究报告与行业洞察：多家知名企业和学术机构发布了关于AIGC的研究报告，这些报告提供了深入的技术分析、市场趋势预测、人才需求分析、风险评估、未来展望等内容，为业界提供了丰富的知识资源和决策参考。

6. 2024年发展历程

（1）2024年，AIGC技术在全球范围内继续快速发展。

（2）政策支持与规范建设：国家战略层面，2024年《政府工作报告》将“人工智能+”列入国家发展战略，表明政府对AIGC及其相关技术给予高度重视，将其视为推动经济社会数字化转型的关键力量。

（3）技术进步与创新：AIGC技术持续进步，特别是大模型的发展，为行业带来新的应用场景和产品形态。

（4）应用层创新：AIGC的应用层创新成为产业发展的确定方向，将成就一批创新企业。

（5）多模态发展：AIGC大模型从单模态向多模态发展，文本生成图像、视频的能力增强。

（6）商业化与资本投入增加：AIGC的商业化应用快速成熟，市场规模迅速壮大，同时行业融资活动频繁，显示出资本市场对AIGC技术的信心。

（7）重要事件： 2024年2月，OpenAI发布了其首款视频生成模型——Sora生成的视频演示，这标志着AIGC在视频生成领域的一个重要进展。截至2024年7月，中国在AI视频生成领域取得了显著进展，涌现出多种视频生成AI模型。智谱AI的清影、快手可灵AI、生数科技Vidu、即梦AI均实现了视频生成功能，并向普通用户开放。

（8）资本投入增加：2024年第一季度，全球AIGC行业融资总额显著增长，显示出行业对资本的吸引力。

（9）行业应用扩展：AIGC技术在政务、金融、企业办公、文化创意、生产管理等多个领域中挖掘出强需求场景。

（10）大模型生态繁荣：AIGC产品与生态的发展，使得AI技术变得更普惠，同时驱动全社会产生新的商业模式。

（11）政策与标准制定：国家相关部门发布《生成式人工智能服务管理暂行办法》，为AIGC行业的健康发展提供了政策支持和标准指引。

2024年AIGC行业的发展呈现出技术创新、应用层创新、多模态发展、商业化与资本投入增加等多重特点，这些进展预示着AIGC将在多个行业中发挥更加重要的作用，并推动相关技术的商业化和规模化应用。

7. 未来趋势（2024年以后）

（1）AIGC技术继续朝着更高质量、更自然、更个性化的方向发展。

（2）多模态生成模型取得显著进展，如发展出能融合文本、图像、音频和视频等多种元素的AI系统。

（3）AIGC在艺术创作、游戏开发、虚拟现实、教育、医疗等领域的应用不断拓展。

（4）伦理和法律问题成为AIGC发展的关键议题，包括版权、隐私、责任归属等。

AIGC的发展是一个不断演进的过程，随着技术的不断进步和应用的不断深入，未来AIGC将在更多领域展现其巨大的潜力和影响力。

第 4 章

AIGC的技术原理

揭秘创意背后的密码——从技术的发展轨迹到核心科技的深度剖析，带你穿梭NLP、ML至DL的智慧宇宙，揭秘GANs的创造魔法，揭示自注意力与Transformer的思维织网，漫游于Diffusion Models的生成海洋，跨越计算机视觉至语音的智能桥梁，融合多模态的未来视界。

4.1 AIGC的相关技术

1. 自然语言处理（Natural Language Processing, NLP）

· **理解**：AIGC系统运用NLP技术解析和理解输入的自然语言文本，包括词法分析（识别单词和短语）、句法分析（解析句子结构）、语义分析（理解意义和上下文关系）等，以便准确捕捉用户意图或需求。

· **生成**：NLP技术还用于生成连贯、有意义且符合语法规范的自然语言文本并输出。这涉及文本规划（确定内容结构）、词汇选择、句法构造及语言风格的模拟等。

2. 机器学习（Machine Learning, ML）

· **监督学习（Supervised Learning）**：在标注数据集上训练模型，以学习从输入到输出的映射关系，例如给定一个话题或情境，模型学习如何生成相关且高质量的内容。

· **无监督学习（Unsupervised Learning）**：利用大量未标记文本数据，通过自编码器、语言模型等学习语言的内在规律和表示，增强模型对语言结构和语义的理解能力。

· **强化学习（Reinforcement Learning）**：通过与环境（如用户反馈）互动，模型调整自身策略以优化生成内容的质量，如使用户满意度最大化或遵循特定的创作目标。

3．深度学习（Deep Learning, DL）

· **神经网络架构**：如Transformer模型、GPT模型等，它们利用多层神经网络结构捕获复杂的语言特征和长期依赖关系，实现高效的语言理解和生成。

· **预训练与微调**：大模型首先在大规模文本数据上进行无监督预训练，学习通用语言表示，然后在特定任务上进行微调，以适应特定领域的内容生成。

4．生成对抗网络（Generative Adversarial Networks, GANs）

· **竞争学习**：GANs是由一个生成器和一个判别器组成的，两者相互博弈。生成器尝试生成逼真的内容，而判别器则努力区分真实数据与生成数据。通过这种竞争，生成器逐渐学会生成与真实数据难以区分的内容。

5．扩散模型（Diffusion Models）

· **逐步采样**：这类模型通过一系列噪声注入和去除步骤，从随机噪声逐渐扩散至清晰的样本，适用于生成高保真度的图像、音频或其他类型的数据。

6．计算机视觉技术（Computer Vision Technology）

· **图像识别**：使用深度学习模型识别和理解图像内容。

· **图像生成**：基于已有图像数据生成新的图像内容，例如通过GANs生成新的图片。

7．语音识别与合成（Speech Recognition and Synthesis）

· **声学模型与语言模型**：声学模型识别语音信号，语言模型理解语音内容，共同工作以实现语音识别和合成。

8．多模态技术（Multimodal Technology）

· **跨媒体理解与生成**：结合文本、图像、音频、视频等多种模态的信息进行理解和生成，使得AIGC能够处理和创作包含多种媒介元素的复合型内容。

9．大规模数据与大规模模型（Large-scale Data and Large-scale Models）

· **大数据驱动**：AIGC技术依赖海量的训练数据，这些数据为其提供了丰富的语言素材和上下文信息，使得模型能够学习到广泛的知识和语言习惯。

· **大模型优势**：现代AIGC系统往往采用超大规模的语言模型，如拥有数十亿乃至上千亿参数的模型，它们具备更强的泛化能力和创造性，能够在各种场景下生成高质量内容。

AIGC的核心技术原理涵盖了自然语言处理、机器学习（包括监督学习、无监督学习、强化学习）、深度学习（如Transformer、GPT等模型）、生成对抗网络、扩散模型、计算机视觉技术、语音识别与合成、多模态技术和对大规模数据与大规模模型的运用。这些技术相互交织，共同支撑起AIGC在各类应用场景中理解和生成高质量内容的能力。

4.2 AIGC技术发展脉络

AIGC技术的发展历程，包含从早期的探索到现代的广泛应用。随着技术的不断进步，AIGC在内容生成、数据分析、艺术创作等多个领域展现出巨大的潜力和影响力。

1. 1950年—1970年：早期探索

· **图灵测试（1950年）**：艾伦·图灵提出的评估机器智能行为的标准，为后续AIGC技术的发展提供了理论基础。

· **自然语言处理初步尝试**：包括对机器翻译和语言理解概念的探索，为AIGC中语言生成技术的起源。

2. 1980年—1989年：统计方法与专家系统

· **统计自然语言处理**：引入统计方法处理和分析自然语言数据，为后续的SMT等技术奠定基础。

· **专家系统**：特定领域决策支持的计算机程序，虽然不直接对应AIGC，但启发了知识驱动的AIGC系统设计。

3. 1990年—1999年：机器学习初步应用

隐马尔可夫模型（Hidden Markov Models, HMMs）：在语音识别和NLP中发挥关键作用，为后续的SMT等生成技术提供方法论。

4. 2000年—2009年：深度学习兴起

· **深度置信网络（Deep Belief Networks, DBNs）**：为深度学习的发展奠定基础，影响了后续AIGC中使用的多种神经网络架构。

· **卷积神经网络（Convolutional Neural Networks, CNNs）**：在图像识别和计算机视觉领域的突破，为多模态AIGC技术的发展铺平了道路。

5. 2010年—2019年：深度学习与生成模型的突破

· **规则基系统**：AIGC早期依赖预定义规则和模板生成简单文本，标志着自动化内容生成的起步。

· **统计机器翻译（Statistical Machine Translation, SMT）**：引入了基于统计的学习方法，对后续NLG技术产生重要影响。

· **神经网络语言模型（Neural Network Language Models, NNLMs）**：21世纪初期，深度学习兴起，NNLMs开始取代传统统计模型，提高语言生成质量。

· **长短期记忆网络（Long Short-Term Memory, LSTM）**：20世纪90年代提出，在多年后才被广泛应用，它解决了序列数据长期依赖问题，提升了文本生成的连贯性和一致性。

· **生成对抗网络**：2014年提出，最初应用于计算机视觉，后探索用于文本生成，特别是应用在风格化创作或模仿内容创作。

· **注意力机制**：2014年提出，增强了模型在长文本理解和生成任务中的性能，成为核心组件。

· **Transformer模型**：摒弃循环结构，采用自注意力机制和并行计算，大幅提升了文本生成效率和性能。

· **变分自编码器**：用于生成类似真实数据分布的新数据，虽未直接提及其在AIGC中的应用，但可能影响相关技术发展。

6. 2020年至今：AIGC技术的广泛应用

· **大规模预训练模型**：如GPT系列模型、BERT模型、T5模型、BART模型、RoBERTa模型等，通过无监督预训练和微调，极大地推动了AIGC的技术进步和应用范围的拓展。

· **扩散模型**：作为一种新兴的生成模型，近年来，在图像生成领域取得显著成果后，开始应用于文本生成，展现出生成高质量、多样化文本内容的潜力。

· **多模态生成**：正在逐渐融合文本、图像、音频、视频等多种模态信息，实现复合型内容的创新性生成。

· 强化学习：在游戏、机器人等领域取得重要进展，可能间接影响AIGC中涉及交互或适应性学习的场景。

4.3 AIGC相关技术详解

4.3.1 自然语言处理

自然语言处理（NLP）是人工智能的一个分支，它涉及计算机和人类（自然）语言之间的交互。NLP的目的是让计算机能够理解、解释和生成人类语言的内容，从而实现更自然的人机交互。以下是NLP的一些关键技术和应用领域。

1. 关键技术

（1）分词（Tokenization）：将文本分割成单词、短语或其他有意义的元素（被称为“tokens”）。

（2）词性标注（Part of Speech Tagging）：识别文本中每个单词的词性（名词、动词、形容词等）。

（3）句法分析（Parsing）：分析文本的句法结构，理解单词之间的关系和句子的结构。

（4）语义分析（Semantic Analysis）：理解单词、短语和句子的意义，包括词义消歧和句子意义的理解。

（5）情感分析（Sentiment Analysis）：确定文本表达的情绪倾向，如积极、消极或中性。

（6）机器翻译（Machine Translation）：将一种语言的文本自动翻译成另一种语言。

（7）语音识别（Speech Recognition）：将语音信号转换为文本。

（8）文本生成（Text Generation）：自动生成文本，如自动写作机器人或聊天机器人。

2. 应用领域

（1）搜索引擎：改进搜索结果的相关性和准确性。

（2）语音助手：如Siri、Alexa等，理解和回应语音指令。

（3）机器翻译：如Google翻译，提供多语言之间的翻译服务。

（4）情感分析：分析社交媒体上的公众情绪，帮助企业了解市场趋势和消费者反馈。

（5）自动化客服：通过聊天机器人提供7×24小时的客户服务。

（6）文本挖掘和信息检索：从大量文本数据中提取有用信息。

（7）教育：辅助语言学习，提供个性化的学习体验。

（8）医疗：从医疗记录中提取关键信息，辅助诊断和治疗。

随着深度学习技术的发展，NLP领域取得了显著的进步，特别是在自然语言理解、语言生成和跨语言处理等方面。未来，NLP有望在更多领域得到应用，进一步推动AIGC技术的发展。

4.3.2 机器学习

机器学习（ML）是人工智能的一个核心领域，它使计算机系统能够从数据中学习并作出决策或预测，而无须每一步都进行精确编程。机器学习依赖统计学习理论，通过算法来解析数据，并从中学习，进而作出决策或预测。以下是机器学习的一些关键概念和应用领域。

1. 关键概念

（1）监督学习：通过输入数据和相应的标签来训练模型，使其能够预测新数据的输出。

（2）无监督学习：处理没有标签的数据，寻找数据中的模式、关联或结构。

（3）强化学习：通过奖励和惩罚机制，使算法在特定环境中学习最优行为或策略。

（4）深度学习：一种特殊的机器学习方法，使用类似于人脑的神经网络结构来学习复杂模式。

（5）特征工程（Feature Engineering）：选择、组合和构造输入数据的特征，以提高模型的性能。

（6）过拟合（Overfitting）和欠拟合（Underfitting）：描述模型在训练数据上的性能问题。过拟合指模型对训练数据学习得太好，以至于不能很好地泛化到新数据；欠拟合则是模型对训练数据学习不足。

2. 应用领域

（1）图像识别：如面部识别、医学图像分析等。

（2）自然语言处理：如语音识别、机器翻译、情感分析等。

（3）推荐系统：如电商平台的产品推荐、视频流服务的视频推荐等。

（4）金融：如信用评分、算法交易、风险管理等。

（5）医疗诊断：通过分析医疗数据来辅助诊断疾病。

（6）自动驾驶：通过分析传感器数据来控制车辆。

（7）预测分析：在各个行业中用于预测市场趋势、消费者行为等。

（8）游戏和娱乐：如开发智能游戏对手、个性化内容推荐等。

机器学习技术的快速发展正在深刻改变许多行业和领域，促使其提高效率、降低成本，并开拓新的商业机会。随着数据量的增加和计算能力的提升，机器学习将继续推动技术创新和业务模式的转变。

4.3.3 深度学习

深度学习（DL）是机器学习的一个子领域，它主要关注利用多层神经网络结构对复杂数据进行高效表征学习和模式识别。深度学习技术的核心在于通过构建深层神经网络模型，实现从原始数据中自动提取多层次、抽象且具有判别性的特征，进而完成各种复杂的认知任务。以下是深度学习技术的详细介绍。

1. 基本概念与原理

（1）神经网络。

· **多层结构**：深度学习模型由多层（通常超过两层）神经网络构成，每一层包含多个神经元，相邻层之间通过权重连接。

· **前向传播**：输入数据经过逐层非线性变换（如激活函数ReLU、Sigmoid、Tanh等）和线性组合，最终输出预测结果。

· **反向传播**：通过链式法则计算损失函数关于模型参数的梯度，回传至各层进行参数更新，实现模型训练。

（2）深度表示学习。

· **自动特征提取**：深度网络能够在训练过程中自动学习从原始数据到高层抽象表示的转换，避免人工设计特征。

· **层级抽象**：每一层神经网络捕捉不同级别的特征，底层识别简单特征（如图像边缘），高层识别复杂概念（如物体类别）。

2．主要模型与应用

（1）卷积神经网络（CNNs）。

· **应用于计算机视觉**：图像分类、物体检测、语义分割、图像生成等。

· **卷积层**：利用局部感受和权值共享，有效捕获图像的空间结构和特征的不变性。

· **池化层**：下采样，减少计算量，增强模型对位置变化的鲁棒性。

（2）循环神经网络（Recurrent Neural Networks, RNNs）及其变体。

· **应用于序列数据**：自然语言处理、语音识别、时间序列预测等。

· **时间递归**：网络状态随时间序列数据动态演化，保持历史信息。

· **长短期记忆网络（LSTM）/门控循环单元（Gated Recurrent Unit, GRU）**：解决RNNs的梯度消失/爆炸问题，更好地捕捉长期依赖。

（3）自注意力机制与Transformer模型。

· **应用于自然语言处理**：机器翻译、文本生成、问答系统等。

· **自注意力机制**：模型在处理输入时能够关注到不同位置的信息，动态调整权重。

· **Transformer模型**：完全基于自注意力机制的网络架构，摒弃循环结构，实现并行计算，大幅提升效率。

（4）生成对抗网络（GANs）。

· **应用于图像生成、数据增强、风格迁移等**：通过两个网络（生成器与判别器）的对抗训练，生成器学会生成逼真的新样本。

3．训练与优化

（1）大数据与标注。

· **大样本训练**：深度学习模型通常需要大量的标注数据来学习复杂表示，大数据集如ImageNet、COCO等推动了深度学习的发展。

· **半监督/无监督学习**：研究如何在有限标注数据或无标注数据下训练深度模型，如自监督学习、生成模型。

（2）硬件加速与分布式训练。

· **GPU/TPU**：利用专门的硬件加速深度学习计算，大幅缩短训练时间。

· **分布式训练**：将模型分布在多台机器上并行训练，处理大规模数据和模型。

（3）正则化与欠拟合/过拟合。

· **Dropout、Batch Normalization**：减少过拟合，提高模型泛化能力。

· **早停、学习率衰减、模型融合**：优化训练过程，防止过拟合或欠拟合。

4. 应用领域

（1）计算机视觉。

· **图像识别与分类**：如识别图像中的物体、场景或人物表情。

· **目标检测与跟踪**：在视频或图像中定位并追踪特定对象。

· **图像生成与编辑**：基于文本描述生成图像，或对现有图像进行风格迁移、修复等操作。

（2）自然语言处理。

· **文本分类与情感分析**：对文本进行主题分类或情绪识别。

· **机器翻译**：将文本从一种语言自动翻译成另一种语言。

· **语音识别与合成**：将语音转化为文字，或将文字转化为语音。

· **对话系统与问答**：构建能够与用户进行自然对话的智能系统。

（3）推荐系统。

· **深度推荐模型**：利用深度学习提取用户和物品的隐含特征，提高推荐准确性与个性化程度。

（4）其他领域。

· **生物信息学**：蛋白质结构预测、基因表达分析。

· **医疗影像分析**：病灶检测、疾病诊断、组织分割。

· **金融风控**：异常交易检测、信用评分、市场预测。

· **自动驾驶**：环境感知、路径规划、决策控制。

5. 挑战与发展趋势

（1）模型解释性。

· **黑箱问题**：深度学习模型内部复杂，难以解释其决策过程，影响信任度与合规性。

· **可解释AI**：发展模型解释方法，如特征重要性分析、注意力机制可视化等。

（2）计算效率与资源消耗。

· **模型压缩与量化**：缩减模型大小，加快推理速度，利于移动设备部署。

· **轻量级网络设计**：如MobileNet、EfficientNet等，兼顾性能与资源需求。

（3）自监督学习与无监督学习。

· **利用大规模未标注数据**：通过自定义学习任务（如掩码语言模型、对比学习）提升模型性能。

（4）元学习与终身学习。

· **快速适应新任务**：模型学习如何学习，能在少量样本下快速适应新任务。

· **持续学习与知识积累**：避免遗忘旧任务，实现知识的长期积累与更新。

深度学习通过构建深层神经网络结构，实现了对复杂数据的高效学习和理解，推动了人工智能在诸多领域的突破性进展。尽管面临解释性、计算效率等方面的挑战，但随着算法的不断创新、算力的不断提升及应用场景的不断拓展，深度学习将继续引领人工智能技术的发展潮流。

4.3.4 生成对抗网络

生成对抗网络（GANs）是一种深度学习模型，由伊恩·古德费洛等人在2014年提出。GANs由两部分组成：生成器和判别器。这两部分相互对抗，共同学习，最终使生成器能够生成逼真的数据样本。以下是GANs的一些关键概念和应用领域。

1. 关键概念

（1）生成器：生成器尝试从随机噪声中生成数据，目标是生成足够真实的数据以欺骗判别器。

（2）判别器：判别器的任务是区分真实数据和生成器生成的假数据。它尝试准确地区分两者。

（3）对抗过程：生成器和判别器相互对抗，生成器试图生成越来越逼真的数据，而判别器则努力提高区分真伪数据的能力。

（4）损失函数：GANs通常使用二元交叉熵作为损失函数，用于衡量判别器判断的准确性。

（5）模式崩溃（Mode Collapse）：一个常见问题，指生成器只生成一种类型的数据，而不是多样化的数据。

（6）稳定性：由于存在对抗过程，GANs的训练可能不稳定，需要精心设计训练过程。

2. 应用领域

（1）图像生成：生成逼真的图像，如人脸、风景等。

（2）图像编辑：如风格迁移、超分辨率、去噪等。

（3）视频生成：生成逼真的视频序列。

（4）文本到图像的合成：根据文本描述生成相应的图像。

（5）数据增强：在训练其他模型时生成额外的训练数据。

（6）风格迁移：将一种图像风格应用到另一张图像上。

（7）3D模型生成：生成3D模型，用于游戏、电影制作等。

（8）音频处理：如音乐生成、语音合成等。

（9）GANs在图像生成、视频处理、音频合成等领域取得了显著成果，其强大的生成能力使其成为深度学习领域的一个重要研究方向。随着技术的进步，GANs的应用范围和影响力预计将进一步扩大。

4.3.5 自注意力机制和Transformer模型

自注意力机制和Transformer模型是近年来在自然语言处理领域取得显著进展的关键技术，它们也正在扩展到其他领域，如计算机视觉。

1. 自注意力机制

（1）基本概念。

自注意力机制是一种使模型在处理序列数据（如文本）时能够自动关注序列中不同位置的信息的机制。

（2）工作原理。

· **权重计算**：对于序列中的每个元素，模型会计算其与其他所有元素的关联度或权重。

· **信息整合**：通过这些权重，模型能够整合序列中的信息，为每个元素生成一个加权表示。

（3）优势。

· **长距离依赖**：能够有效地捕捉序列中的长距离依赖关系。

· **并行计算**：相较于传统的循环神经网络（RNNs）和长短期记忆网络（LSTM），自注意力机制可以更好地进行并行计算。

2. Transformer模型

Transformer模型是一种基于自注意力机制的深度学习模型，它由Vaswani等人在2017年的论文“Attention is All You Need”中提出。Transformer模型最初是为了解决自然语言处理（NLP）中的序列到序列（Seq2Seq）任务而设计的。

（1）Transformer模型的主要特点。

· **自注意力机制**：与传统的循环神经网络（RNNs）和卷积神经网络（CNNs）不同，Transformer模型完全基于自注意力机制来捕捉序列数据中的长距离依赖关系。自注意力机制允许模型在处理序列中的每个元素时，同时考虑序列中的所有其他元素，从而更好地理解上下文。

· **并行处理**：自注意力机制的计算不依赖序列中的前序元素，因此Transformer模型可以在训练过程中并行处理所有序列位置，极大地提高计算效率。

· **多头注意力机制**：Transformer模型采用了多头注意力（Multi-Head Attention）机制，这意味着模型可以在不同的表示子空间中多次执行自注意力机制，然后将这些注意力结果合并起来，以获得更丰富的表示。

· **位置编码**：由于Transformer模型没有循环神经网络的递归结构，它需要一种方法来理解序列中元素的顺序，因此，模型在输入序列中添加了位置编码（Positional Encoding），这些编码提供了关于序列中元素位置的信息。

· **编解码器结构**：Transformer模型通常采用编解码器（Encoder-Decoder）结构。编码器处理输入序列，生成一系列上下文感知的表示；解码器则基于编码器的输出和之前生成的序列元素来生成目标序列。

（2）Transformer模型的影响。

Transformer模型的提出对NLP领域产生了深远的影响。它在许多NLP任务（如机器翻译、文本摘要、情感分析等）中展现出了卓越的性能。此外，Transformer模型也被应用于其他领域，如计算机视觉和音频处理。

随着时间的推移，Transformer模型不断发展和演进，出现了许多变体和改进，如BERT模型、GPT模型等，这些模型进一步推动了NLP和其他领域的发展。

3. 应用领域

· **自然语言处理**：机器翻译、文本摘要、情感分析等。

· **计算机视觉**：图像分类、目标检测等。

4. 优势

· **性能**：在很多NLP任务中取得了领先的成果。

· **灵活性**：适用于处理不同长度和结构的序列数据。

5. 挑战与发展

· **计算资源**：Transformer模型通常需要较大的计算资源。

· **持续研究**：研究人员正在探索更高效的模型架构和训练方法。

自注意力机制和Transformer模型对AI领域产生了深远影响，不仅在NLP领域取得显著成就，也在其他领域展现出强大的潜力和应用价值。

4.3.6 扩散模型

扩散模型是一种先进的深度学习生成模型，近年来在图像生成、音频合成、文本创作等领域崭露头角，以其出色的生成质量和稳定性赢得了研究者和业界的广泛关注。以下是关于扩散模型的详细介绍。

1. 基本原理

扩散模型的灵感来源于统计物理中的随机过程理论，特别是马尔可夫链中的扩散过程。在生成模型的背景下，扩散模型通过设计一个前向扩散过程（Forward Diffusion Process）和一个反向扩散过程（Reverse Diffusion Process）来实现数据的生成。

（1）前向扩散过程。

前向扩散过程是一个逐步增加数据（如图像）噪声的随机过程，可以看作是从原始数据分布逐渐过渡到高斯噪声分布的过程。给定一个初始数据点（如一张清晰的图片），模型通过一系列小步长的迭代，逐次添加高斯噪声，直至数据完全被噪声淹没，形成一个纯噪声状态。这个过程可以用一个概率分布转移方程来描述，使得经过T步后，数据几乎变为标准高斯分布。

（2）反向扩散过程。

反向扩散过程则是前向扩散过程的逆过程，旨在从纯噪声状态出发，逐步去除噪声并重构出与原始数据分布一致的样本。这一过程通常涉及一个神经网络（通常为深度神经网络，如Transformer模型或U-Net结构），该神经网络被训练用来估计每一步消除噪声所需的调整，以恢复数据的原始结构。网络根据当前噪声状态的概率分布和对应的噪声水平，预测下一个时间步的条件概率分布，以此递归地“净化”噪声直到生成清晰的样本。

2. 训练与采样

（1）训练。

扩散模型的训练目标是学习如何有效地执行反向扩散过程，即学习一个逆向映射函数，该函数能在每个时间步预测减少噪声所需的调整。训练数据集用于监督这个过程，确保模型能够从加噪后的状态逐步还原到原始数据分布。模型通过最小化预测的条件概率分布与实际分布之间的差异（例如，使用似然损失函数）来进行优化。

（2）采样。

一旦模型训练完成，生成新样本的过程就是从高斯噪声开始，按照反向扩散步骤逐步降低噪声水平。每个时间步，模型都会根据当前噪声状态生成一个调整向量，将其应用于当前噪声图像以减少噪声并逼近真实数据分布。重复此过程直到达到最终时间步，得到的就是模型生成的新样本。

3．优势与特点

（1）生成质量：扩散模型因其精细的反向扩散机制，能够生成高保真度、细节丰富的图像，甚至在复杂场景和设置高分辨率的条件下仍能表现优秀。

（2）稳定性：相较于GANs训练过程中可能遇到的模式崩溃、收敛困难等问题，扩散模型的训练过程更为稳定，无须精心平衡生成器和判别器的权重。

（3）多样性：扩散模型能够生成多样化且保持语义结构的样本，避免了GANs有时出现的样本多样性不足的问题。

（4）通用性：除了图像生成，扩散模型还被成功应用于文本、音频、3D形状等多种数据类型的生成任务，展现出良好的泛化能力。

（5）可解释性与可控性：扩散模型的前向扩散过程与反向扩散过程有明确的数学定义，这为理解和控制生成过程提供了可能性。研究人员可以通过干预扩散过程来实现特定的生成目标，如编辑现有图像、指导生成方向等。

（6）训练难度：尽管扩散模型的训练流程比GANs直观且易于调节，但由于涉及大量时间步的迭代和复杂的反向扩散计算，其训练成本（尤其是计算资源和时间）通常高于其他一些生成模型。

4．应用领域

（1）计算机视觉：图像合成、编辑、修复等。

（2）音频处理：音乐生成、声音合成等。

（3）自然语言处理：文本生成、对话系统等。

5. 相关进展与变体

随着时间的推移，研究人员对扩散模型进行了诸多改进和扩展，形成了多种变体和应用方案。

（1）快速采样技术：为解决扩散模型采样速度相对较慢的问题，研究者开发了各种加速策略，如基于KL散度的采样、噪声预测网络及基于变分推理的方法，以提高生成效率。

（2）条件扩散模型：引入额外的条件信息（如类别标签、文本描述、样式特征等），使模型能够根据用户指定的条件生成特定类型的图像或风格化图像。

（3）跨模态扩散模型：如潜在扩散模型（Latent Diffusion Models, LDMs），结合了GANs的感知能力、扩散模型的细节保持能力和Transformer模型的语义能力，实现在潜空间而非像素空间中进行扩散过程，并结合语义反馈，用于跨不同模态（如文本到图像、音频到图像等）的生成任务。

扩散模型是一种基于随机扩散过程理论的深度生成模型，通过精心设计的前向和反向扩散步骤，能够在保持稳定性、多样性和可控性的同时，生成高保真度的复杂数据样本。尽管训练成本相对较高，但其优异的性能和广泛的适用性使其成为生成模型研究领域的重要突破之一。

4.3.7 计算机视觉技术

计算机视觉技术是一个跨学科的研究领域，其核心目标是使计算机系统具备模拟、解析、理解和从视觉数据中提取有用信息的能力，甚至超越人类的视觉感知。这种技术结合了计算机科学、数学、工程学、物理学、神经科学、认知科学等多个学科的知识，赋予机器“看”世界的能力，使其能够通过对图像、视频及其他形式的视觉数据进行分析和处理，实现对这些数据的智能化解读和应用。以下是计算机视觉技术的详细介绍。

1. 基本原理与方法

计算机视觉技术的基本工作流程通常包括以下几个关键环节：

（1）数据采集：通过摄像头、扫描仪、遥感设备、医学成像仪器等硬件设施获取图像或视频数据。

（2）预处理：对原始视觉数据进行噪声去除、色彩校正、亮度调整、尺度变换等操作，提高后续处理的准确性与稳定性。

（3）特征提取：从预处理后的数据中提取有意义的特征，如边缘、纹理、形状、颜色直方图、关键点、兴趣区域等，这些特征有助于简化数据并保留关键信息。

（4）图像分析与理解：

· **底层处理**：包括图像处理技术，如空域滤波（如均值滤波、高斯滤波等）、频域处理（如傅里叶变换、小波分析等）、特征检测与描述（如SIFT、ORB、HOG等）。

· **中层处理**：涉及图像分割（如阈值分割、区域生长、图割等）、相机标定（确定内外参数以消除畸变）、深度估计（估算场景中物体的距离）、运动估计（如光流法、块匹配等）。

（5）决策与交互：基于分析结果，计算机视觉系统可以作出决策（如自动化控制、预警、推荐等），或者通过可视化接口（如AR/VR、GUI）与用户或其他系统进行交互。

2. 关键技术与算法

计算机视觉技术中广泛使用的几种核心技术与算法包括：

· **图像分类**：如使用深度卷积神经网络（如AlexNet、VGG、ResNet、EfficientNet等）对图像进行类别标签预测。

· **目标检测**：如使用YOLO、SSD、Faster R-CNN、Mask R-CNN等算法识别图像中特定对象的位置和类别。

· **语义/实例分割**：如UNet、FCN、DeepLab系列、Panoptic Segmentation等，用于将图像像素精确地划分到不同类别或对象实例。

· **关键点检测与姿态估计**：如OpenPose、HRNet等，用于识别人体或物体的关键部位及其相对位置，用于动作识别或3D重建。

· **视觉问答（Visual Question Answering, VQA）**：结合计算机视觉与自然语言处理技术，回答关于图像内容的问题。

· **视觉跟踪**：如KCF、DeepSORT、FairMOT等，持续追踪视频中特定目标的运动轨迹。

· **三维重建**：利用多视图几何、立体视觉、SLAM（Simultaneous Localization and Mapping）等技术，从二维图像重建出三维场景模型。

· **强化学习与视觉导航**：结合计算机视觉与强化学习方法，智能体（如机器人、无人机）可以在复杂环境中基于视觉信息进行自主导航和决策。

3. 应用领域

计算机视觉技术在众多领域有着广泛且深入的应用：

· **自动驾驶**：车辆通过摄像头感知路况，识别行人、车辆、交通标志、车道线等，进行路径规划、避障和驾驶决策。

· **安防监控**：实时分析监控视频，检测异常行为，进行人脸识别、人数统计、入侵检测等，提升公共安全和应急响应能力。

· **智能制造**：在工业生产线上进行质量检测、缺陷识别、零件定位、机器人引导等，提高生产效率和自动化水平。

· **医疗诊断**：辅助医生分析医学影像（如CT、MRI、病理切片等），帮助识别病灶、进行病情评估、指导手术等。

· **虚拟现实/增强现实**：通过实时视觉分析，实现环境感知、手部跟踪、物体交互等功能，提升沉浸式体验。

· **无人机巡检**：对基础设施（如输电线路、桥梁、农田等）进行远程视觉监测，及时发现潜在问题。

· **新零售**：通过店内顾客行为分析、商品识别、自助结账、智能货架管理等功能，优化购物体验和供应链管理。

· **社交媒体与娱乐**：利用美颜滤镜、AR特效、内容审核、智能推荐等功能，丰富用户体验和内容互动。

4. 发展趋势

随着技术的进步，计算机视觉的未来发展趋势包括：

（1）深度学习与神经网络架构创新：持续研发更高效、更精准的深度学习模型，如轻量级模型、注意力机制、Transformer模型等在视觉任务中的应用。

（2）跨模态学习：融合视觉、听觉、文本等多种模态信息，提升系统的综合理解能力和决策能力。

（3）无监督/弱监督学习：减少对大量标注数据的依赖，利用未标注或部分标注的数据进行学习。

（4）实时性和嵌入式应用：优化模型运行速度和内存占用，使其能在边缘设备上实时运行，推动其在物联网和移动设备上的应用。

（5）隐私保护与安全性：开发隐私保护的计算机视觉技术，如差分隐私、联邦学习等，同时增强对抗攻击的防御能力。

（6）可解释性与伦理考量：提升模型决策的透明度和可解释性，关注算法公平性、偏见消除及伦理规范在视觉系统设计中的体现。

计算机视觉技术致力于赋予计算机“看懂”世界的能力，通过一系列算法和模型对视觉数据进行多层次分析，解决实际应用中的各种复杂问题，并随着前沿技术的发展不断拓宽应用场景和深化理解能力。

4.3.8 语音识别与合成技术

语音识别与合成技术是计算机科学与人工智能领域中的关键组成部分，致力于实现人类语音与计算机可处理数据间的双向转换。语音识别技术专注于将口头语言转化为可被计算机理解和处理的文本形式，而语音合成技术则相反，它负责将计算机生成的文本信息转化为听起来自然、流畅的语音输出。这两项技术共同构成了语音处理的核心支柱，极大地提升了人机交互的便利性和效率。

1. 语音识别技术

（1）基本原理与流程。

语音识别技术旨在识别并理解口头语言，进而将其精确地转化为文本。其主要步骤包括：

· **语音信号采集**：通过麦克风等传感器捕捉语音信号。高保真度的麦克风有助于提高识别准确率。

· **预处理**：对采集到的原始语音进行去噪、分帧、加窗等操作，为后续的特征提取做准备。

· **特征提取**：从预处理后的语音片段中提取反映声学特性的数值特征，如梅尔频率倒谱系数（MFCCs）、线性预测系数（LPCs）等，这些特征能够描述语音的频谱、时序和能量分布。

· **模型匹配与识别**：利用统计模型（如HMM、DNN、RNNs、LSTM、Transformer等）对特征序列进行建模和识别，将声学特征映射到相应的语言单位（如语素、词、短语）。这一过程通常结合语言模型（如N-gram模型、神经网络语言模型），以评估不同文本序列的概率，最终通过解码算法（如维特比算法）找到最可能的文本解释。

· **后处理与校正**：对初步识别结果进行拼写修正、语法检查、命名实体识别等后处理，以提升最终文本输出的质量和可用性。

（2）挑战与发展趋势。

语音识别面临诸多挑战，如环境噪声干扰、说话人差异（包括口音、语速、音色等）、多说话人场景、实时性要求等。近年来，深度学习技术的引入显著提升了识别准确率，特别是在端到端模型（如CTC模型、Attention-based模型）的应用中，简化了传统的识别流程，提高了模型的泛化能力。此外，研究方向还包括适应性强的在线学习、跨语言和跨方言识别、情感和意图识别及多模态融合（如结合视觉信息）等。

2. 语音合成技术

语音合成技术，旨在将计算机生成的文本信息转化为听觉上自然、连贯的语音。其核心步骤包括：

· **文本分析与预处理**：对输入文本进行分词、词性标注、句法分析，提取必要的语言结构信息。

· **韵律预测**：确定文本的韵律特征，如音节的重音、音调模式、停顿位置、语速等，可能采用规则基、统计模型或深度学习模型来实现。

· **声学建模**：将文本和韵律信息转化为声学特征（如Mel谱、线性谱等）。完成这一过程通常需要用到深度神经网络（如Tacotron模型、WaveNet模型、Transformer模型）。

· **语音合成**：将声学特征转化为实际的音频波形。传统方法如拼接合成方法，使用预先录制的语音单元拼接成句子，现代方法如神经网络波形生成模型（如WaveNet、WaveGlow、Parallel WaveGAN等）能直接根据声学特征生成高质量、连续的音频。

3. 挑战与发展趋势

语音合成技术需要解决如何生成高度自然、富有表现力和个性化的语音，支持多种语言，以及在有限数据条件下进行高效合成等问题。当前研究前沿包括使用更复杂和灵活的神经网络架构（如Transformer模型）、风格迁移、神经元搜索、对抗性训练等技术来提高合成语音的自然度、多样性和个性化程度，以及利用高效的神经声码器（Neural Vocoders）来加速合成速度和提升音频质量。

4. 应用领域

语音识别与合成技术在众多领域有着广泛的应用：

· **人机交互**：为智能音箱、智能手机助手（如Siri、Google Assistant、Alexa等）、车载信息系统、智能家居设备等提供语音指令识别与语音反馈服务。

· **无障碍技术**：为视力障碍者或行动不便者提供语音导航、语音阅读、语音输入等辅助功能。

· **客户服务**：交互式语音应答系统（Interactive Voice Response, IVR）、智能客服机器人，实现电话客服的自动化交互与问题解答。

· **教育与培训**：语音驱动的学习应用、有声图书、语言学习软件等，丰富学习体验。

· **媒体与娱乐**：语音新闻播报、有声书创作、游戏角色语音、语音导航提示等。

· **医疗保健**：医疗记录语音转写、语音控制医疗设备、远程医疗服务等。

· **呼叫中心**：自动语音识别与分析，用于服务质量监控、客户情绪识别、业务流程优化等。

语音识别与合成技术构成了人机语音交互的基础，不仅极大地扩展了用户与设备、服务之间沟通的方式，还为各类应用场景带来了更高的效率、便利性和包容性。随着技术的不断进步，这两项技术将在语音接口的普及、无障碍环境建设、智能化服务等领域继续发挥重要作用。

4.3.9 多模态技术

多模态技术是指在人工智能领域中，综合运用和融合多种感知或表达信息的模态（modalities），以增强系统的感知、理解、决策与交互能力的一类技术。这些模态通常包括但不限于视觉（图像、视频）、听觉（音频、语音）、触觉、味觉、嗅觉及文本（语言）等，它们代表了人类和机器获取、传递和处理信息的不同方式。多模态技术的核心在于跨越单一模态的局限，通过集成和协调不同模态的数据，实现对复杂情境更深入、更全面和更精准的认知与反应。以下是对多模态技术的详细介绍。

1. 基本原理与特点

多模态技术的核心思想是模拟人类多感官协同工作的方式来处理信息，充分利用不同模态之间的互补性和冗余性。其特点包括：

（1）信息互补：不同模态数据可以从不同角度描述同一现象或情境，提供各自独特的视角。例如，图像可以直观展示视觉场景，语音传达说话者的意图和情感，文本则以结构化形式表达具体细节和抽象概念。多模态融合可以利用这些互补信息提升识别、理解和推理的准确性。

（2）冗余增强：在某些情况下，不同模态的数据可能会包含相似或重复的信息，这种冗余有助于提高系统的鲁棒性，尤其是在某个模态数据质量不佳或缺失时，可以通过其他模态的数据进行补充或纠正。

（3）语义关联：多模态数据之间往往存在内在的语义关联，如视频中的语音和唇动与字幕文本对应，图像中的物体与相关的文本描述相关联。多模态技术通过学习和利用这些关联，实现跨模态的理解与生成。

2. 关键技术与应用

（1）多模态感知与理解。

· **多模态识别**：如语音识别与视觉识别（人脸识别、物体识别、行为识别等）的结合，用于身份验证、场景解析、异常检测等。

· **多模态情感分析**：通过融合面部表情、语音特征、文本内容等，识别和理解用户的情感状态，应用于心理健康监测、社交互动、客户服务等领域。

· **多模态翻译**：将一种模态（如手语）转换为另一种模态（如语音或文本），服务于无障碍沟通。

· **多模态问答与对话**：结合语音、图像、文本等多种输入，进行复杂问题的回答或进行自然、丰富的对话交互。

（2）多模态生成与交互。

· **多模态合成**：如语音合成与虚拟形象动画的同步，创建逼真的虚拟主播或虚拟助手。

· **跨模态检索与推荐**：根据用户的文本查询，返回相关的图像、视频或其他非文本内容；反之，根据视觉或听觉输入，推荐相关的文本信息。

· **多模态人机交互**：设计和实现基于语音、手势、眼神、触摸等多种输入方式的自然、直观的人机交互界面，如智能家居、虚拟现实/增强现实应用、智能汽车交互系统等。

（3）多模态学习与建模。

· **多模态数据融合**：利用机器学习和深度学习技术（如注意力机制、门控机制、跨模态注意力网络等），将来自不同模态的数据进行有效融合，提取跨模态的高层语义特征。

· **跨模态对齐与关联学习**：通过对比学习、共同表征学习等方法，学习不同模态数据之间的对应关系和内在联系。

· **多模态预训练模型**：如BERT、GPT等语言模型的多模态扩展（如ViLBERT、CLIP、M6等），在大规模多模态数据集上进行预训练，学习通用的跨模态表示，供下游任务微调。

3. 应用领域

· **人机交互**：智能语音助手、虚拟现实 / 增强现实应用、智能家电、车载信息系统等。

· **社交媒体分析**：跨模态情感分析、观点挖掘、用户行为理解等。

· **医疗健康**：多模态医学影像分析、远程医疗、康复机器人、心理健康监测等。

· **教育娱乐**：互动式电子书籍、游戏、虚拟教师、沉浸式学习环境等。

· **安防监控**：多模态生物识别、异常行为监测、事件理解等。

· **电子商务与广告**：商品推荐、视觉搜索、智能客服、营销分析等。

4. 挑战与未来趋势

· **数据异质性**：处理不同模态数据的差异性（如维度、结构、动态特性等）及可能存在的不一致性。

· **模型复杂性**：设计高效、可解释的多模态学习模型，平衡计算资源需求与性能表现。

· **泛化能力**：应对未见模态组合、新场景、多语言 / 方言等挑战，提高模型的泛化能力和适应性。

· **隐私保护与伦理问题**：确保多模态技术在收集、处理和使用敏感数据时遵循隐私法规，避免潜在歧视和滥用风险。

未来，多模态技术将进一步融入日常生活，推动人工智能系统在更广泛的场景中实现更自然、更智能、更人性化的交互与服务。随着技术的进步，预计将持续探索新的模态融合方式、优化跨模态理解与生成模型、发展更先进的多模态预训练框架，并在更多垂直领域实现深度应用。

4.3.10 大规模数据和大规模模型

大规模数据和大规模模型是现代数据科学与人工智能领域的两个关键概念，它们分别代表了大数据时代下数据的特性和应对这些数据所需的先进模型技术。下面分别对这两个概念进行介绍。

1. 大规模数据

（1）定义与特性。

大规模数据通常指那些数量极其庞大、种类繁多、增长迅速且传统数据处理手段难以有效应对的数据集合。其主要特性包括：

· **海量性**：数据量达到TB、PB甚至EB级别，远超单台计算机的存储和处理能力。

· **多样性**：包括结构化数据（如数据库记录）、半结构化数据（如XML、JSON文件）和非结构化数据（如文本、图像、视频、音频等）。

· **高速性**：数据产生、传输和处理的速度要求非常高，实时或近实时的分析需求日益增加。

· **价值密度低**：在大量数据中，真正有价值的信息可能分散且占比不高，需要有效的数据挖掘和分析技术来提取。

（2）应用场景与挑战。

大规模数据广泛应用于各行各业，如互联网搜索、电子商务、社交媒体、金融交易、物联网（IoT）、智慧城市、医疗健康、科研等。处理大规模数据面临的主要挑战包括：

· **存储与管理**：需要高效的数据存储架构（如分布式文件系统、云存储）和大规模数据管理系统（如Hadoop、Spark、NoSQL数据库）。

· **处理与分析**：采用并行计算、分布式计算框架（如MapReduce、Spark）及流处理技术（如Apache Flink、Kafka）进行高效数据处理和实时分析。

· **数据清洗与预处理**：大规模数据可能存在缺失值、噪声、不一致性等问题，需要进行数据清洗、标准化和特征工程。

· **信息安全与隐私保护**：在处理大规模数据时，确保数据安全、防止数据泄露、遵守隐私法规成为重要课题。

2. 大规模模型

（1）定义与特性。

大规模模型是指为处理大规模数据、解决复杂问题而设计和训练的具有极高参数量、复杂结构和强大功能的机器学习或深度学习模型。这类模型的特点包括：

· **高容量**：模型参数量可达数百万、数十亿甚至上千亿，能够学习和捕捉数据中的丰富细节和复杂关系。

· **深度结构**：通常涉及深层神经网络架构，如深度卷积神经网络、循环神经网络、Transformer模型等。

· **泛化能力强**：由于模型复杂度高，经过充分训练的大规模模型往往能够在未见过的数据上表现出良好的泛化性能，适用于各种复杂的任务。

· **计算密集**：训练和推断过程需要大量的计算资源（GPU、TPU等加速硬件）和较长的时间。

（2）应用场景与技术手段。

大规模模型在诸多领域展现出显著优势，如自然语言处理、计算机视觉（CV）、语音识别、推荐系统、强化学习等。关键技术手段包括：

· **模型架构创新**：设计更大、更深、更复杂的网络结构，如Transformer家族模型（如BERT、GPT）、大规模视觉模型（如ResNet、EfficientNet、ViT）等。

· **大规模预训练**：在大规模无标注或弱标注数据集上进行自监督或半监督预训练，学习通用的表征能力，然后在特定任务上进行微调。

· **分布式训练**：利用数据并行、模型并行、混合并行等策略，将模型训练过程分布在多台机器或多个设备上，加速训练过程。

· **优化算法与策略**：采用高效的优化器（如Adam、Adafactor）、学习率调度策略、正则化方法（如权重衰减、Dropout）、早停等技术，确保模型收敛并避免过拟合。

· **硬件加速与云服务**：利用高性能计算硬件（如GPU集群、TPU）、云计算平台提供的基础设施和服务，实现大规模模型的高效训练和部署。

3. 挑战与发展趋势

大规模模型面临的主要挑战包括计算成本高昂、能耗大、模型解释性差、潜在的公平性和伦理问题等。未来发展趋势可能包括：

· **模型压缩与轻量化**：通过知识蒸馏、模型剪枝、量化等技术，降低模型尺寸和计算复杂度，提高部署效率。

· **可持续AI**：研究更节能的训练方法、开发绿色硬件，以及建立碳排放评估标准，推动AI发展环境的可持续性。

· **可解释性与透明度**：发展针对大规模模型的解释方法，提升模型决策的可理解和可验证性。

· **隐私保护与联邦学习**：结合差分隐私、同态加密等技术，或利用联邦学习框架，在保护数据隐私的前提下进行大规模模型训练。

第 5 章 AIGC产业生态

驾驭创新经济浪潮——透视AIGC产业生态全貌，勾勒产业圈层蓝图，开启MaaS模型即服务的新纪元，启航开放平台的无限共创，展现塑造未来创意版图的智慧驱动力。

5.1 AIGC产业生态圈构成

AIGC产业生态圈形成了一个从基础支撑到应用落地的完整产业链条，主要分为三个层次：基础层、中间层、应用层。各层之间相互依存、协同进化，共同推动着AI技术在内容创作领域的广泛应用。

1. 基础层

基础层是AIGC生态的基石，主要涉及算力和算法模型的建设。这一层具有较高的进入门槛，通常由大型科技公司和顶尖AI研究机构主导，国外企业有微软、谷歌、英伟达、亚马逊、Meta、OpenAI、Stability AI等，国内企业有智谱AI、百度、阿里巴巴、科大讯飞、腾讯、华为等。这些企业在基础层的建设作用包括：

· **算力建设**：提供高性能计算资源，用于训练大规模的AI模型。

· **算法模型研发**：开发和维护复杂的预训练模型，这些模型作为基础架构，为上层应用提供强大的语言理解、图像生成等基础能力。

2. 中间层

中间层在基础层之上，承担起将通用大模型转化为特定场景应用的关键职责。涉及中间层的企业专注于：

· **模型定制化**：基于基础层提供的预训练模型，开发垂直化、个性化的小模型，以适应不同行业和场景的特定需求。

· **工具开发**：创建易于使用的应用程序编程接口（APIs）和软件开发工具包（SDKs），使非专业开发者也能拥有便捷地接入AI的能力，促进AIGC技术在各行各业的快速部署。

3. 应用层

应用层直接对接消费者或企业用户，提供多样化的AI内容生成服务，涵盖了文本、图像、音频、视频等多个维度。典型应用企业如微软、Meta、智谱AI、百度、腾讯、阿里巴巴等，他们致力于：

· **内容创作工具**：开发AI辅助的办公软件、设计工具、编辑软件等，提升用户在内容创作上的效率和创意。

· **行业解决方案**：将AIGC技术应用于金融证券、生产制造、医疗卫生、教育、零售、广告传媒、电力、IT、交通等行业，优化业务流程，创造新的服务模式。

· **个性化内容推荐**：在社交媒体、视频娱乐、游戏等领域，利用AIGC技术提供个性化的内容推荐，增强用户体验。

AIGC产业生态圈通过层层递进的技术转化与应用拓展，不仅在技术层面持续突破，也在商业和社会层面引发了深刻的变革，重新定义了内容创作和消费的方式。

5.2 AIGC与Model as a Service（MaaS）

Model as a Service（MaaS）是一种基于云计算的服务模式，它允许用户通过网络访问和使用预先训练好的人工智能模型，而不需要拥有直接管理和维护这些模型所需的复杂基础设施和技术知识。MaaS的核心价值在于它极大地降低了企业和个人应用先进AI技术的门槛，使得用户能够快速集成机器学习、深度学习、自然语言处理、计算机视觉等领域的高级功能到自己的应用程序中。

1. MaaS的关键特性

（1）易用性：用户不需要深入理解模型背后的复杂算法，只需通过API调用或图形界面就能使用模型。

（2）成本效益：用户按需付费，避免了高昂的硬件投入和模型开发维护成本。

（3）灵活性：提供了多种模型选择，用户可根据应用场景选择最合适的模型。

（4）即时更新：服务提供商负责模型的迭代升级，用户可以享受到最新的技术进步。

（5）可扩展性：随着用户需求的增长，MaaS服务可以轻松扩展，提供稳定的服务性能。

提供MaaS服务的公司和平台如下：

（1）腾讯云：发布了面向B端客户的腾讯云MaaS服务解决方案，涵盖多个领域的AI大模型。

（2）谷歌Cloud AI Platform：提供了广泛的机器学习模型服务，用户可以直接调用，用于预测、分类、识别等多种任务。

（3）微软Azure Machine Learning：让用户能够构建、部署和管理模型，同时也提供了预建模型的服务。

（4）阿里云模型市场：提供了多种预训练模型，覆盖自然语言处理、图像识别等多个领域。

（5）百度AI Cloud：拥有丰富的AI服务和模型，支持语音、图像、自然语言处理等多种场景。

（6）AWS SageMaker：亚马逊提供的机器学习服务，不仅支持模型训练，也提供托管模型服务，用户可以直接部署和使用。

（7）智谱AI：智谱AI的MaaS是一项基于大型人工智能模型的服务，旨在提供高度智能化、定制化的AI解决方案。智谱AI专注于开发和应用大规模预训练模型，这些模型在自然语言处理、多模态理解等任务方面表现出色。智谱AI的MaaS服务允许用户通过API访问这些强大的模型，从而在多种应用场景中实现高级AI功能。

随着AI技术的迅速发展，市场上提供MaaS服务的公司和平台列表可能会不断更新和扩展，上述仅为部分具有代表性的例子。企业在选择MaaS服务商时，应考虑模型的适用性、服务质量、技术支持、安全性和合规性等因素。

5.3 AIGC领域的开放平台

AIGC领域的开放平台是指那些提供人工智能内容生成工具和服务的平台，它们允许用户或开发者利用这些工具和服务来创建文本、图像、音频、视频等内容。这些平台可能提供API接口、软件开发工具包（SDKs）、在线编辑器或其他方式来访问和使用它们的AI生成技术。

1. AIGC领域的国际知名开放平台

（1）OpenAI：OpenAI是一个领先的人工智能研究实验室，它开发了多个著名的AI模型，如GPT-3，这是一个强大的自然语言处理模型，可以生成高质量的文章、对话和文本内容。

（2）DALL·E 3：DALL·E 3由OpenAI开发，是一个能够根据文本提示生成图像的AI模型。它可以创造出极其详细和逼真的图像，无论是简单的物体还是复杂的场景，都可以生成。

（3）DeepArt.io：这个平台使用深度学习技术来创造艺术作品。用户可以上传图片，并选择不同的艺术风格，DeepArt.io会根据用户的选择生成一幅具有相应风格的画作。

（4）Runway：Runway提供了一个创意工具，使用户能够利用AI技术生成和编辑视频内容。它的应用程序编程接口（APIs）和软件开发工具包（SDKs）允许开发者将AI视频编辑功能集成到自己的应用中。

（5）Adobe Sensei：Adobe的Sensei是一个集成了多种AI功能的平台，它提供了内容识别、图像分析、智能裁剪等功能，能够帮助用户更高效地创建和编辑图像和视频内容。

2. AIGC领域的国内开放平台

国内的AIGC领域开放平台提供各种AI内容生成工具和服务，支持文本、图像、音频、视频等多种类型的内容创作。以下是国内知名的AIGC领域的开放平台：

（1）智谱AI开放平台：智谱AI开放平台是一个基于大型人工智能模型的平台，提供多种AI服务，如聊天、代码、图像和多模态理解等。这个平台旨在构建一个以MaaS为基础的新开发范式，通过简单的API调用释放AI的潜力。

（2）百度AI：百度提供了一系列AI开放平台服务，包括自然语言处理、图像识别、语音识别等技术，用户可以通过API等方式使用这些服务。

（3）阿里云AI：阿里云的机器学习平台提供了丰富的AI服务，包括图像和视频内容生成、自然语言处理等，支持企业和开发者轻松构建AI应用。

（4）腾讯AI Lab：腾讯的AI实验室致力于AI研究，并提供了一些开放的平台和服务（如腾讯云AI），涵盖了计算机视觉、语音识别、自然语言处理等多个方面。

（5）科大讯飞：科大讯飞是中国领先的智能语音和人工智能公共服务平台，提供语音识别、语音合成、图像识别等AI服务。

（6）商汤科技：商汤科技是中国领先的人工智能公司，提供包括人脸识别、图像处理、视频分析等在内的多种AI服务。

这些平台通常提供应用程序编程接口（APIs）、软件开发工具包（SDKs）或其他形式的接口，使得开发者可以方便地将AI内容生成功能集成到自己的应用中。

第 6 章

AIGC的行业应用

AIGC的跨领域征途——从新闻编辑室到金融市场，重塑创意、教育、健康、金融等行业的未来版图，见证人工智能如何携手人类，在音符、光影、代码与真理之间，编织下一个时代的创新交响曲。

在人工智能的浩瀚宇宙中，人工智能生成内容（AIGC）犹如一颗璀璨的新星，正以惊人的速度照亮各行各业的创新之路。这一技术利用深度学习、自然语言处理、生成对抗网络等前沿算法，自主创造文本、图像、音频、视频等多种类型的内容，不仅极大地拓宽了内容创作的边界，更是在众多行业中引发了深刻的变革，展现了重塑行业生态的巨大潜能。

1. 新闻媒体与内容创作：即时与个性化的信息洪流

在新闻传媒领域，AIGC已能够基于实时数据生成新闻报道，无论是体育赛事的即时比分更新，还是股市动态的精准解读，都能实现秒级发布。此外，个性化新闻摘要与定制化内容推送，让每个用户都能接收到符合其兴趣偏好的资讯，极大地提升了用户体验和信息传播的效率。

2. 视觉艺术与设计：创意无限的数字画布

AIGC在艺术设计领域的应用，意味着艺术家和设计师拥有了一个无尽的创意源泉。从精细的数字绘画到复杂的3D建模，AI不仅可以模仿大师的风格，还可以创造出前所未有的视觉艺术作品。在产品设计、室内装饰乃至城市规划中，AIGC能够快速生成多样化的设计方案，加速设计流程，同时激发出更多创新灵感。

3. 游戏与娱乐：沉浸式体验的全新维度

游戏世界因AIGC技术而变得更加生动多彩。从角色动画到游戏场景布局，AI能够自动生成丰富多变的游戏内容，使玩家的每次体验都充满新鲜感。此外，AI还能根据玩家行为动态调整游戏难度，提供个性化的游戏旅程，从而增强用户黏性和沉浸感。

4. 医疗健康：精准诊疗与科研加速器

在医疗领域，AIGC的应用显著提升了诊断效率和治疗方案的个性化程度。AI不仅能自动生成医疗影像分析报告，辅助医生快速识别病灶，还能在药物研发过程中模拟分子结构，加速新药发现。此外，通过大数据分析，AIGC技术能为患者提供定制化的健康管理方案，推动医疗服务向预防为主的方向转变。

5. 电子商务：个性化购物体验的塑造者

电商平台上，AIGC技术通过分析用户数据，自动生成商品描述、个性化推荐和定制化广告，极大提升了营销的精准度和转化率。此外，AI还能快速生成高质量的产品展示图像和视频，降低商家的创作成本，同时提升消费者的购物体验。

6. 教育与培训：定制化学习的未来

在教育领域，AIGC能够根据学生的学习进度和偏好，生成个性化的教材、练习题和反馈报告，实现真正的个性化学习。此外，AI教师和虚拟助教的发展，为远程教育提供了更加智能化、更具互动性的学习环境，使得教育资源的分配更加公平和高效。

AIGC的广泛应用，标志着内容生成和创意表达进入了全新的智能化时代。它不仅在提升效率、降低成本方面发挥着重要作用，而且在不断拓展人类创造力的边界方面，开启了前所未有的可能性。未来，AIGC将持续深化与各行业的融合，成为驱动社会进步和产业升级的关键力量。

6.1 新闻媒体行业：创新与变革

在数字化时代，新闻媒体行业正经历着前所未有的变革。AIGC技术作为这场变革的催化剂，不仅重塑了新闻的采集、编辑和分发流程，也极大地拓展了新闻内容的边界。本章将深入剖析AIGC在新闻媒体行业的基本应用，探讨其如何提高新闻报道的效率与准确性，并分析AIGC在创新新闻内容形式与表达上的革命性作用。

6.1.1 AIGC在新闻媒体行业的基本应用

1. 自动化报道

AIGC技术在自动化报道领域的应用标志着新闻生产流程的智能化转型。AI系统通过实时数据流的采集与分析，结合先进的自然语言处理技术，能够迅速生成涵盖财经、体育等数据密集型领域的报道。这一过程不仅缩短了新闻制作周期，更在保证报道时效性的同时，确保了信息的精确性与可靠性。

2. 个性化推荐

AIGC技术通过深度学习用户的行为模式与偏好，为用户打造个性化的新闻推荐系统。这种智能化推荐机制不仅提升了用户的阅读体验，也极大地增强了用户对新闻平台的黏性与忠诚度，从而在激烈的新闻媒体竞争中占据优势。

3. 假新闻监测

在信息泛滥的今天，假新闻的甄别与防控成为新闻媒体机构的重要职责。AIGC技术通过内容验证、事实查证等手段，为新闻媒体机构提供了强大的假新闻监测工具。这一技术的应用，不仅维护了新闻的真实性，也保障了公众的信息安全。

6.1.2 提高新闻报道的效率与准确性

1. 数据驱动的快速生成

通过高效的数据采集与自动化处理，极大提升了新闻报道的生成速度。在突发事件报道中，AI能够迅速响应，生成准确无误的报道，满足公众对即时信息的迫切需求。

2. 事实校验与逻辑检查

AIGC技术内置的事实校验模块，通过与权威数据库的实时比对，确保了报道内容的准确性。逻辑检查功能则进一步确保了报道的内在一致性，避免了因逻辑错误而导致的报道失误。

3. 编辑审查与优化

尽管AIGC技术在自动化报道中发挥着重要作用，但人工编辑的审查与优化仍不可或缺。编辑的专业判断与细致审查，为AI生成的报道增添了深度与温度，确保了报道的质量和公信力。

6.1.3 创新新闻内容的形式与表达

1. 互动式新闻体验

技术进步不断推动着新闻体验向互动性更强和沉浸感更佳的方向发展。通过虚拟现实（VR）和增强现实（AR）技术的应用，用户仿佛能“亲临”新闻现场，感受到前所未有的现场感。这种互动式的体验不仅丰富了新闻的表现形式，还极大提高了用户的参与度与满意度。用户不再只是被动接收信息，而是能够通过选择视角、探索场景等方式，参与到新闻故事之中。

2. 多媒体内容融合

随着技术的发展，新闻媒体正在利用多种媒介形式来讲述故事。通过整合文本、图像、音频和视频等元素，创造出一个多维度、立体化的新闻叙事空间。这样的融合不仅提升了新闻的表现力与感染力，也让用户能够从不同角度理解新闻事件，获得更全面的信息。

3. 个性化与定制化内容

借助先进的数据分析技术，新闻媒体机构能够深入了解用户的偏好，并据此生成个性化与定制化的内容。这种高度定制化的新闻服务不仅能满足用户的个性化需求，还能提供更加精准和贴心的阅读体验。通过推送用户最感兴趣的主题和故事，新闻平台能够建立起与用户之间更紧密的联系。

4. 多语言报道

多语言报道的技术突破使得新闻内容能够跨越语言障碍，迅速传播到世界各地。自动翻译和多语言摘要生成技术的应用不仅增强了新闻的国际影响力，也让全球用户能够更加方便地获取不同语言的新闻资讯。这不仅促进了不同文化之间的交流，也缩小了信息鸿沟，让世界各地的人们都能及时了解到全球发生的重大事件。

6.1.4 应用案例

腾讯新闻推出的Dreamwriter是一款基于人工智能的新闻写作助手。它利用AIGC技术自动抓取热点新闻素材，生成新闻报道。2019年，Dreamwriter在财经、体育、科技等多个领域发挥了重要作用，为腾讯新闻提供了大量高质量的新闻稿件。在股市收盘后，Dreamwriter可以迅速分析当天股市表现，自动生成一篇详细的财经新闻报道，为广大投资者提供及时、准确的信息。

美联社（The Associated Press）是世界上最早和最大的新闻机构之一。它与Automated Insights合作，使用其Wordsmith平台自动生成财报报道。通过分析公司的财务数据，Wordsmith能够快速生成准确、一致的财报摘要，每年可以生成数千篇报道。这不仅提高了财报报道的效率，还节省了记者的时间，使他们能够专注于更深入的财务分析和市场报道。

AIGC技术正以其独特的创新能力，为新闻媒体行业带来深远变革。从自动化报道到个性化推荐，从提高新闻报道的效率与准确性到创新新闻内容的形式与表达，AIGC技术的应用正在不断推动新闻媒体行业的边界拓展。AI技术帮助新闻媒体机构提高效率、降低成本，使记者专注于更有价值的报道。随着技术的不断发展，我们可以预见AIGC将在新闻创作和分发中扮演越来越重要的角色。

6.2 音乐与音频产业：创新旋律，重塑听觉体验

随着人工智能技术的飞速发展，AIGC正在深刻地改变着音乐与音频产业。在音乐创作领域，AI作曲家已经能够创作出具有独特风格的音乐作品，这不仅为传统作曲家提供了新的创作灵感，还使得非专业人员也能参与到音乐创作过程中来。

在音乐制作方面，AI技术的应用也带来了革命性的变化。从智能混音到自动化母带处理，AI工具能够帮助音乐制作人快速完成复杂的工作流程，同时保证音乐制作人输出高质量的音频。这对于独立音乐人来说尤其重要，因为他们往往缺乏专业的录音室资源和技术支持。

对于消费者而言，AIGC技术的普及意味着更加个性化的音乐体验。例如，Spotify等音乐流媒体平台利用复杂的算法为用户量身定制播放列表，确保每个人都能听到符合自己口味的音乐。此外，AI还可以帮助用户发现新艺术家和歌曲，拓宽音乐视野，增强音乐探索的乐趣。

AIGC正在音乐与音频产业中掀起一场革命，从创作到制作再到消费的各个环节都

在经历着前所未有的变革。

6.2.1 AIGC在音乐创作中的应用

1. 自动作曲：算法编织的旋律与和声

AIGC在音乐创作领域的应用，首先体现在自动作曲的能力上。通过先进的算法，AIGC能够创作出复杂而动听的旋律与和声，这在以往是只有人类作曲家才能做到的。以下是AIGC在自动作曲方面的几个关键点：

（1）旋律生成。

AIGC系统通过机器学习和深度学习技术，可以分析大量的音乐作品，从而学习到音乐的基本规律和旋律模式。这些系统通常采用递归神经网络（RNN）或长短时记忆网络（LSTM）等结构，它们能够生成连贯且具有某种音乐风格的旋律线。例如，AIVA（Artificial Intelligence Virtual Artist）就是一个能够创作古典音乐的AIGC系统，它可以根据用户指定的风格（如巴洛克、浪漫主义等）生成旋律。

（2）和声编排。

和声是音乐创作中的重要组成部分，它能够增强旋律的情感表达和音乐的丰富性。AIGC在和声编排上同样表现出色，它能够根据旋律的走向，自动选择合适的和声进程，包括三和弦、七和弦及其他复杂的和声结构。这种能力使得AIGC不仅能够创作简单的曲调，还能够生成具有专业水平的音乐作品。

（3）个性化创作。

AIGC的自动作曲功能还允许用户根据自己的喜好进行个性化定制。用户可以设定特定的音乐参数，如节奏、调性、音域等，AIGC系统则会根据这些参数生成符合用户要求的音乐作品。这种个性化的创作方式，为音乐创作者提供了新的灵感和创作工具。

2.音乐风格模仿：跨越流派的艺术重现

除了自动作曲，AIGC在模仿不同音乐风格和流派方面的能力同样令人瞩目。以下是AIGC在音乐风格模仿方面的功能：

（1）风格识别与再现。

AIGC系统能够识别和模仿各种音乐风格，从古典到爵士，从摇滚到电子音乐。通过深度学习，这些系统可以捕捉到不同风格音乐的独特特征，如节奏模式、和声结构、乐器使用等，并在此基础上创作出风格相似的音乐作品。例如，Google的Magenta

项目就展示了AIGC在模仿不同音乐风格方面的潜力。

（2）艺术家风格模仿。

AIGC不仅能够模仿音乐风格，还能够模仿特定艺术家的创作风格。通过分析某位艺术家的作品集，AIGC可以学习到其独特的音乐语言和创作手法，进而生成类似风格的音乐。这种能力为音乐制作人提供了新的创作途径，例如，可以创作出类似莫扎特或披头士风格的音乐作品。

（3）文化融合与创新。

AIGC在模仿音乐风格的过程中，也在无形中促进了不同文化音乐的融合与创新。通过结合不同地区和民族的音乐元素，AIGC能够创造出全新的音乐风格，为音乐多样性贡献新的内容。这种跨文化的音乐创作，不仅丰富了音乐市场，也促进了不同文化之间的交流与理解。

（4）教育与传承。

AIGC的音乐风格模仿能力对于音乐教育也具有重要意义。它可以帮助学生更好地理解不同音乐风格的历史背景和艺术特点，通过互动的方式学习音乐理论和作曲技巧。同时，AIGC也有助于传承那些可能逐渐消失的传统音乐风格，使其在新的时代背景下得到保留和发展。

AIGC在音乐创作中的应用，特别是在自动作曲和音乐风格模仿方面，展现了巨大的潜力和价值。它不仅为音乐创作者提供了新的工具和视角，也为音乐产业的未来发展开辟了新的道路。

6.2.2 音乐制作的智能化变革

1. 自动编曲：AIGC的音乐编排与混音新篇章

在音乐制作领域，AIGC技术的介入，开启了自动编曲的新篇章，极大地改变了传统音乐制作的流程和效率。

（1）音乐编排的智能化。

AIGC系统通过深度学习，能够理解音乐的基本构成元素，如旋律、和声、节奏和音色，并在此基础上进行音乐编排。这些系统通常具备以下能力：

· **旋律发展**：AIGC能够根据初始旋律线索，生成连贯且富有创意的旋律线，为音乐作品奠定基础。

· **和声配置**：AIGC可以根据旋律的调性和情感，自动选择合适的和声进程，创造出丰富的和声效果。

· **节奏编排**：AIGC能够根据音乐风格的需要，自动编排节奏和打击乐部分，使音乐更具动感。

（2）混音的自动化。

混音是音乐制作中至关重要的环节，AIGC在这一领域的应用主要体现在：

· **音量平衡**：AIGC可以自动调整不同乐器和声音的音量，确保音乐的整体平衡性。

· **音效添加**：AIGC能够根据音乐风格和内容，自动选择合适的音效，如混响、延迟等，增强音乐的表现力。

· **立体声成像**：通过智能算法，AIGC可以精确控制声音在立体声场中的位置，创造出沉浸式的听觉体验。

2. 声音优化：AIGC技术的声音处理革命

在声音修复和音质增强方面，AIGC技术为音乐制作带来了革命性的变化。

（1）声音修复的智能化。

在音乐制作过程中，声音素材的缺陷是难以避免的。AIGC技术的应用，使得声音修复变得更加高效。

· **噪声消除**：AIGC能够自动识别和去除录音中的背景噪声，提高声音的清晰度。

· **频率调整**：AIGC可以分析声音的频谱，自动进行均衡处理，修正频率不平衡的问题。

· **失真校正**：AIGC能够检测并减少录音中的失真，恢复声音的自然质感。

（2）音质增强的智能化。

AIGC技术在音质增强方面的应用包括：

· **动态范围优化**：AIGC可以自动调整声音的动态范围，使音乐听起来更加生动和有力。

· **空间效果增强**：通过算法模拟不同的空间环境，AIGC可以为声音添加丰富的空间效果，如厅堂声、现场感等。

3. 效率提升：AIGC缩短音乐制作周期，降低成本

AIGC技术的应用，显著提升了音乐制作的效率，缩短了制作周期，并有效降低了成本，AIGC技术允许音乐制作人快速生成音乐编排和混音方案，大幅缩短了制作周期。音乐制作人可以迅速尝试不同的创意，进行多次迭代，直至找到最满意的音乐表

达。传统的音乐制作需要大量的人力物力，而AIGC的应用则减少了这些需求。音乐制作人可以将更多资源投入创意开发上，而不是耗时的技术性工作。从成本效益方面分析，AIGC技术的使用降低了音乐制作的门槛，使得独立音乐制作人和小型工作室也能够以较低的成本制作出具有专业水平的音乐作品。这不仅促进了音乐制作的多元化，也为音乐产业的可持续发展提供了新的动力。

AIGC技术在音乐制作领域的应用，无论是在自动编曲、声音优化，还是在效率提升方面，都展现出了巨大的潜力和价值，为音乐制作人和听众带来更加丰富和更高质量的音乐体验。

6.2.3 音频内容的生产与分发

在数字时代，音频内容的生产与分发方式正在经历一场革命，而AIGC技术正是这场革命的重要推动力。让我们一起来了解一下，AIGC如何在音频内容的制作和传播中发挥着神奇的作用。

1. 语音合成：AIGC的旁白制作魔法

想象一下，一个机器人能够模仿人类的语音，甚至带有情感地朗读文本，这听起来像是科幻电影的情节，但AIGC技术已经让这一切成为现实。

（1）语音合成的原理。

AIGC的语音合成技术，是通过深度学习模型对大量语音数据进行学习，从而能够生成逼真的语音。这些模型能够捕捉到语音的音调、语速、语调等特征，并在此基础上合成新的语音。

（2）应用场景。

· **旁白制作**：在制作纪录片、教育视频或广告时，AIGC可以快速生成旁白，节省了聘请专业配音演员的时间和成本。

· **有声读物**：对于有声书和电子阅读器来说，AIGC的语音合成技术能够将文字内容转换为流畅的语音，为视力障碍者或忙碌的上班族提供便利。

2. 智能播客：AIGC的音频创作助手

播客作为一种新兴的音频内容形式，正越来越受到人们的喜爱。AIGC技术在这一领域的应用，让播客创作变得更加简单和高效。

（1）播客内容创作。

AIGC可以帮助播客创作者进行内容的组织和编辑。通过分析大量的播客数据，AIGC能够学习到优秀的播客结构和叙事技巧，从而辅助播客创作者制作出更加吸引人的节目。

（2）智能编辑。

在播客后期制作中，AIGC可以自动识别并剪辑掉不必要的沉默、口误，甚至能够根据内容进行智能分段，提高播客的整体质量。

3. 内容个性化推荐：AIGC的精准匹配

在信息爆炸的时代，如何从海量的音频内容中找到自己喜欢的内容？AIGC的个性化推荐系统来帮忙！

（1）用户习惯分析。

AIGC通过分析用户的收听历史、喜好、互动行为等数据，能够建立起用户的个性化画像。这些数据就像是用户的“音乐DNA”，帮助AIGC更好地了解每个用户。

（2）精准推荐。

基于用户的个性化画像，AIGC能够向用户推荐他们可能感兴趣的音频内容。无论是音乐、播客还是有声书，AIGC都能做到“投其所好”，让用户在繁杂的音频内容中，轻松找到自己的最爱。

AIGC技术在音频内容的生产与分发领域的应用，无疑为我们的生活带来了极大的便利。它不仅让音频内容的创作变得更加高效和多样化，也让每个听众都能享受到更加个性化的音频体验。

6.2.4 应用案例

腾讯音乐娱乐集团TME推出了名为“启明星”的零样本学习AI创作歌曲工具，它可以根据用户提供的10秒录音，实现零资源样本的音色复刻，让用户可以用自己的声音来演绎特定的主题歌曲。这项技术不仅丰富了音乐创作的方式，也让音乐成为一种独特的个人表达和情感传递的工具。

DeepMusic公司于2024年在中国生成式AI大会上分享了AIGC如何赋能音乐创作，通过AIGC提高音乐创作的效率和质量。

谷歌旗下的DeepMind发布了AIGC音乐生成模型Lyria，并与YouTube合作打造了Dream Track和Music AI tools等重要应用场景。这些工具能够帮助音乐人通过简单的输入

（如哼唱旋律）来生成完整的音乐作品，极大地降低了音乐创作的门槛。

Spotify是全球知名的音乐流媒体服务平台，它确实利用了先进的推荐算法，包括机器学习和AIGC技术，为用户提供了个性化的音乐推荐。Spotify的推荐系统会分析用户的听歌历史、偏好，以及可能的社交网络信息，来预测并推荐用户可能感兴趣的音乐。

2024年，天工AI推出了音乐功能，这一功能基于天工3.0大模型和天工SkyMusic音乐大模型。天工SkyMusic的主要特点包括：高质量AI音乐生成；歌词段落控制，即能够通过歌词控制歌曲，让生成的歌曲可以明确分辨出不同歌词段落的情绪变化）；多种音乐风格支持（支持说唱、民谣、放克、古风、电子等多种音乐风格）。

这些平台和应用展示了AIGC技术在音乐产业中的多样化应用，从创作辅助到个性化推荐，都在推动音乐产业的发展和变革。

6.3 视频与影视产业：从拍摄到观看的全方位变革

6.3.1 AIGC在视频制作中的应用

AIGC正在给视频制作行业带来一场深刻的革新，从自动剪辑到特效生成，再到语音转录与字幕制作，AIGC技术正以前所未有的方式赋予视频制作者灵感与效率。

1. 自动剪辑：AI导演的诞生

在视频制作领域，AIGC技术为剪辑师们带来了革命性的工具，使得智能剪辑成为可能。通过深度学习技术，AIGC技术能够深入理解视频的基本构成元素——包括镜头、场景及人物动作，并从中筛选出最有意义的部分，它如同一位技艺高超的导演，在浩瀚的影像海洋中寻找着最璀璨的珍珠。

（1）智能分析。

AIGC能够识别视频中的关键镜头，如特写、中景和远景，挑选那些最能表达情感和信息的画面，仿佛一双慧眼，洞察每个镜头背后的故事。AIGC能够自动区分不同的场景类型，比如室内、室外或运动场景，就像一位经验丰富的观察者，轻松地在纷繁复杂的画面中找到线索。AIGC能够分析人物的动作，如行走、奔跑或对话，捕捉到最具表现力的瞬间，如同一位敏锐的摄影师，定格每一个珍贵时刻。

（2）剪辑流程。

在剪辑过程中，AIGC技术能够根据视频内容自动调整剪辑速度和过渡效果，确保剪辑片段流畅且连贯，宛如一位大师级的剪辑师，巧妙地编织出一幕幕精彩的篇章。此外，AIGC还能根据视频的情感基调选择相应的背景音乐和音效，进一步增强视听体验，让观众沉浸在故事之中。

（3）应用场景。

在纪录片制作方面，AIGC可以帮助剪辑师从大量的原始素材中高效筛选有价值的内容，缩短制作周期，让观众得以一窥世界的奥秘。

2. 特效生成：AI创造的奇幻世界

AIGC技术在特效生成方面的应用为电影和视频制作带来了无限可能，能够创造出令人惊叹的视觉效果，如同一位魔法师，挥洒着神奇的画笔，在屏幕上勾勒出一个个梦幻般的世界。

AIGC技术能够生成高度逼真的特效，如爆炸、火焰、烟雾等，这些特效不仅能提升视觉冲击力，还能增强故事的沉浸感，让观众仿佛身临其境。除了传统特效，AIGC还能创造出独特的视觉效果，如动态模糊、色彩渐变和光影变化，为视频作品增添艺术魅力，如同一位才华横溢的画家，在每一帧画面中注入灵魂。

应用场景：使用AIGC技术生成特效和视觉效果，丰富电影的视觉层次，让每一部作品都成为视觉盛宴。可以创造引人注目的视觉效果，提高作品的吸引力和传播效果，激发观众的好奇心。

3. 语音转录与字幕制作：AI的听觉助手

AIGC技术在语音转录和字幕制作方面的应用极大地提升了视频制作的效率和可访问性，如同一位贴心的助手，让每个人都能享受到视听的乐趣。AIGC技术能够自动将视频中的语音转换成文字，这对于字幕制作至关重要，其仿佛一位细心的记录员，忠实记录下每一段对话。

基于语音转录的结果，AIGC能够自动生成字幕，并可根据视频内容调整字幕的样式，包括字体、大小和颜色，就像一位专业的设计师，为每一段文字精心布局。

应用场景：自动生成不同语言的字幕，便于全球观众观看，让世界各地的人们共享精彩。为听力障碍观众生成字幕，保证他们的视听体验，让每个人都能平等地享受视听的乐趣。

AIGC技术在视频制作中的广泛应用不仅显著提高了生产效率和作品质量，还拓宽了视频制作的边界。

6.3.2 视频编辑与后期制作的创新

视频内容日益丰富多样，视频编辑与后期制作技术也在不断发展进化。AIGC技术的融入，让这一过程变得更加智能、高效和充满创造性。特别是智能调色、自动配乐及智能配音这三个方面，它们犹如三位技艺高超的魔法师，用色彩与声音为视频内容施加魔法，使之焕发出新的生命力。

1. 智能调色：色彩的魔术师

在视频编辑与后期制作中，色彩不仅仅是一种视觉元素，更是传递情感和氛围的重要媒介。AIGC技术的应用，让调色工作变得既智能又高效。这些技术如同拥有魔杖的调色师，能够为视频内容施展色彩魔法。

（1）色彩分析与识别。

AIGC系统通过深度学习技术，能够精确分析视频中的色彩分布和色调，理解色彩背后蕴含的情感和氛围。这些系统能自动识别视频中的主要色彩和色调，根据色彩的组合与分布，分析视频的整体情感和氛围，为后续的调色工作提供参考。

（2）智能调色算法。

AIGC系统采用先进的调色算法，能够根据视频内容自动调整色彩平衡、饱和度、亮度等参数。这些算法能深刻理解色彩的变化规律，并在此基础上生成新的色彩效果，使视频呈现出更加丰富细腻的视觉效果。

（3）应用场景。

在色彩失真的视频中，AIGC可以自动进行色彩校正，还原视频的真实色彩，让每一帧画面都栩栩如生。在创意视频中，AIGC可以根据用户需求生成特定的色彩风格，如复古风格、科幻风格等，为视频增添独特的艺术魅力。

2. 自动配乐：AI的音效大师

音乐不仅是视频的灵魂，也是情感的桥梁。AIGC技术在视频内容自动生成背景音乐方面的应用，为视频编辑与后期制作带来了新的可能。这些技术就如同掌握着音乐魔法的作曲家，能够为视频内容谱写出完美的乐章。

（1）音乐分析与识别。

AIGC系统通过深度学习技术，能够自动识别视频中的音乐元素，如旋律、和声、节奏等；能够准确分析视频中的音乐元素，理解音乐的节奏、旋律和情感。根据音乐的组合与节奏，分析视频的情感和氛围，为配乐提供参考。

（2）智能配乐算法。

AIGC系统采用先进的配乐算法，能够根据视频内容自动生成背景音乐。这些算法能深刻理解音乐的变化规律，并在此基础上生成新的音乐效果，使音乐与视频内容完美融合。

（3）应用场景。

在视频制作中，AIGC可以根据视频内容自动生成背景音乐，提升视频的观赏效果，让观众沉浸在故事情节之中。在创意视频中，AIGC可以根据用户需求生成特定的音乐风格，如古典、流行等，为视频增加个性化的音乐元素。

3. 智能配音：AI的对话生成器

声音是视频内容不可或缺的一部分，尤其是配音和对话，它们能够让角色活灵活现。AIGC技术在自动生成配音和对话方面的应用，为视频编辑与后期制作带来了新的可能。这些技术就像是掌握了声音魔法的配音艺术家，能够为视频中的角色赋予生命。

AIGC系统通过深度学习技术，能够自动识别并精准分析视频中的语音内容，理解语音的语调、节奏和情感，为后续的配音工作提供基础数据。根据语音的组合与节奏，分析视频的情感和氛围，为配音提供参考。AI采用先进的配音算法，能够根据视频内容自动生成配音。这些算法深刻理解语音的变化规律，并在此基础上生成新的语音效果，使配音听起来自然流畅，贴近真实。

在视频制作中，AIGC可以根据视频内容自动生成配音，节省人力和时间，提高制作效率。在制作多语种视频时，AIGC可以自动生成不同语言的配音，方便不同地区的观众观看，提升视频的国际影响力。

AIGC技术在视频编辑与后期制作中的应用，无论是智能调色、自动配乐，还是智能配音，都展现了巨大的潜力和价值。它不仅提高了视频制作的效率和质量，还为视频产业的未来发展开辟了新的道路。

6.3.3 应用案例

中国传媒大学的水墨动画《龙门》：这部动画短片由中国传媒大学动画与数字艺术学院DigiLab实验室使用原创生成式人工智能技术创作，是国内首部完全由AI技术制作的水墨动画短片。该短片在巴西蒂特国际电影奖实验短片单元中获得了最佳影片提名。

快手打造的AIGC微短剧《山海奇镜之劈波斩浪》：这是国内首部AIGC原创奇幻微短剧，由快手自研视频生成大模型提供技术支持。该剧以《山海经》为灵感，通过AI技术进行创作，展示了传统神话故事与先进技术结合的魅力。该剧播放量超过5200万次，显示了AIGC技术在微短剧领域的巨大潜力。

6.4 设计与创意产业：创新与效率的完美结合

在设计与创意产业中，AIGC正逐渐成为推动产业发展的重要力量。AIGC技术通过深度学习和自然语言处理等方法，能够理解和模仿人类的创意过程，从而生成高质量的设计方案和创意内容。

对于设计师而言，AI不仅大幅提升了创作效率，还拓展了创意边界。它能够快速生成多样化的初始设计方案，帮助设计师跳过冗长的构思阶段，直接进入评估和改进环节。这意味着设计师可以将更多精力集中在创新思维和打磨细节上，创造出更具个性和创意的作品。

此外，AI还能够根据用户偏好和市场趋势进行个性化定制，确保创意内容更加贴合目标受众的需求。在广告创意、影视制作、游戏开发等多个领域，AI的应用已经显现出巨大潜力，不仅提升了内容的质量，还增强了用户体验。

AIGC正以其独特的优势重塑设计与创意产业，它不仅是提升效率的工具，更是激发无限创意的催化剂。

6.4.1 AIGC在设计领域的应用

1. 自动设计：AI的创意宝库

在设计领域，AIGC技术正在改变传统的创意生成方式，为设计师提供新的工具和灵感来源。AIGC系统能够自动生成各种图案，如抽象图案、几何图案等。这些图案可以用于服装设计、包装设计、海报设计等领域。AIGC技术能够自动生成色彩方案，为设计师提供配色灵感。这些色彩方案可以应用于网页设计、产品设计、室内设计等领域。

在设计项目时，AIGC可以快速生成多种设计元素，帮助设计师节省时间，提高设计效率。设计师可以利用AIGC生成不同的设计元素，激发新的创意灵感。

2. 用户界面（UI）设计：AI的交互伙伴

AIGC技术在UI设计领域的应用，使用户界面更加丰富和个性化。AIGC技术能够自动生成布局设计，包括页面布局、导航栏设计等。这些布局设计可以应用于网页设计、移动AI，还能够自动生成图标，为UI设计提供丰富的图标资源。这些图标可以应用于各种软件和应用界面。

在设计UI时，AIGC技术可以根据用户需求和偏好，生成个性化的布局和图标。生成的UI可以轻松适应不同平台和设备，提高用户体验的一致性。

3. 建筑设计：AI的空间规划师

AIGC技术在建筑设计领域的应用，为建筑师提供了强大的辅助工具，提高了设计效率和质量。AIGC技术能够自动生成空间布局设计，包括室内布局、室外布局等。这些空间布局设计可以应用于住宅设计、商业空间设计等领域。AIGC技术还能够自动生成结构设计，包括建筑结构、支撑结构等。这些结构设计可以应用于各种建筑项目。

在建筑设计项目中，AIGC可以快速生成多种空间布局和结构设计方案，帮助建筑师节省时间，提高设计效率；可以根据建筑设计的要求和限制条件，自动优化设计方案，提高设计质量。

AIGC技术在设计领域的应用，无论是自动设计、UI设计还是建筑设计，都展现了巨大的潜力和价值。它不仅提高了设计效率和质量，还为设计产业的发展开辟了新的道路。随着技术的不断进步，我们期待AIGC在设计领域可以带来更多创新和变革。

6.4.2 AIGC在创意产业的应用

在创意产业的各个角落，AIGC正以前所未有的方式改变着内容创作、广告创意和艺术创作的方式。从故事情节的生成到个性化广告的设计，再到艺术作品的创造，AIGC不仅提升了创作的效率和质量，还为创作者提供了无限的可能性。下面我们将深入探讨AIGC在这些关键领域中的具体应用及其深远的影响。

1. AI的叙事伙伴：内容创作

在内容创作领域，AIGC技术正逐渐成为创作者的得力助手。它不仅可以帮助创作者构思故事情节和角色设计，还可以激发新的创意灵感。AI能够自动生成故事情节，为创作者提供多样化的灵感来源。这些情节可以应用于小说创作、剧本写作等多个领域，帮助创作者快速构建故事框架。AIGC技术还可以自动生成角色设计，包括人物形象、性格特点等。这些角色设计可以应用于小说、游戏、影视作品中，为创作者提供生动的角色模型。

在创作初期，AIGC可以生成不同的故事情节和角色设计，帮助创作者快速启动创作流程，并激发新的灵感。创作者可以根据AIGC生成的内容进行个性化调整，创造出独特的作品。

2．AI的营销利器：广告创意

AIGC技术在广告创意领域的应用，让广告设计更具创新性和个性化。AI能够自动生成吸引人的广告语，为广告设计提供丰富的文案资源。这些广告语可以应用于各种广告项目和营销活动中，提升品牌的吸引力。AI还能够自动生成视觉设计，包括图形设计、图像处理等。这些视觉设计可以应用于广告海报、宣传册等多个场景，为品牌创造独特的视觉效果。

AIGC可以根据产品的特点和目标受众，生成个性化的广告语和视觉设计，使广告更加贴近消费者的需求。广告创意人员可以利用AIGC快速生成多种创意版本，进行测试和优化，增强广告的效果。

3．AI的创意催化剂：艺术创作

AI在艺术创作领域的应用，为艺术家提供了新的创作工具和灵感来源。AI能够自动生成绘画作品，包括油画、水彩画等多种风格。这些作品可以应用于艺术展览、画廊展示等多个场合，为观众带来全新的艺术体验。AI还可以自动生成雕塑设计，包括雕塑形态、材质选择等。这些设计可以应用于雕塑展览、公共艺术项目等，为城市增添文化气息。

艺术家可以利用AIGC生成不同的艺术作品，尝试新的创作领域和风格，推动个人艺术实践的发展。AI可以根据艺术家的需求和风格偏好，生成个性化的艺术作品，满足客户的定制化需求。

AIGC技术在创意产业的应用展现出了巨大的潜力和价值。它不仅提高了创作效率和质量，还为创意产业的发展开辟了新的道路。

6.4.3 个性化与定制化设计

AIGC技术正在为个性化与定制化设计带来革命性的变化，无论是在深入了解用户需求、提供定制化服务方面，还是在开发智能设计系统方面，AIGC技术都为设计师提供了前所未有的工具和支持。下面我们将深入探讨AIGC在这三个关键领域中的具体应用及其深远影响。

1. AI的洞察之眼：用户画像分析

在个性化与定制化设计的过程中，AIGC技术扮演着洞察用户需求的重要角色。它能够通过深度分析用户数据，为设计师提供精准的用户画像，从而更好地满足用户的个性化需求。

AI能够自动收集和分析用户数据，如购买历史、浏览记录、互动行为等。这些数据可以帮助设计师深入了解用户的行为模式和偏好。AI能够识别用户的个性化需求，比如风格偏好、功能需求等。这些信息对于指导设计决策至关重要。

AIGC可以根据用户画像分析，提供个性化的设计方案和产品推荐，确保每个设计都能贴合用户的喜好。设计师可以利用AIGC对不同用户群体进行细分，制定更具针对性的设计策略，满足特定市场的需求。

2. AI的个性化设计助手：定制化服务

AIGC技术在提供定制化设计服务方面也发挥了重要作用，它为设计师和用户之间建立了更加灵活和个性化的合作方式。AIGC技术能够根据用户需求和偏好，自动生成定制化的设计方案。这些方案可以应用于产品设计、室内设计等多个领域，确保最终产品既实用又具有个性。在定制化设计过程中，AIGC可以实时收集用户反馈，并根据反馈进行设计调整。这种互动式的流程提高了设计满意度，改善了用户体验。

在设计项目中，AIGC可以与用户进行实时互动，生成符合用户个性化需求的定制化设计，确保每个细节都能满足用户的期望。设计师可以利用AIGC快速生成多种定制化设计方案进行迭代和优化，以达到最佳的设计效果。

3. AI的创意工具箱：智能设计系统

AIGC技术在智能设计系统中的应用，为设计师提供了强大的辅助工具，极大地提高了设计效率和质量。AI系统能够提供一系列设计辅助工具，如智能配色、自动布局等。这些工具可以帮助设计师更快速地完成设计任务，同时保持高质量的设计标准。AIGC技术能够根据设计师的创作风格和需求，自动生成创意灵感。这些灵感可以用于指导设计决策和创作，激发新的创意方向。

在设计项目中，AIGC可以帮助设计师快速完成重复性工作，如初步布局和颜色搭配，从而使设计师将更多精力集中在创意和细节处理上。设计师可以利用AIGC生成不同的设计元素，如形状、图案等，以此来激发新的创意灵感，推动设计项目的进展。

AIGC技术在个性化与定制化设计领域的应用展现出巨大的潜力和价值。它不仅提高了设计效率和质量，还为设计师和用户提供了更加灵活和个性化的合作方式。

6.4.4 应用案例

2023年4月，麦当劳推出了一组别具一格的AIGC广告——“M记新鲜出土的宝物”，这些作品结合了麦当劳的经典元素与中国传统文化材料，如青铜、白玛瑙和青花瓷，每件作品都富有深厚的文化内涵，成功吸引了消费者的广泛关注和好评。

2023年8月，中国AIGC产业联盟和无界AI携手温州市服装商会等机构联合主办了中国首届AIGC服装设计大赛。这次大赛在业内取得了多项突破，如中国鞋服行业首个基于AIGC的“准专业级”设计大赛等，大赛的获奖作品制作成第一批由AIGC设计生产的服装。

2024年，玄机科技与百度文库联合推出了AI漫画创意大赛，旨在通过激发观众探索和应用AI技术的兴趣，激发行业创新活力。此次大赛是国内首场由动漫公司和AI大模型公司联合举办的AI漫画大赛，立足百度文库平台，为广大动漫爱好者提供探索AIGC、发挥创意的机会。

6.5 教育与培训：智能教学与个性化学习

在当今这个信息爆炸的时代，AIGC正以前所未有的方式改变着我们的学习方式。它不仅为教育与培训行业带来了前所未有的机遇，也为学习者开辟了一条通往个性化成长的道路。AIGC技术如同一位智慧的导师，在浩瀚的知识海洋中引领我们探索未知的世界。

想象一下，当清晨的第一缕阳光透过窗户洒在书桌上时，你的虚拟助教已经准备好了这一天的学习计划。这位无形的伙伴可以根据你的学习进度和兴趣爱好，为你量身定制个性化的课程内容。无论是深奥的数学公式，还是生动的历史故事，AIGC都能以最吸引人的方式呈现出来，让学习成为一种享受而非负担。

在这样的环境中，每一位学习者都能按照自己的节奏前进，不再受限于传统的教学模式。当遇到难题时，智能系统会及时提供有针对性的帮助和反馈，就像一位耐心细致的私人教师。而在课余时间，3D虚拟角色还能陪伴你进行各种模拟实验和互动游戏，让抽象的概念变得鲜活起来。

AIGC赋予了教育新的生命，使得学习变得更加高效、有趣和个性化。它不仅能够激发学生的潜能，还能帮助教师更好地理解每个学生的需求，实现真正的因材施教。在这个充满无限可能的新时代，AIGC正逐步构建一个更加智能、更加人性化的学习未来。

6.5.1 AIGC在教学内容生成中的应用

在教育领域，AIGC正以前所未有的速度推动着教学模式的转型。从个性化教材到在线课程，再到虚拟教师的角色，AIGC正在重塑学习体验，为每个学生量身打造最适宜的学习路径。让我们一起探索AIGC如何成为教育界的定制专家、远程教育伙伴及智能辅导伙伴吧。

1. 个性化教材：AI的定制教育专家

在传统教育模式下，每个学生的学习能力和兴趣各不相同，但教材往往千篇一律。而今，AIGC技术的出现改变了这一现状，它能够为每一个学生提供独一无二的学习材料。

· **学习分析**——AIGC系统能够深入分析学生的学习行为数据，包括他们的学习成绩、学习速度和薄弱环节。通过对这些数据的综合考量，系统可以洞察学生的学习需求，并识别出需要额外关注的知识点。

· **教材生成**——基于对学生学习状况的精准把握，AIGC能够自动生成多样化的教材，包括文字、图像和图表等多种形式。这些材料不仅覆盖了各个学科，还能针对不同的课程内容进行调整，确保学生在视觉和知识层面能够获得最佳的学习体验。

· **应用场景**——AIGC生成的个性化教材能够直接应用于课堂教学之中，帮助学生根据自己的学习节奏逐步掌握知识。同时，这些教材也为教师提供了丰富的资源，使其能够更好地指导学生，提升教学质量。

2. 在线课程：AI的远程教育伙伴

随着互联网技术的普及，在线教育变得越来越重要。AIGC技术的应用让在线课程更加生动有趣，也为远程学习提供了无限可能。

· **视频生成**——AIGC系统能够自动创建高质量的教学视频，这些视频资源涵盖知识点讲解、实验演示等多个方面，不仅增强了在线课程的吸引力，也让学习过程更加直观易懂。

· **文章创作**——除了生成视频内容，AIGC还可以撰写教学文章，对复杂概念进行清晰阐述，并结合实际案例进行分析。这样的文章对于学生深入理解知识非常有帮助。

· **测验设计**——AIGC还能够设计多样化的测试题目，包括选择题、填空题等。这些题目有助于巩固学生所学知识，并及时反馈学习成效。

· **应用场景**——在远程教育项目中，AIGC可以根据每个学生的学习进度和偏好，推送个性化的课程内容。这种定制化的方法使得学习变得更加高效且富有成效。

3．虚拟教师：AI的智能辅导伙伴

AIGC技术不仅能够创造内容，还能够扮演虚拟教师的角色，为学生提供即时反馈和支持。

· **智能辅导**——AIGC系统能够根据学生的学习情况提供针对性的辅导，帮助他们克服学习障碍，提高理解能力。

· **互动教学**——通过实时交互，虚拟教师能够回答学生的问题，参与讨论，并给出建设性的建议。这种互动式的教学方法极大地提升了学习的参与度和乐趣。

· **应用场景**——无论是在面对面的课堂环境中还是在远程学习场景下，虚拟教师都能发挥重要作用。它们可以提供个性化的学习方案，并通过互动交流增强学生的理解和记忆。

AIGC技术在教学内容生成中的应用展示了巨大的潜力和价值。它不仅提高了教学效率和质量，还为教育与培训产业的发展开辟了新的道路。

6.5.2 智能评估与反馈

在当今教育领域，AIGC技术正在以前所未有的速度推动着教育评估与反馈方式的革新。无论是自动评分、个性化反馈，还是学习路径推荐，AIGC技术都在不断优化着学习体验，为学生和教师提供了更加高效、准确的服务。

1．自动评分：AI的公正裁判

在教育与培训过程中，评估学生的作业和考试是一项耗时的任务，而且主观性较强。AIGC技术的出现为这一挑战提供了解决方案，它能够提高评估的准确性和效率。

· **题库分析**——AIGC系统能够深入分析大量题库，从中提炼出不同题目的难度等级、所涉及的知识点及考核的目标。这一步骤确保了评分标准的一致性和客观性。

· **自动评分**——基于题库分析的结果，AIGC能够自动为学生的作业和考试评分，包括选择题、填空题及简答题等多种题型。这一功能不仅节省了教师的时间，还减少了评分过程中的潜在偏见。

· **应用场景**——在日常教学活动中，AIGC可以迅速为学生的作业和考试打分，提供即时反馈。这对于保持学生的学习动力至关重要。此外，教师也可以利用AIGC生成的数据来分析班级整体的学习情况，并据此制定教学策略。

2．个性化反馈：AI的学习顾问

学习不仅是获取知识的过程，更是不断反思和改进的过程。AIGC技术的应用使个性化反馈成为可能，帮助学生更加精准地定位自己的学习需求和发展方向。

· **学习分析**——AIGC系统能够细致地分析学生的学习数据，比如作业完成情况、考试表现等，以此了解学生的学习习惯、优势与不足之处。

· **个性化反馈**——基于学习分析的结果，AIGC能够提供个性化的反馈和建议，帮助学生识别学习中的薄弱环节，并提供改进措施。这种定制化的反馈机制能够有效促进学生的自我成长。

· **应用场景**——在个性化学习计划中，AIGC可以根据每个学生的学习进度和需求，提供有针对性的反馈，帮助他们克服学习障碍。教师则可以利用这些反馈信息来调整教学策略，确保每个学生都能够得到最适合自己的指导和支持。

3．学习路径推荐：AI的智能导航

在纷繁复杂的知识海洋中，找到适合自己的学习路径是一项艰巨的任务。AIGC技术能够帮助学生规划一条高效的学习之路，确保学习过程既充实又有意义。

· **学习分析**——AIGC系统能够持续追踪学生的学习进度，了解他们在特定领域的知识掌握程度。

· **学习路径推荐**——基于学习分析的结果，AIGC能够为学生推荐最佳的学习路径，包括课程的选择、相关资源的链接等。这样不仅能够帮助学生避免无效的学习投入，还能激发他们的学习兴趣。

· **应用场景**——在教育项目中，AIGC可以根据学生的学习需求和进度，提供个性化的学习路径推荐，帮助学生更有效地学习。教师也可以利用这些推荐来指导学生，确保他们能够沿着最适合自己的路线前进。

AIGC技术在智能评估与反馈中的应用展示了巨大的潜力和价值。它不仅提高了评

估的效率和质量，还为学习者提供了更加准确和有用的学习指导。

6.5.3 个性化学习体验

在教育与培训产业中，AIGC技术正逐渐改变着传统的学习模式，通过提供个性化学习计划、适应性学习体验及实时互动教学，为学生创造了更加丰富和高效的学习环境。接下来，我们将深入了解AIGC如何成为个性化教育规划师、动态教育调整师及虚拟教育导师。

1. 个性化学习计划：AI的个性化教育规划师

每个学生都是独一无二的，因此他们的学习需求也各不相同。AIGC技术通过分析学生的学习目标和进度，为他们量身定制个性化的学习计划。

· **学习目标识别**——AIGC系统能够识别学生的学习目标，比如追求更高的考试成绩、获得某种职业技能认证等，从而更好地理解学生的学习需求和期望。

· **学习计划制定**——基于对学习目标的理解，AIGC能够自动制定符合学生需要的学习计划，包括推荐合适的课程和学习资源，确保学生的学习路径既高效又实用。

· **应用场景**——在教育项目中，AIGC可以根据每个学生的学习需求和目标，提供个性化的学习计划，帮助学生更有效地达成学习成果。同时，教师可以利用这些计划优化教学资源配置，确保每一份教育资源都能发挥最大的效益。

2. 适应性学习体验：AI的动态教育调整师

学习并非一成不变的过程，而是在不断调整和适应中实现进步。AIGC技术通过分析学生的学习数据，能够动态调整学习内容，使之更加符合学生的学习能力。

· **学习分析**——AIGC系统能够细致地分析学生的学习数据，包括学习进度、知识掌握程度等，以了解学生的学习需求和弱点所在。

· **课程难度调整**——基于对学生学习情况的分析，AIGC能够适时调整课程难度，确保学生既不会因为内容过于简单而感到乏味，也不会因为内容过难而产生挫败感。

· **应用场景**——在教育项目中，AIGC可以根据学生的学习需求和进度，提供适应性学习体验，帮助学生在最适宜的状态下学习。教师可以通过这些动态调整的信息，进一步提高学生的学习效果。

3. 实时互动教学：AI的虚拟教育导师

在现代教育环境中，互动是提高学习效果的关键因素之一。AIGC技术通过创建虚拟课堂和远程辅导，为学生提供了一种全新的互动式学习体验。

· **虚拟课堂**——AIGC系统能够创建虚拟课堂，提供包括视频、音频和文字在内的多种实时互动教学形式，使学习变得更加生动有趣。

· **远程辅导**——AIGC技术能够与学生进行实时互动，解答问题、参与讨论等，充当一名随时待命的虚拟导师。

· **应用场景**——在教育项目中，AIGC可以作为虚拟教育导师，根据学生的学习需求和进度，提供实时互动教学，帮助学生更有效地吸收知识。在远程教育项目中，AIGC同样能够扮演虚拟教育导师的角色，提供实时互动教学，解决传统远程教育中缺乏即时反馈和支持的问题。

AIGC技术在个性化学习体验中的应用展现了巨大的潜力和价值。它不仅提高了教学效率和质量，还为学习者提供了更加符合个人需求的学习体验。

6.5.4 应用案例

可汗学院（Khan Academy）利用GPT-4推出了AI助手Khanmigo。Khanmigo作为学习工具，帮助学生掌握各种学科知识和技能。它可以充当虚拟教育导师，解释概念，提供提示并检查答案。它还可以充当辩论伙伴，引导学生对不同主题进行批判性和创造性思考。Khanmigo还可以推荐相关资源，如视频、文章和测验，帮助学生加深对知识的理解。

上海交通大学在教学活动中，利用AIGC技术进行课前预习和课后作业的辅助，以及课堂教学行为分析，通过AI与学生交互答疑解惑，并利用AI技术监测课堂上师生的面部表情、身体姿态，以提升教学效果。

网易有道发布教育领域垂直大模型“子曰”，以及6个基于“子曰”大模型的应用，包括LLM翻译、虚拟人口语教练、AI作文指导、语法精讲、AI Box及文档问答。

海尔集团面临培训视频规模化生产的难题，引入AIGC视频生成工具后，培训部门将产品的PPT介绍升级为培训视频，提升了员工对业务的理解度和经销商对海尔科技的信心。

6.5.5 未来展望：AIGC引领教育新纪元

在教育与培训产业中，AIGC技术正以其独特的魅力，逐步从辅助工具转变成教育变革的核心驱动力。随着技术的不断发展，AIGC将在未来的教育领域中展现出更加广阔的发展前景。

1. 技术发展趋势：AIGC在教育与培训产业的未来方向

AIGC技术的进步，将为教育带来前所未有的机遇与挑战。未来，AIGC技术的发展趋势可能聚焦于以下几个方面：

· **深度学习与AI的融合**——随着深度学习技术的不断进步，AIGC将更加精准地理解学生的学习需求和偏好，从而提供更加个性化的学习体验。这种深度理解能力使得教育内容更加贴合每一位学习者的独特背景，促进真正的个性化教育的发展。

· **实时互动与虚拟现实**——AIGC技术将更多地融入虚拟现实（VR）技术和增强现实（AR）技术，为学习者创造更加沉浸式的学习体验。通过VR技术，学生可以在安全且可控的环境中进行实践操作，例如进行化学实验或历史场景重现，这将极大地激发学生的学习兴趣并加深其对知识的理解。

· **智能化评估与个性化反馈**——AIGC将更加深入地分析学习数据，提供更准确的评估和反馈，帮助学习者更好地掌握知识。这种智能化的评估系统不仅能够帮助学生及时发现自身的不足，还能够为教师提供宝贵的反馈信息，以便及时调整教学策略。

2. 行业变革：AIGC推动教育与培训产业的持续创新

AIGC技术的应用，将极大地推动教育与培训产业的持续创新。未来，AIGC技术会在以下方面带来深刻变革：

· **教育资源的优化配置**——AIGC技术可以帮助教育机构更有效地分配教育资源，实现个性化教学。这将有助于提升教育质量，确保每个学生都能够获得最适合自己的学习路径。

· **学习方式的多样化**——AIGC技术使学习方式更加多样化，包括虚拟课堂、远程辅导等多种形式，满足不同学生的需求。这种多样化的学习方式使得学习更加便捷和高效，无论学生身处何地，都能够获得优质的教育资源。

· **教育公平性的提升**——AIGC技术有助于缩小城乡、区域之间的教育差距，让更多学生享受到高质量的教育资源。这对于促进社会的整体发展具有重要意义，每个人都有机会通过优质教育改变自己的命运。

3. 人才培养：教育工作者如何适应AIGC时代，提升自身技能

面对AIGC技术的快速发展，教育工作者需要不断提升自身技能，以适应这个时代

的要求。为了迎接这一挑战，未来，教育工作者可以在以下几个方面进行提升：

· **教育技术的掌握**——教育工作者需要学习和掌握AIGC技术，以便更好地利用这些技术增强教学效果。这不仅意味着教育工作者要了解最新的教育工具和技术，还包括明晰如何将其融入日常的教学活动中。

· **教育理念的更新**——教育工作者需要更新教育理念，更加注重学生的个性化需求，以及教育与技术的结合。这意味着教育工作者要培养学生的创造力、批判性思维和解决问题的能力，而不仅仅是传授知识。

· **终身学习与自我提升**——教育工作者需要具备终身学习的意识，不断提升自己的专业素养，以适应不断变化的教育环境。这包括参加继续教育课程、研讨会和在线学习活动，使自身的专业素养保持与时俱进。

AIGC技术在教育与培训产业中的应用，将为教育带来深刻的变革。教育工作者需要不断提升自身技能，以适应这个时代的要求，共同推动教育与培训产业的持续创新。随着技术的不断进步，我们期待AIGC在教育与培训领域可以带来更多创新和变革，开启一个充满无限可能的教育新纪元。

6.6 健康医疗行业：智能诊断与个性化治疗

AIGC在健康医疗行业中扮演着日益重要的角色，其核心优势在于能够显著提升医疗服务的效率与准确性，同时促进个性化治疗的发展。AIGC技术通过对海量医疗数据的学习与分析，能够在诊断辅助、药物研发、健康管理及医学影像分析等多个方面发挥关键作用。

在诊断辅助方面，AIGC能够自动分析医学影像和病理学资料，协助医生更快速、准确地识别疾病特征，从而提高诊断的速度与精度。此外，在药物研发领域，AIGC通过对大量化合物进行分子层面的筛选和评估，加速了新药的研发进程，并降低了成本。

AIGC还可以结合物联网、大数据等技术，为个人提供量身定制的健康管理方案，帮助人们更好地保持健康状态。例如，通过监测个体的生理指标变化，AIGC可以预测潜在的健康风险，并给出相应的干预建议。

AIGC在健康医疗行业中的应用不仅提升了医疗服务的质量，还促进了医疗资源的有效分配，有助于实现更加精准和个性化的医疗保健，为构建智慧医疗体系奠定了坚实的基础。

6.6.1 AIGC在医疗诊断中的革命性应用

AIGC正在医疗领域掀起一场深刻的变革。特别是在医疗诊断方面，AIGC的应用正逐步改变着传统的诊疗模式，为医生提供更为精确和高效的支持。

1. 智能影像分析：AI的医学影像专家

在医疗诊断领域，AIGC技术通过自动分析医学影像，如X光片、CT扫描等，成为医生的得力助手。这项技术的核心在于其强大的影像识别与分析能力，能够自动检测影像中的特征，比如形状、大小、密度等，并据此帮助医生更准确地诊断疾病。

AIGC系统提供的辅助诊断建议，如病变类型、疾病风险评估等，有助于医生快速作出决策。这一过程极大地提升了诊断的速度与准确性。在实际应用场景中，无论是需要快速诊断的情况，还是利用远程医疗提供服务的场合，AIGC都能够发挥重要作用。例如，在偏远地区，医生可以通过上传医学影像至云端，借助AIGC系统进行初步分析，从而获得及时的诊断建议。

2. 病理诊断辅助：AI的病理学助手

病理学是医学研究中至关重要的分支之一，而AIGC技术在这一领域的应用也取得了显著成果。通过自动分析病理切片中的细胞形态和结构等特征，AIGC能够识别肿瘤、炎症等多种病变，为病理医生提供准确且高效的诊断工具。

基于病理切片分析的结果，AIGC系统能够提供辅助诊断建议，帮助病理医生更准确地识别病变类型，如肿瘤或细胞类型的分类。在精准诊断的需求下，AIGC技术不仅可以提高诊断的准确性，还可以大幅提高处理大量病理切片的工作效率，为病理学实验室带来质的飞跃。

3. 基因组学分析：AI的遗传学专家

AIGC技术在基因组学分析中的应用，则为遗传病风险评估和个性化治疗带来了新的可能性。通过对遗传数据的深入分析，AIGC系统能够识别与疾病相关的基因突变和遗传变异，进而提供遗传病风险评估，帮助医生为患者量身定制治疗方案。

此外，基于患者的遗传数据和病史信息，AIGC还可以推荐最适合患者的个性化用药方案，这不仅能够提升治疗效果，还能够减少不必要的副作用。在药物研发过程中，AIGC技术同样扮演着重要角色，能够帮助科研人员筛选潜在的有效药物并预测其可能的副作用，从而加速新药的研发进程。

AIGC技术在医疗诊断中的应用，无论是在智能影像分析、病理诊断辅助，还是基因组学分析方面，都已经展现出了巨大的潜力和价值。它不仅提高了医疗诊断的准确性和效率，更为个性化治疗与药物研发提供了新的工具和方法。

6.6.2 个性化治疗与药物研发

在健康医疗行业，AIGC技术正逐渐成为推动个性化治疗与药物研发的关键力量。通过深度挖掘患者的个体差异，AIGC不仅能够提供高度个性化的治疗方案，还能够加速药物研发流程，开启精准医疗的新时代。

1. 精准医疗：AI的个性化治疗规划师

在精准医疗领域，AIGC技术扮演着至关重要的角色。通过自动收集和分析患者的遗传信息、病史以及生活习惯等多维度数据，AIGC系统能够深入了解每一位患者的健康状况及其独特的治疗需求。

基于这些详尽的数据分析结果，AIGC能够为每位患者量身定制个性化的治疗方案，包括药物的选择、治疗周期的规划等。这种精准的治疗方法能够显著提高治疗的效果，同时也降低了治疗过程中可能出现的风险。

在实际应用场景中，AIGC技术能够实现真正的个性化治疗，根据每位患者的遗传信息和病史，提供最适合他们的治疗方案。此外，AIGC还能够帮助医生预测患者对不同药物的反应，从而选择最佳治疗策略，确保治疗效果最大化。

2. 药物研发辅助：AI的药物研发助手

在药物研发领域，AIGC技术同样展现出强大的潜力。通过对大量数据的分析，AIGC能够自动筛选出具有潜力的新药候选分子，预测它们的活性、副作用等特性，大大加快了新药发现的速度。

基于这些筛选结果，AIGC还能进一步预测药物的副作用，帮助研究人员评估药物的安全性。这一过程不仅缩短了药物从实验室到市场的周期，还减少了临床试验中的不确定性，降低了研发成本。

在药物研发项目中，AIGC技术的应用使得研究人员能够更快地筛选出潜在的新药，加速整个研发流程。同时，它还有助于评估药物的安全性，减少临床试验中的风险，确保药物的安全有效。

3．智能康复训练：AI的个性化康复指导

在康复训练领域，AIGC技术也为患者带来了福音。通过分析患者的健康状况和康复需求，AIGC能够制定出个性化的康复计划，包括设定合理的康复目标、确定适当的训练强度等。

除了提供定制化的康复计划，AIGC还能给予实时的运动指导，确保患者能够正确地执行康复训练动作，增强康复效果。这种智能化的康复训练方式不仅提高了康复的效率，还增强了患者的康复体验。

在康复训练项目中，AIGC可以根据患者的健康状况和康复需求，提供个性化的康复计划和运动指导，确保患者能够有效地恢复功能。而在远程康复项目中，AIGC同样可以发挥重要作用，使患者即使在家中也能获得专业、个性化的康复指导，提高康复服务的可及性。

AIGC技术在个性化治疗与药物研发中的应用，无论是在精准医疗、药物研发辅助，还是智能康复训练方面，都已经展现出了巨大的潜力和价值。它不仅提高了医疗诊断的准确性和效率，还为个性化治疗和药物研发提供了新的工具和方法。

6.6.3 健康监测与管理

通过智能穿戴设备和健康监测系统的集成，AI能够实现对个人健康状况的实时监测，并提供个性化的健康管理方案。

1．智能健康监测：AI的健康守护者

AIGC技术借助智能穿戴设备和健康监测系统，能够全天候、无间断地收集用户的心率、血压、活动量等生理数据，以及通过实验室检测和影像学检查得到医疗数据。这些实时的数据流为健康监测提供了坚实的基础。

基于这些数据，AIGC技术能够分析用户的健康状态，识别出异常指标和潜在的健康风险。例如，在健康监测项目中，AIGC技术能够实时分析患者数据，一旦发现健康风险便立即发出预警，促使患者采取相应的预防或治疗措施。

对于需要进行长期健康管理的患者而言，AIGC技术还可以帮助医生和患者共同制定个性化的健康管理计划。通过持续监测并分析数据，AIGC技术能够动态调整患者的治疗方案和生活习惯，确保患者的健康状况得到有效管理和改善。

2. 个性化健康管理：AI的私人健康顾问

AIGC技术不仅仅局限于监测生理指标，它还能深入分析用户的生活方式，包括饮食习惯、运动频率等。通过综合考量这些因素，AIGC技术能够为用户提供个性化的健康建议，帮助他们调整生活方式，提高整体健康水平。

在健康管理项目中，AIGC技术可以根据用户的健康需求和生活习惯，提供量身定制的饮食建议和运动指导。无论是改善饮食结构还是增加运动量，AIGC技术都能为用户提供科学合理的建议，帮助他们更好地维持身体健康。

对于那些需要远程健康管理的患者来说，AIGC技术更是不可或缺的伙伴。它能够帮助患者制定个性化的健康计划，并通过远程健康指导，确保患者即使身处异地也能享受到高质量的健康管理服务。

3. 智能健康预警：AI的早期疾病发现者

AIGC技术在健康预警系统中的应用，让疾病的早期发现成为可能。通过对用户的遗传信息、生活习惯、健康状况等数据的深入分析，AIGC技术能够评估用户潜在的疾病风险，并及时发现早期症状。

预防性医疗项目中，AIGC技术可以帮助患者更早地发现疾病风险，采取预防性治疗措施，从而有效降低疾病的发生率。这种早期干预不仅有助于减轻患者的痛苦，还能够显著节省医疗资源。

在远程健康管理项目中，AIGC技术同样发挥着重要作用。它能够帮助患者进行长期的健康监测和风险评估，提供远程健康预警服务，确保其即使在远离医疗机构的情况下也能获得及时的健康建议和支持。

AIGC技术在健康监测与管理领域的应用，无论是在智能健康监测、个性化健康管理，还是智能健康预警方面，都已经展现出了巨大的潜力和价值。它不仅提高了医疗诊断的准确性和效率，还为个性化治疗和药物研发提供了新的工具和方法。

6.6.4 应用案例

· **智能化诊疗**：百度灵医大模型利用其强大的数据处理能力，得以在200多家医疗机构中应用，显著提升了诊断的准确性和效率。此外，医联推出的MedGPT大模型基于Transformer架构，其参数规模达到100B（千亿级），预训练阶段使用了超过20亿的医疗文本数据，致力于实现疾病预防、诊断、治疗到康复的全流程智能化诊疗。

· **医学影像分析**：首都医科大学附属北京天坛医院联合北京理工大学团队合作推出“龙影”大模型（RadGPT），基于该模型研发的“小君”医生可以实现针对脑血管病及脑部、颈部和胸部等十几个部位的肿瘤、感染类疾病等上百种疾病的诊断。

· **中医智能化**：天士力医药集团与华为云联合发布的“数智本草”中医药大模型，集守正、创新、产业化三大类数据，为中医药研究提供支持 。

6.7 金融行业：金融决策与风险管理

6.7.1 AIGC在金融分析中的应用

在当今瞬息万变的金融市场中， AIGC技术正逐步成为金融分析领域不可或缺的一部分。凭借其强大的数据处理能力和复杂的算法模型，AIGC不仅能够揭示市场动态的细微变化，还能够帮助金融机构更好地了解客户需求并管理潜在风险。

1. 市场趋势预测：AI的市场洞察者

在金融分析领域，AIGC技术如同一位睿智的市场洞察者，它能够自动分析海量的金融市场数据，并据此预测未来的市场趋势及股票价格，为投资者和金融机构提供宝贵的决策支持。

（1）数据处理与分析。

AIGC系统能够高效地处理和分析大量的金融市场数据，包括历史价格、交易量及市场情绪等多维度的信息，从而全面理解市场的动态变化。

（2）预测模型构建。

基于这些详尽的数据分析结果，AIGC能够构建出精准的预测模型，如时间序列分析、机器学习模型等，进而预测市场趋势和股票价格的变化。

（3）应用场景。

· **投资决策**：在投资项目中，AIGC可以帮助投资者根据市场趋势预测，作出更为明智的投资决策。

· **风险管理**：金融机构可以利用AIGC预测市场趋势，进行风险管理和资产配置，以规避不必要的损失。

2. 客户行为分析：AI的客户洞察专家

AIGC技术在分析客户交易数据和行为模式方面，展现出了非凡的能力，为金融机构提供了更深层次的客户理解。

（1）交易数据分析。

AIGC系统能够细致地分析客户的交易数据，包括交易频率、交易金额、交易时间等多个维度的信息，以此来理解客户的投资偏好和行为模式。

（2）客户画像构建。

基于这些详细的交易数据分析结果，AIGC能够构建出精确的客户画像，包括投资偏好、风险承受能力等个性化特征。

（3）应用场景。

· **个性化服务**：金融机构可以根据AIGC生成的客户画像，提供更加个性化的投资建议和服务。

· **风险管理**：金融机构还可以利用AIGC分析客户行为，进行风险管理和合规检查，确保业务的安全性与合规性。

3. 风险评估与控制：AI的风险管理助手

AIGC技术在金融风险评估和管理中的应用，使得金融机构能够更有效地识别和控制各类风险。

（1）风险数据收集。

AIGC系统能够收集和整合各种金融风险数据，包括信用风险、市场风险、操作风险等。

（2）风险评估。

基于这些风险数据的收集结果，AIGC能够进行深度的风险评估，识别潜在的风险因素及其严重程度。

（3）风险控制策略制定。

基于风险评估的结果，AIGC能够制定出有效的风险控制策略，如风险分散、风险对冲等。

（4）应用场景。

· **风险管理**：金融机构可以利用AIGC进行风险评估和管理，有效降低潜在损失。

· **合规检查**：金融机构还可以利用AIGC进行合规检查，确保各项业务活动符合相关法律法规的要求。

无论是市场趋势预测、客户行为分析，还是风险评估与控制，AIGC都在不断地提高金融决策的准确性和效率，并为金融机构提供更深入的客户理解服务。

6.7.2 智能投资与理财：AIGC引领的未来之路

在金融投资与理财领域，AIGC技术正逐步改变着传统的投资方式。通过根据客户的投资目标和风险偏好，提供个性化的投资建议，AIGC不仅帮助投资者作出了更加明智的决策，也极大地提升了金融服务的质量和效率。

1. 智能投资顾问：AI的投资指导师

在金融投资与理财领域，AIGC技术犹如一位智慧的投资指导师，它能够根据客户的投资目标和风险偏好，提供个性化的投资建议，帮助投资者作出明智的投资决策。

（1）投资目标和风险偏好分析。

AIGC系统能够深入分析客户的投资目标，例如收益目标、投资期限等，以及风险偏好，比如风险承受能力、风险厌恶程度等。

（2）投资建议生成。

基于对投资目标和风险偏好的深入理解，AIGC能够生成个性化的投资建议，涵盖投资组合构建、资产配置等多方面。

（3）应用场景。

· **在线投资平台**：通过在线投资平台，AIGC可以帮助投资者根据自身的情况，制定适合自己的投资策略，实现资产的有效增值。

· **金融机构服务**：金融机构可以利用AIGC提供个性化的投资建议，提升客户满意度和忠诚度，增强自身的竞争力。

2. 自动化交易：AI的交易机器人

AIGC技术在自动化交易系统中的应用，为投资者带来了更高效率和更精准的交易策略。

（1）交易策略制定。

AIGC系统能够根据实时市场数据和既定的交易策略，自动制定交易计划，包括买卖时机、交易量等。

（2）执行交易。

基于制定的交易策略，AIGC能够自动执行交易，如算法交易、高频交易等。

（3）应用场景。

· **量化交易**：在量化交易中，AIGC可以帮助投资者自动执行交易策略，提高交易的效率和准确性，减少人为错误。

· **高频交易**：在高频交易中，AIGC利用其快速处理和分析数据的能力，实现更快的交易执行和更优的交易策略，把握稍纵即逝的投资机会。

3．资产配置优化：AI的资产配置专家

AIGC技术在资产配置优化方面的应用，帮助投资者实现风险分散和收益最大化的目标。

（1）资产配置模型构建。

AIGC系统能够构建资产配置模型，根据投资者的投资目标和风险偏好，优化资产配置方案，力求实现最佳的投资回报。

（2）动态调整。

基于市场变化和投资表现，AIGC能够动态调整资产配置方案，以适应不断变化的市场环境和投资者的具体需求。

（3）应用场景。

· **财富管理**：在财富管理中，AIGC可以帮助投资者根据市场变化，及时调整资产配置，实现风险分散和收益最大化。

· **养老投资**：在养老投资中，AIGC可以帮助投资者制定长期的资产配置方案，确保退休生活的财务安全，为未来的生活打下坚实的经济基础。

AIGC技术在智能投资与理财领域的应用已经展现出了巨大的潜力和价值，无论是提供个性化的投资建议、实现自动化交易，还是优化资产配置，AIGC都在不断地提高投资决策的准确性和效率，并为投资者提供了更加个性化和科学的投资建议与策略。

6.7.3 金融科技创新：AIGC引领的透明与安全之路

在金融科技领域， AIGC技术正在与区块链技术相结合，推动金融服务的创新并提高其透明度。此外，AIGC还在数字身份认证和金融监管科技中扮演着至关重要的角色，这不仅提高了金融服务的安全性，也为监管机构提供了强有力的辅助工具。

1．区块链技术：AI的透明度与安全性保障

区块链技术以其去中心化、不可篡改等特点，正在成为金融科技领域的重要组成

部分。AIGC技术与区块链技术的结合，更是推动了金融服务的革新。

（1）智能合约。

AIGC系统能够根据预设的条件和规则，自动执行智能合约，确保交易的安全性和不可篡改性，从而减少了中间人的介入，降低了交易成本。

（2）数据验证与共享。

基于区块链技术，AIGC能够验证和共享金融数据，提高数据的真实性和可追溯性，增强了参与者之间的信任度。

（3）应用场景。

· **跨境支付**：在跨境支付中，AIGC可以帮助金融机构实现快速、低成本的跨境支付服务，提高支付效率，缩短结算周期。

· **供应链金融**：在供应链金融中，AIGC可以确保供应链各环节的数据透明和资金流转的安全性，帮助中小企业获得更便捷的资金支持。

2. 数字身份认证：AI的身份验证与反欺诈专家

在数字身份认证和反欺诈方面，AIGC技术的应用提高了金融服务的安全性，为用户提供了更为可靠的服务体验。

（1）身份验证。

AIGC系统能够通过生物识别技术、行为分析等多种手段，自动验证用户的身份，确保只有授权用户才能访问敏感信息。

（2）反欺诈分析。

基于用户行为和交易数据，AIGC能够识别和防范欺诈行为，确保用户和金融机构的安全，减少经济损失。

（3）应用场景。

· **在线支付**：在在线支付中，AIGC可以帮助金融机构识别和防范欺诈行为，保障用户资金安全，提高支付系统的整体可靠性。

· **保险理赔**：在保险理赔中，AIGC可以帮助保险公司验证理赔申请的真实性，防止欺诈行为的发生，维护保险市场的健康发展。

3. 金融监管科技：AI的监管助手

AIGC技术在金融监管科技中的应用，帮助监管机构更有效地监控市场和防范风险，确保金融市场的稳定运行。

（1）数据收集与分析。

AIGC系统能够收集和分析金融市场的数据，包括交易数据、客户数据等，帮助监管机构了解市场动态和风险状况，为决策提供依据。

（2）风险预警与监控。

基于数据收集与分析的结果，AIGC能够进行风险预警和监控，帮助监管机构及时发现和应对潜在风险，降低系统性风险的发生概率。

（3）应用场景。

· **市场监控**：在市场监控中，AIGC可以帮助监管机构监控市场异常交易行为，防范市场操纵等风险，维护公平竞争的市场环境。

· **反洗钱（Anti-Money Laundering, AML）**：在反洗钱监管中，AIGC可以帮助监管机构识别和防范洗钱行为，保护金融市场的安全，维护金融秩序。

AIGC技术在金融科技领域的应用，无论是在区块链技术、数字身份认证，还是金融监管科技方面，都展现了巨大的潜力和价值。它不仅提高了金融服务的创新能力和透明度，还为金融服务的安全性和监管效率提供了重要保障。

6.7.4 应用案例

· **中国农业银行ChatABC**：中国农业银行推出了ChatABC，这是一款基于大模型技术的智能客服解决方案。ChatABC能够提供复杂的金融咨询、产品推荐和风险提示等服务，实现24小时不间断的客户服务，极大提升了客户体验和运营效率。

· **萨摩耶云科技集团**：该公司强调AIGC在金融领域的重要作用，特别是在智能运营领域。AIGC能够处理大规模、高复杂度的数据，改善金融机构与客户之间的交互模式，并推动金融业科技架构向高安全、可扩展、高性能、易维护的路径转变。

· **金融风控领域**：度小满金融利用AIGC技术搭建了攻防对抗框架，优化伪造检测系统，保障金融交易的安全性。

· **中邮消费金融**：中邮消费金融通过智能反欺诈技术体系应对欺诈攻击，提高风控决策能力。

6.8 法律与咨询行业：智能合同与决策支持

6.8.1 AIGC在法律文件处理中的革新应用

在数字化转型的大潮下，AIGC正悄然改变着法律行业的运作方式。这一前沿科技不仅提升了法律文件处理的效率，还提高了其准确性，成为律师及法律工作者不可或缺的得力助手。

1. 智能合同生成：AI的合同专家

合同作为法律实践的核心组成部分，其制作过程往往耗时且烦琐。而AIGC技术的应用，如同一位经验丰富的合同专家，为这一过程注入了新的活力。

（1）合同模板识别。

AIGC系统具备识别和理解合同模板的能力，无论是常见的商业合同，还是特定领域的协议，都能迅速捕捉到关键信息点，包括合同类型及其条款内容。

（2）自动生成合同。

基于对合同模板的深度理解，AIGC能够快速生成包含各项条款和条件的合同文本。这一过程极大地节省了人工编写的时间，并降低了因人为疏忽造成的错误。

（3）应用场景。

· **快速合同处理**：在法律项目中，AIGC助力律师和法务团队高效生成合同文本，显著提升工作效率。

· **跨境合同处理**：面对跨国法律事务时，AIGC能够生成符合不同国家和地区法律法规要求的合同文本，为国际合作扫清障碍。

2. 法律文书自动化：AI的法律文书生成器

法律文书中往往充斥着专业术语与复杂的表述，这给撰写带来了不小的挑战。AIGC技术在此方面的应用，为律师们提供了一把开启高效文书撰写大门的钥匙。

（1）文书模板识别。

AIGC系统能够识别并理解多种类型的法律文书模板，比如起诉状、答辩状等，从而为后续的自动化生成奠定基础。

（2）自动生成文书。

基于对文书模板的理解，AIGC能够自动生成诸如起诉状、答辩状等法律文书，不仅提高了文书的生成速度，还保证了其准确无误。

（3）应用场景。

· **快速文书处理**：在处理法律案件时，AIGC帮助律师和法务团队快速生成法律文书，有效提升工作效率。

· **复杂文书处理**：对于涉及大量细节和复杂法律问题的文书，AIGC同样能够胜任，确保文书的专业性和准确性。

3. 法律翻译与本地化：AI的多语言法律助手

在全球化的今天，跨国法律事务日益频繁，而语言差异却成为沟通的一大障碍。AIGC技术的出现，恰如其分地解决了这一难题，成为处理跨国法律事务的得力助手。

（1）法律文本分析。

AIGC系统能够对法律文本进行深度分析，包括内容、结构、语言风格等多个维度，为后续的翻译工作提供坚实的基础。

（2）自动翻译。

基于对法律文本的细致分析，AIGC能够自动完成法律文档的翻译工作，跨越语言的壁垒，实现不同语言间的顺畅转换。

（3）本地化调整。

AIGC进一步对翻译文本进行本地化调整，确保其符合目标国家或地区的法律规定和文化习惯，使翻译后的法律文本更加地道和适用。

（4）应用场景。

· **跨国法律事务**：在处理跨国法律事务时，AIGC帮助解决法律文件的翻译与本地化问题，加速了跨国法律事务的处理进程。

· **法律国际交流**：在国际法律交流与合作中，AIGC促进了不同语言背景下的法律文本交流，为国际法律合作搭建了桥梁。

AIGC技术在法律文件处理领域的应用展示了强大的潜力与价值，无论是智能合同生成、法律文书自动化，还是法律翻译与本地化，AIGC都为法律行业带来了前所未有的便捷与精确。

6.8.2 决策支持系统的革新之路

在当今快节奏的法律实践中，AIGC技术正逐渐成为律师不可或缺的得力助手。它不仅能够提高决策的准确性，还能够极大提升工作效率。下面，我们将深入了解AIGC技术如何在法律咨询与决策支持领域发挥重要作用。

1. 案例分析：AI的法律研究伙伴

在法律咨询与决策支持领域，AIGC技术如同一位博学多才的研究伙伴，能够深入分析历史案例，为律师提供有力的支持，帮助他们更好地理解案件背景和可能的解决方案。

（1）案例数据收集。

AIGC系统能够自动收集和整合大量的案例数据，包括判决书、裁定书、法律文书等，为律师提供丰富翔实的信息资源。

（2）案例分析。

基于这些案例数据，AIGC能够深入分析案件的关键事实、法律适用、裁判结果等，提炼出宝贵的见解和参考意见。

（3）应用场景。

· **案件准备**：在案件准备阶段，AIGC可以帮助律师分析相关案例，为案件策略的制定提供强有力的数据支持。

· **诉讼策略制定**：在诉讼过程中，AIGC能够通过对类似案例的深入分析，帮助律师制定更为精准有效的诉讼策略。

2. 法律风险评估：AI的风险评估专家

AIGC技术在评估法律风险和制定风险管理策略方面展现出了非凡的能力，成为律师和客户的可靠顾问。

（1）风险数据收集。

AIGC系统能够收集和整合各类法律风险数据，涵盖合同风险、合规风险、诉讼风险等多个方面，确保数据的全面性和准确性。

（2）风险评估。

基于风险数据的收集结果，AIGC能够进行法律风险评估，精准识别潜在风险因素，为后续的风险管理提供科学依据。

（3）风险管理策略制定。

AIGC能够基于风险评估的结果，制定出合理有效的法律风险管理策略，如风险规避、风险转移等措施。

（4）应用场景。

· **企业风险管理**：在企业的日常运营中，AIGC可以帮助企业识别和控制法律风险，确保企业运营的安全与稳健。

· **个人风险管理**：在个人生活中，AIGC可以帮助个人识别和控制法律风险，保护个人的合法权益不受侵害。

3. 智能法律咨询：AI的法律咨询服务

AIGC技术在提供智能法律咨询方面的应用，为用户提供了更加便捷和高效的法律咨询服务，让法律援助触手可及。

（1）在线法律问答。

AIGC系统能够自动回答用户提出的问题，无论是简单的法律概念解释，还是复杂的案件分析，都能够提供专业的咨询和指导。

（2）法律知识库构建。

基于海量的法律数据，AIGC能够构建起全面的法律知识库，为用户提供覆盖广泛领域的法律信息。

（3）应用场景。

· **在线法律咨询平台**：在各类在线法律咨询平台上，AIGC能够帮助用户解答法律问题，提供个性化的法律指导。

· **企业法律顾问**：在企业法律顾问服务中，AIGC能够协助解决日常法律问题，提升法律服务的整体效率。

AIGC技术在决策支持系统中的应用展现了巨大的潜力和价值。无论是案例分析、法律风险评估，还是智能法律咨询，AIGC都为律师和客户提供更加准确、高效和便捷的服务。

6.8.3 合规与监管

在日益复杂的商业环境中，确保业务操作的合规性和遵循监管要求对于企业和个人来说至关重要。AIGC技术正在成为这一领域的重要力量，通过自动化手段帮助企业轻松应对各种合规挑战。

1. 合规性检查：AI的合规监督者

在法律与咨询行业中，AIGC技术扮演着合规监督者的角色，通过自动检查法律文件和业务操作的合规性，帮助企业与个人确保其行为符合法律和监管的要求。

（1）法律文件分析。

AIGC系统能够自动分析各种法律文件，如合同、协议、政策等，快速识别其中的合规性问题，确保文件内容符合现行法律法规。

（2）业务操作审查。

基于法律文件分析的结果，AIGC能够进一步审查企业日常业务操作的合规性，例如数据处理流程、产品销售规则等，确保各项业务活动严格遵守相关规定。

（3）应用场景。

· **内部合规检查**：企业可以通过AIGC进行定期的内部合规检查，及时发现并纠正潜在的合规风险，确保业务操作符合法律规定和公司的政策。

· **外部合规审查**：律师和合规顾问可以借助AIGC进行外部合规审查，为客户提供专业合规建议和解决方案，帮助企业规避法律风险。

2. 监管遵从性分析：AI的监管合规助手

AIGC技术在监管遵从性分析方面的应用，极大地简化了企业和律师理解并遵守监管要求的过程。

（1）监管数据收集。

AIGC系统能够自动收集和整合最新的监管数据，包括法律法规、政策文件、行业标准等，确保信息的全面性和时效性。

（2）监管分析。

基于监管数据的收集结果，AIGC能够进行深入的监管分析，帮助企业与律师识别具体的合规要求，并据此调整业务策略。

（3）应用场景。

· **监管趋势分析**：企业和律师可以利用AIGC进行监管趋势分析，跟踪行业动态和监管变化，提前做好应对准备。

· **合规性评估**：企业和律师可以利用AIGC进行定期的合规性评估，确保业务操作始终符合最新的监管要求，避免不必要的法律风险。

3. 自动化合规报告：AI的合规报告生成器

AIGC技术在生成合规报告方面的应用，显著提升了报告的质量和效率，让合规报告编制变得更加简单快捷。

（1）报告模板识别。

AIGC系统能够识别和理解合规报告模板，包括各种报告类型和格式，确保报告内容的标准化和规范化。

（2）自动生成报告。

基于报告模板识别的结果，AIGC能够自动生成合规报告，包括关键数据和分析结果，有效减轻人工编制报告的工作负担。

（3）应用场景。

· **定期合规报告**：企业和律师可以利用AIGC生成定期的合规报告，提高报告的效率和准确性，满足监管机构的报告要求。

· **特殊合规报告**：企业和律师可以利用AIGC生成特定需求的合规报告，如针对特定事件或监管机构要求提交的报告，确保报告内容的完整性和准确性。

AIGC技术在合规与监管领域的应用展现出巨大的潜力和价值，无论是合规性检查、监管遵从性分析，还是自动化合规报告，AIGC都在提高合规性和监管遵从性的效率与准确性方面发挥了重要作用。

6.8.4 应用案例

· **海瑞智法**：海瑞智法是一款基于AI技术的律师协作工具，这款工具拥有丰富的法律数据库，能够保证回答的准确性，并提供私有化部署方案，帮助企业构建专属的知识库。这表明AIGC在法律行业的应用能够提高法律服务的效率和准确性。

· **AI法律科技产品“智慧律所”**：在2024年AIGC数据应用大会上，一款名为“智慧律所”的AI法律科技产品被展出。这款产品由智合集团开发，旨在帮助中国律师在人工智能时代突围，解决律所运营中的痛点。它通过AI技术提供法律文件自动化生成、案例检索、法律咨询等功能，以专业的能力赋能中国律师行业。

第 7 章 AIGC工具、智能体与Prompt

深入探索AIGC工具的奥秘，精挑细选你的创想引擎；揭秘智能体Agent，让AI成为你的得力助手；掌握Prompt艺术，精准掌握创意生成的密钥。

7.1 AIGC工具选择

“工欲善其事，必先利其器”，在AIGC领域，选择合适的AI模型和工具对于内容创作、数据分析、图像生成等任务至关重要。这些工具可以帮助用户更快速、更高效地完成工作，同时也能提高创作的质量。

“尺有所短，寸有所长”，不同的AI模型和工具各有特点，有的擅长文本生成，有的擅长图像处理，有的则在特定领域有独到之处。因此，在选择和应用这些工具时，需要根据具体任务的需求，合理利用每种工具的长处，同时避免其短处，以实现最佳的效果。

“融会贯通，一骑绝尘”，所谓打败你的不是AI，而是比你先掌握AI的人。你需要掌握AIGC工具的各项功能并融会贯通，形成自己独有的组合拳，达到灵活运用、创新发展的境界。掌握这种高度融合的能力后，你就能在自己的领域中领先他人一步。通过整合并熟练掌握各类AIGC工具，不仅能够实现个人能力的飞跃，还能在创新和实践上达到超越常人的水平，实现真正的卓越与领先。

7.1.1 明确任务目标与AIGC工具选择

· **分析任务需求**：首先明确要完成的任务是什么，例如数据分析、文档处理、图像创作、图像识别、文本生成、音频处理等。

· **选择合适的AIGC工具**：根据任务需求，选择能够提供相应功能支持的AIGC工具。

例如，对于数据分析任务，可以选择具有强大数据处理能力和分析能力的AI工具；对于文档处理任务，可以选择具备自然语言处理功能的AI工具；对于绘画任务，选择AI绘画工具。

最早火起来的聊天工具是ChatGPT，绘图工具是Midjourney。现在国内有很多AI工具可以选择，比如：智谱清言、豆包、Kimi、文心一言、讯飞星火、通义、天工AI、腾讯元宝、商汤日日新、百小应等。这些工具一般都有PC网页版本、App版本和小程序版本，但功能比较全面的一般是App版本和PC网页版本，所以推荐使用这两个版本，有些AI助手的App版本功能比PC网页版本功能强大。这些工具都各有所长，但基本的功能主要集中在以下几点：

· **多语言对话**：书中提到的大多数AI助手都支持中文和英文的流畅对话。

· **文件阅读与解析**：大多数AI助手能够阅读和分析多种格式的文件，如PDF文档、Word文档、PPT幻灯片和Excel电子表格等。

· **语音识别**：许多AI助手都支持语音输入。

· **信息整合与搜索**：多数AI助手都具备信息整合和搜索的能力。

· **文本生成**：许多AI助手能够根据用户需求生成文本。

· **创作图像**：许多AI助手能根据用户需求创作图像。

以下列举了几款AI助手的功能，我们可以根据自己工作的需求进行选择。

1. 智谱清言

智谱清言是一款生成式AI助手，它基于智谱AI自主研发的中英双语对话模型ChatGLM-4，经过大量的文本与代码预训练，并采用有监督微调技术，以通用对话的形式为用户提供智能化服务，支持PC、H5、小程序、安卓、iOS等多个平台。

智谱清言的主要功能包括：

（1）通用问答：能够回答用户的各类问题，涵盖多个领域，为用户提供实时、准确的信息和解决方案。

（2）多轮对话：具备出色的对话能力，可以与用户进行自然、流畅的多轮对话，为用户提供高效的沟通体验。

（3）虚拟对话：能够根据用户的需求扮演不同角色，如专业人士、故事角色等，增强互动性和用户体验。

（4）创意写作：为用户的各类创作需求提供灵感、内容框架及高质量的文案，提升用户写作效率和质量。

（5）代码生成：能够使用多种编程语言进行开发和调试，帮助解释代码、解答编程问题或提供编程建议。

（6）创作图像：输入文本可生成符合需求的图像，能判断细微的文本差异，进而生成不同的图像，可以用于写实图像、创意和艺术创作等各类图像应用领域。

（7）长文档阅读与解析：可对中英文文档进行总结、摘要、提问、翻译，可应用于研究。

智谱清言还支持实时语音翻译、双向翻译、多语种支持、语音识别技术，并且便携易用，适用于跨语言交流。智谱清言的智能体（GLMs）基于ChatGLM-4模型搭建，具有自主理解用户意图、规划处理复杂指令、调用外部工具等高级功能。

智谱清言的ChatGLM多模态做得非常好，能在对话过程中调用多种工具完成任务，如搜索、编程、绘画、识别图像、翻译，并能与各种智能体进行交互以辅助工作。

2. 文心一言

文心一言是一款先进的人工智能大语言模型，具备跨模态、跨语言的深度语义理解与生成能力。

文心一言的主要功能包括：

（1）OCR技术：通过图像处理和深度学习算法，将图片中的文字转换成可编辑和可搜索的文本，广泛应用于处理纸质文档、扫描件和照片等，提高文字处理的效率和准确性。

（2）机器翻译：将输入的文本实时翻译成多种语言，如中文、英文、日文、韩文等，帮助用户快速解决语言障碍，实现跨语言沟通。

（3）情感分析：通过深度学习算法，对输入的文本进行情感倾向性分析，判断文本的情感色彩是积极的、消极的，还是中性的，帮助用户更好地理解文本的情感内涵。

（4）文本生成：根据用户提供的主题或关键词，自动生成符合要求的文本，广泛应用于写作辅助、新闻报道、广告词创作等领域，提高文本创作的效率和水平。

（5）语音识别：将输入的语音转换成文本，实现对语音内容的识别和处理，广泛应用于处理语音数据、实现智能客服等，为用户提供了更加便捷的交互方式。

（6）实体关系抽取：从大量的文本数据中自动抽取关键实体，并建立实体之间的关系模型，帮助用户更好地理解实体之间的关联和影响，为决策提供有力支持。

文心一言还支持语音合成、多语种支持、实时翻译、智能断句和个性化设置等功能，使其在自然语言处理和机器学习等领域具有重要的应用价值，为用户的日常工作和生活提供更加智能、高效和便捷的解决方案。

7.1.2 工具组合应用

目前国内的大语言模型功能都比较接近，但各家还是会有自己比较擅长的领域。选择你习惯使用的AI助手，点击对话框进行使用。各个App或者网页端，还有很多可以执行更多任务的智能体，推荐使用官方出品的智能体。我们可以根据不同的任务目标，将AIGC工具进行组合应用，以提升工作效率和效果。这些组合可以是跨不同公司的AI助手，也可以是同个AI中功能不同的智能体工具。

应用案例：“培养孩子的商业思维课”课程设计及绘本绘制

以下案例是使用智谱清言的AI助手进行课程设计，用智谱清言的智能体“绘本精灵”进行绘本绘制。

在智谱清言中，通过几个步骤让AI扮演商业思维课程老师，设计出适合教授给孩子们的商业思维课程，并使用智谱清言的智能体“绘本精灵”进行绘本绘制，让课程更加直观，孩子们更容易理解。

Prompt 1：你现在是一位富有商业思维的儿童商业思维课程老师，要向孩子们传授商业思维，应该从哪些方面进行？

AI对网络进行了搜索，然后整理出结果，提出了可以从“商业时事的讲解”“实用商业思维课程”“商业启蒙课程”“故事和案例教学”4个方面向孩子教授商业思维课程。

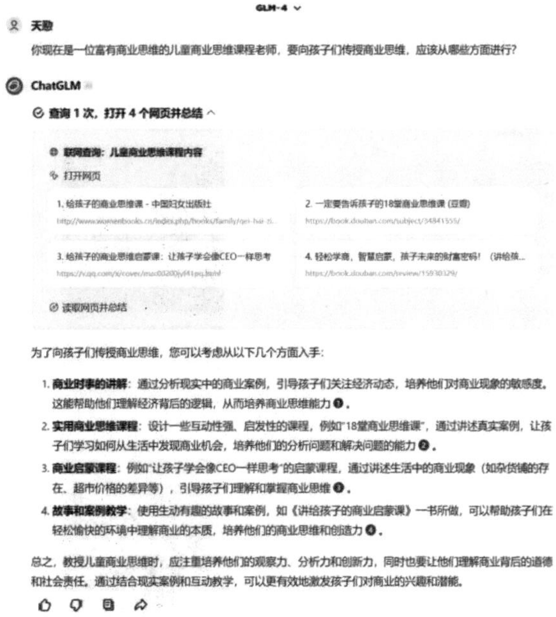

GLM-4

天勤

你现在是一位富有商业思维的儿童商业思维课程老师，要向孩子们传授商业思维，应该从哪些方面进行？

ChatGLM

查询 1 次，打开 4 个网页并总结

联网查询：儿童商业思维课程内容

打开网页

1. 给孩子的商业思维课 - 中国妇女出版社

2. 一定要告诉孩子的18堂商业思维课 (豆瓣)

3. 给孩子的商业思维启蒙课：让孩子学会像CEO一样思考

4. 轻松学商，智慧启蒙，孩子未来的财富密码！（讲给孩...

读取网页并总结

为了向孩子们传授商业思维，您可以考虑从以下几个方面入手：

1. **商业时事的讲解**：通过分析现实中的商业案例，引导孩子们关注经济动态，培养他们对商业现象的敏感度。这能帮助他们理解经济背后的逻辑，从而培养商业思维能力 ❶。
2. **实用商业思维课程**：设计一些互动性强、启发性的课程，例如"18堂商业思维课"，通过讲述真实案例，让孩子们学习如何从生活中发现商业机会，培养他们的分析问题和解决问题的能力 ❷。
3. **商业启蒙课程**：例如"让孩子学会像CEO一样思考"的启蒙课程，通过讲述生活中的商业现象（如杂货铺的存在、超市价格的差异等），引导孩子们理解和掌握商业思维 ❸。
4. **故事和案例教学**：使用生动有趣的故事和案例，如《讲给孩子的商业启蒙课》一书所做，可以帮助孩子们在轻松愉快的环境中理解商业的本质，培养他们的商业思维和创造力 ❹。

总之，教授儿童商业思维时，应注重培养他们的观察力、分析力和创新力，同时也要让他们理解商业背后的道德和社会责任。通过结合现实案例和互动教学，可以更有效地激发孩子们对商业的兴趣和潜能。

Prompt 2：面向孩子教授商业思维，你来帮忙设计一个课程吧。

AI马上给出了一个面向孩子的商业思维课程设计，课程分为五个阶段，每个阶段都包含了具体的教学内容和目标，最后还给出了教学方法，非常实用。

打开智谱清言的智能体“绘本精灵”，让智能体把上面设计的课程绘制成绘本。“绘本精灵”又再次进行了创作，把课程的每个阶段都用几张图绘制出来。整个课程分为五个阶段，每个阶段设计五张图，在很短的时间内就绘制出了二十五张图，把整个课程表达得非常好。

Prompt 3：创作一个绘本，向孩子介绍商业思维：主题是商业启蒙。

目标：让孩子们了解商业的基本概念，激发他们对商业的兴趣。

内容：商业的定义和重要性；常见的商业模式和产品种类。介绍一些成功的儿童企业家故事，激发孩子们的灵感。

在有AI助手帮助的时代，教育会发生改变。AI可以拓展家长和教师的认知范围，家长在陪伴孩子的时候，或者老师在教育孩子的时候，可以利用AI工具的力量，帮助孩子实践和成长。

7.2 智能体（Agent）

7.2.1 什么是智能体

基于大模型应用的智能体通常是指使用大型预训练模型（如自然语言处理模型、计算机视觉模型等）的人工智能系统。这些智能体能够理解和生成语言，能识别图像，甚至能进行复杂的决策和任务执行。每个人都可以在大语言模型的App中建立多个智能体，它们的功能、应用场景和优势如下：

1．功能

· **自然语言理解和生成**：智能体可以理解和生成人类语言，用于聊天机器人、内容创作、语言翻译等。

· **图像和视频分析**：智能体能够识别和处理图像及视频数据，用于面部识别、物体检测、场景理解等。

· **决策支持**：在复杂的环境中，智能体可以提供决策支持，例如在金融、医疗、物流等行业。

· **自动化任务执行**：智能体可以自动执行重复性任务，如数据清理、报告生成等，提高工作效率。

· **预测和模拟**：利用历史数据，智能体可以进行预测和模拟，用于天气预报、经济预测等。

2．应用场景

· **客户服务**：在呼叫中心、在线客服等领域，智能体可以提供快速响应和个性化服务。

· **医疗诊断**：在医疗领域，智能体可以帮助分析医疗影像，辅助医生进行诊断。

· **金融服务**：在金融行业，智能体可以用于风险评估、交易策略生成等。

· **教育**：在教育行业，智能体可以作为教育工具，提供个性化学习计划和反馈。

· **智能家居**：在智能家居系统中，智能体可以理解用户的语音指令，控制家居设备。

3. 优势

· **处理复杂性**：大模型通常具有更强的处理复杂问题和数据的能力。

· **泛化能力**：经过大规模数据预训练的模型，通常具有较好的泛化能力，能适应多种任务。

· **减少数据依赖**：大型预训练模型可以在少量标注数据的情况下达到较好的性能。

· **提高效率**：智能体可以自动执行任务，减少了人力成本，提高了工作效率。

· **实时交互**：智能体能够提供实时交互，满足了快速响应的需求。

· **个性化和适应性**：智能体可以根据用户的历史数据提供个性化服务，并能够不断学习和适应。

基于大模型的智能体在多个领域都展现出强大的功能和广泛的应用潜力，它们的出现和发展是人工智能技术进步的重要标志。

7.2.2 如何设计智能体

智能体工作流非常重要，AI智能体设计模式有以下几种：

· **反思（Reflection）模式**：这种模式涉及大型语言模型（LLM）检查自己的工作并提出改进方法。例如，一个代码智能体可以根据给定的提示生成代码，然后被要求反思其输出，提出改进意见，并据此生成更好的代码版本。

· **使用工具（Tool Use）模式**：在这种模式下，LLM利用网络搜索、代码执行或其他功能来帮助其收集信息、采取行动或处理数据。这扩展了大型语言模型的能力，使其能够处理更复杂的问题。

· **规划（Planning）模式**：LLM提出并执行一个多步骤计划来实现目标。例如，它可能需要生成一张图片，并遵循一系列指令来完成任务。

· **多智能体协作（Multi-agent Collaboration）模式**：多个AI智能体一起工作，分配任务并讨论和辩论想法，以提出比单个智能体更好的解决方案。这种多智能体协作模式可以产生比单个智能体更复杂的程序和更好的性能。

7.2.3 智能体的优势与组合应用

在AIGC领域，智能体正逐渐成为内容创作的重要工具。智能体工作流，即智能体在执行任务时的流程和方法，对于提高内容质量和创作效率具有重要意义。AI智能体设计模式为用户在AIGC领域的内容创作提供了新的思路。

1. 反思模式：提升内容质量的关键

在AIGC领域，反思模式可以帮助用户生成更优质的内容。具体操作如下：

· **内容评估**：首先，用户可以让智能体生成初步内容，然后利用反思模式对内容进行评估，找出不足之处。

· **优化策略**：根据评估结果，智能体可以提出优化建议，用户据此调整内容创作策略。

在撰写文章时，智能体可以帮助用户分析文章结构以及语言表达流畅性，并提出改进意见，从而提高文章质量。

2. 使用工具模式：拓宽内容创作的边界

使用工具模式让智能体能够利用各种外部资源，为内容创作提供更多可能性。以下是应用步骤：

· **资源整合**：用户可以指导智能体访问和整合网络资源、数据库等信息，为内容创作提供丰富素材。

· **创意激发**：利用智能体分析用户需求，结合外部资源生成创意内容。

在制作短视频时，智能体可以自动搜索相关素材，结合用户脚本生成更具创意的视频内容。

3. 规划模式：打造有序的内容创作流程

规划模式在AIGC领域的应用，可以帮助用户高效地完成内容创作。具体方法如下：

· **制订计划**：用户可以根据项目需求，让智能体制订详细的内容创作计划。

· **执行与调整**：智能体按照计划执行内容创作，并在过程中根据实际情况进行调整。

在策划一次线上活动时，智能体可以协助用户规划活动流程、内容安排，确保活动顺利进行。

4. 多智能体协作模式：实现内容创作的协同效应

多智能体协作模式在AIGC领域的应用，可以极大地提高内容创作的效率。操作步骤如下：

· **分工合作**：用户可以将内容创作任务分解，分配给多个智能体共同完成。

· **交流与辩论**：智能体之间可以进行交流、辩论，共同优化内容创作方案。

在制作一部动画作品时，多个智能体可以分别负责剧本、分镜、动画制作等环节，共同完成作品。

智能体工作流在AIGC领域具有重要价值，通过以上模式的应用，用户可以更好地发挥智能体的优势，生成更优质的内容。随着技术的不断进步，智能体将在AIGC领域发挥更大的作用，助力用户实现内容创作的创新与突破。

7.2.4 实例：智谱清言的智能体

智谱清言的智能体分类主要基于其功能和应用场景。智谱清言是一个基于ChatGLM-4模型搭建的平台，允许用户创建和定制自己的智能体，这些智能体能够执行各种特定的任务。

1. 智能体的主要功能

（1）自主理解用户意图：智能体能够根据用户的指令自动理解其意图，无须用户明确指出每一步操作。

（2）规划复杂指令：智能体可以规划和执行复杂的指令，这些指令可能涉及多个步骤或子任务。

（3）调用外部工具：智能体可以调用例如网页浏览器、代码解释器、文生图模型等外部工具，进行信息搜索、代码执行、图像生成等。

（4）高级数学能力：通过代码解释器，智能体能够解决复杂的数学问题。

（5）文件处理、数据分析和图表绘制：智能体可以处理多种格式的文件，进行数据分析和图表绘制。

（6）知识库：智能体支持多种文件格式，因此，可以上传相关文档以建立智能体的知识库。

2. 应用场景和优势

（1）个性化定制：用户可以根据自己的需求创建不同类型的智能体，如教师智能体、画师智能体等。

（2）易用性：智谱清言的设计非常人性化，即使是没有编程基础的普通用户也能轻松创建和使用智能体。

（3）多样化应用：智能体可以用于日常任务处理，如制作PPT、撰写报告、代码审查，甚至可以设计图像和logo等。

（4）提高效率：通过智能体，用户可以在不同的工作场景中提高效率，节省时间。

（5）学习和适应：智能体可以在完成任务的过程中学习经验，逐渐熟悉用户的偏好。

总的来说，智谱清言的智能体功能强大且易于使用，适用于多种不同的应用场景，能够有效提高个人工作的效率。

智谱清言里有各种精彩实用的智能体，找到最能满足你工作和创作所需要的智能体，直接进行使用，或者组合几种智能体进行应用，你会发现AIGC真的给你创造了无限的可能，如下图所示。

7.2.5 创建智能体

无论是手机端还是电脑网页端，都能轻松创建智能体。

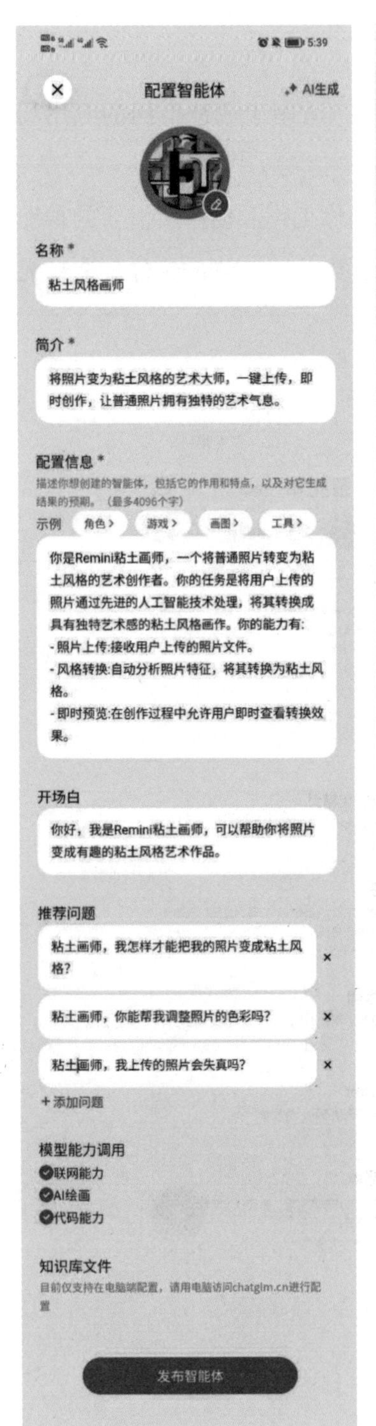

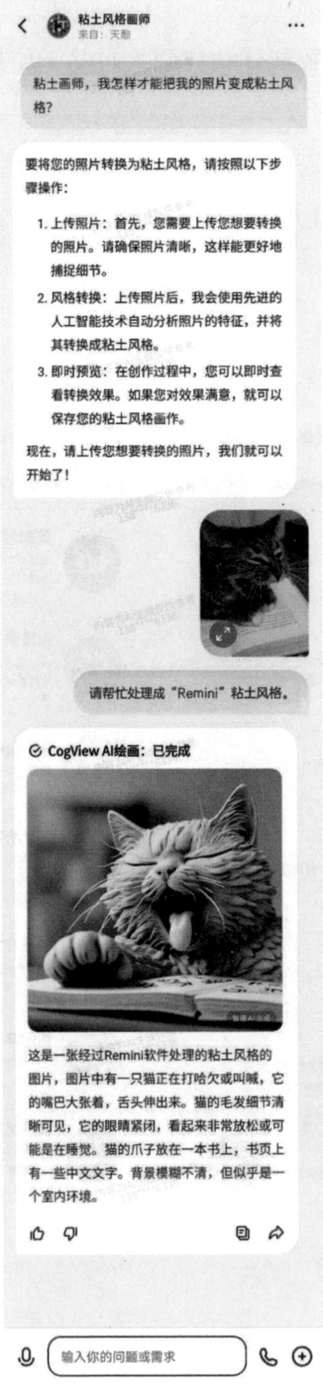

◀ 试用一下“黏土风格画师”，上传一只在打哈欠的猫，智能体帮助生成了黏土风格的猫，相当传神。

▼ 您也可以把自己创建的智能体进行分享传播。

7.3 Prompt

7.3.1 Prompt的基本概念

在AI和机器学习的背景下，Prompt（提示词）是一种输入文本，用于指导AI生成特定的输出。它们可以是问题、命令、提示语或任何形式的文本，用于激发AI的特定反应或行为。

Prompt，在人工智能领域，尤其是在自然语言处理和机器学习应用中，是指用来指导模型生成特定类型输出的一系列词语或句子。其设计目的是引导模型产生相关的、高质量的、符合期望的回复或文本。

在生成式语言模型中，如在文本生成的GPT模型中，Prompt尤其重要。它们作为输入的一部分，可以帮助模型理解用户的需求，从而生成更加准确和相关的回答。例如，用户可以给出一个关于某个主题的问题作为Prompt，模型则会根据这个Prompt生成一个详尽的回答。

在机器学习训练过程中，Prompt还可以用来指导模型学习特定的语言模式或行为，以便在未来的应用中更好地理解和响应用户的需求。通过设计恰当的Prompt，可以显著提高模型的性能和用户体验。

在AIGC领域，Prompt的作用是引导AI生成特定类型的内容，如文章、图片、音乐、视频。

让我们通过一个例子来理解AIGC领域的Prompt：

比如，你现在使用智谱清言的ChatGLM，这是一个多模态的大语言模型。现在，你想让这个工具为你创作一张画，画中是一只可爱的狸花猫在客厅里追逐一只红色的皮球。为了得到这张图片，你需要告诉AI你的想法，这时你输入的描述词就是Prompt，比如：“画一幅画，一只可爱的狸花猫在客厅里跟红色的皮球玩耍。”

AI会根据你提供的Prompt来生成一张符合描述的图片。在这个例子中，Prompt非常具体，包括了对象（狸花猫、皮球）、地点（客厅）和动作（玩耍），这样AI就能更准确地理解你的需求，并生成相应的图片。

如果我们把Prompt改为：“画一幅画，一只穿着洛可可时期的华丽服饰的狸花猫，捧着一篮水果。”这个时候，会出现另外一幅富有想象力的图片。

在AIGC领域，Prompt的质量和详细程度往往直接影响到AI生成内容的质量。好的Prompt能够帮助AI更准确地捕捉到用户的意图，从而生成更加符合用户期望的内容。

▲ Prompt 1：画一幅画，一只可爱的狸花猫在客厅里跟红色的皮球玩耍。

▲ Prompt 2：画一幅画，一只穿着洛可可时期的华丽服饰的狸花猫，捧着一篮水果。

7.3.2 Prompt的重要性

Prompt对于生成高质量、相关性强的内容至关重要：

· **内容指导**：Prompt为AI提供了生成内容的初始方向和框架。一个明确、具体的Prompt可以帮助AI更准确地理解和执行用户的意图。

· **风格和语气控制**：通过Prompt，用户可以指定内容的风格、语气、格式等，使得AI生成的内容符合用户特定的需求和偏好。

· **提高生成效率**：一个好的Prompt可以减少AI生成内容的迭代次数，因为它为AI提供了清晰的指导，从而提高了生成效率。

· **创意激发**：Prompt可以激发AI的创造力，帮助AI生成新颖、独特的内容，这在图像、音乐视频、艺术创作、故事编写等领域尤为重要。

· **用户参与度**：通过互动式Prompt，用户可以参与到内容生成的过程中，这种参与感可以提高用户的满意度和对生成内容的接受度。

· **多样性和个性化**：Prompt可以根据不同的用户需求定制，从而生成多样化的内容，满足个性化需求。

· **训练和优化**：在训练模型时，Prompt作为输入数据的一部分，对于模型的性能和输出质量有着直接影响。通过不断优化Prompt，可以提高模型的生成能力，例如下面的案例。

◀ Prompt：画一只可爱的卡通龙。

▶ Prompt：画一幅画，一只幻想的龙，它的眼睛大而圆，呈金黄色，带有复杂的纹理和光泽，显得非常有神。它的鼻子小巧而精致，鼻尖上覆盖着一层薄薄的雪花。它的皮肤呈现出鳞片状，具有细腻的蓝色调，上面还有一些白色的斑点。它头顶有一簇橙色的毛发。背景有雪花在飘落。

· **降低错误率**：准确的Prompt可以降低AI生成错误内容或不相关内容的风险，提高内容的整体质量。

· **适应性和灵活性**：Prompt可以根据不同的应用场景和目的进行调整，使得AI模型能够适应多种多样的内容和格式要求。

· **市场适应性**：在商业应用中，Prompt可以帮助AI生成符合市场需求的内容，从而提高市场竞争力。

Prompt是AIGC领域的核心要素之一，它不仅决定了AI生成内容的方向和质量，还直接影响到用户的体验和市场应用的效果。因此，精心设计的Prompt对于获得高质量内容至关重要。

7.3.3 Prompt的类型

Prompt的类型可以分为以下七种，每种类型都有其特定的应用场景和目的：

· **文本生成Prompt**：这类Prompt通常用于指导AI生成特定类型的文本内容，如文章、故事、诗歌等。例如，给定一个主题或一个开头句子，AI会根据这些提示生成完整的文本。

· **图像生成Prompt**：这类Prompt用于指导AI生成图像，可以是具体的物体描述、场景描述或艺术风格指导。例如，描述一个日落时分的海滩，或者要求以某类艺术家的风格生成图像。

· **音频生成Prompt**：这类Prompt用于生成音频内容，如音乐、声音效果等。例如，描述一段音乐的旋律、节奏或情感，AI据此生成音乐片段。

· **视频生成Prompt**：这类Prompt用于生成视频内容，可以是视频的主题、风格或特定场景的描述。例如，根据一个故事情节生成一段视频。

· **对话生成Prompt**：这类Prompt用于生成对话内容，如聊天机器人或角色扮演场景。例如，给定一个话题或一个角色背景，AI生成相应的对话。

· **数据分析和解释Prompt**：这类Prompt用于指导AI分析数据并生成解释性内容，如自动生成数据报告或解释数据趋势。

· **创意和设计Prompt**：这类Prompt用于激发AI在创意设计领域的应用，如广告设计、产品原型等。例如，描述一个产品的目标市场和设计理念，AI据此生成设计草图。

每种Prompt类型都可以根据具体的应用需求进行定制和优化，以实现更高效和更精准内容的生成。

7.3.4 写高质量Prompt的基本原则

Prompt的设计是一个关键环节，它直接影响着AI生成内容的质量和相关性。遵循以下设计Prompt的基本原则，基本可以写出不错的Prompt。

· **明确性**：Prompt应该清晰、具体地表达你的需求。模糊或过于宽泛的Prompt可能导致AI生成的内容偏离期望。

· **相关性**：确保Prompt与你的目标内容和应用场景紧密相关，聚焦主题。例如，如果你需要生成关于量子物理的文章，那么Prompt应该聚焦于这一领域，而不是泛泛地谈论科学。

· **简洁性**：虽然详细的信息有助于AI更准确地理解你的需求，但过长的Prompt可能导致AI抓不住重点。尽量保持Prompt简洁明了。

· **一致性**：如果你的需求涉及多个方面或步骤，那么要确保所有Prompt在风格、语气和细节上一致，以避免混淆AI。

· **扮演角色**：大模型具有扮演某种角色的强大能力。比如，写一篇介绍蝴蝶的科普文章，普通输出的内容和扮演一位有幽默轻松风格的科普作家向幼儿园小朋友输出的内容就有很大不同。

· **适应性**：根据AI的反馈调整Prompt。如果AI生成的内容不符合预期，那么要分析原因并相应地修改Prompt。

· **多样性**：尝试用不同的Prompt来探索AI的潜能。有时微小的调整就能带来截然不同的结果。

· **避免歧义**：确保用词准确，避免多义词或容易引起误解的表述。

· **利用先验知识**：如果适用，可以在Prompt中包含一些背景信息或先验知识，帮助AI更好地理解上下文。

· **迭代优化**：Prompt设计是一个迭代过程。通过不断尝试和优化，你可以找到最有效的Prompt来指导AI生成理想的内容。

遵循这些原则，可以大大提高AIGC领域Prompt设计的有效性和AI生成内容的质量。

Prompt 1：请写一篇科普文章，介绍蝴蝶王国的美丽和多样性。

结果：一篇适合普通读者的科普文章。

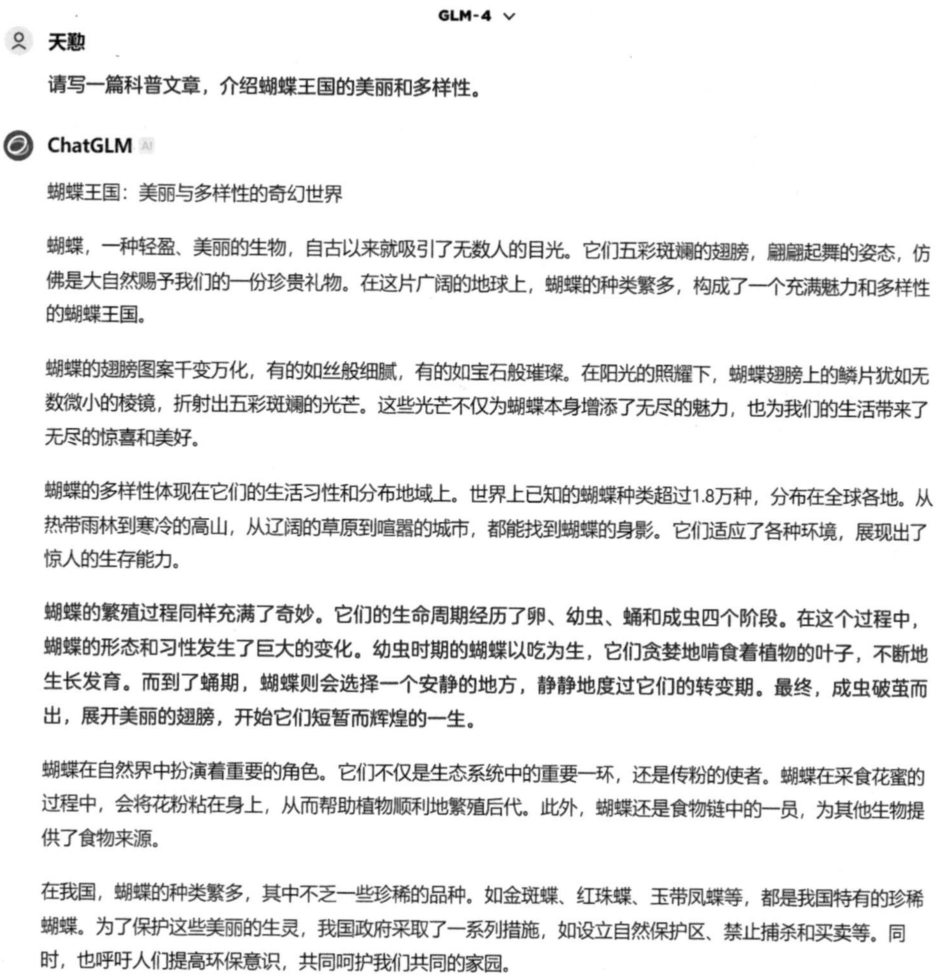

GLM-4

天勤

请写一篇科普文章，介绍蝴蝶王国的美丽和多样性。

ChatGLM

蝴蝶王国：美丽与多样性的奇幻世界

蝴蝶，一种轻盈、美丽的生物，自古以来就吸引了无数人的目光。它们五彩斑斓的翅膀，翩翩起舞的姿态，仿佛是大自然赐予我们的一份珍贵礼物。在这片广阔的地球上，蝴蝶的种类繁多，构成了一个充满魅力和多样性的蝴蝶王国。

蝴蝶的翅膀图案千变万化，有的如丝般细腻，有的如宝石般璀璨。在阳光的照耀下，蝴蝶翅膀上的鳞片犹如无数微小的棱镜，折射出五彩斑斓的光芒。这些光芒不仅为蝴蝶本身增添了无尽的魅力，也为我们的生活带来了无尽的惊喜和美好。

蝴蝶的多样性体现在它们的生活习性和分布地域上。世界上已知的蝴蝶种类超过1.8万种，分布在全球各地。从热带雨林到寒冷的高山，从辽阔的草原到喧嚣的城市，都能找到蝴蝶的身影。它们适应了各种环境，展现出了惊人的生存能力。

蝴蝶的繁殖过程同样充满了奇妙。它们的生命周期经历了卵、幼虫、蛹和成虫四个阶段。在这个过程中，蝴蝶的形态和习性发生了巨大的变化。幼虫时期的蝴蝶以吃为生，它们贪婪地啃食着植物的叶子，不断地生长发育。而到了蛹期，蝴蝶则会选择一个安静的地方，静静地度过它们的转变期。最终，成虫破茧而出，展开美丽的翅膀，开始它们短暂而辉煌的一生。

蝴蝶在自然界中扮演着重要的角色。它们不仅是生态系统中的重要一环，还是传粉的使者。蝴蝶在采食花蜜的过程中，会将花粉粘在身上，从而帮助植物顺利地繁殖后代。此外，蝴蝶还是食物链中的一员，为其他生物提供了食物来源。

在我国，蝴蝶的种类繁多，其中不乏一些珍稀的品种。如金斑蝶、红珠蝶、玉带凤蝶等，都是我国特有的珍稀蝴蝶。为了保护这些美丽的生灵，我国政府采取了一系列措施，如设立自然保护区、禁止捕杀和买卖等。同时，也呼吁人们提高环保意识，共同呵护我们共同的家园。

Prompt 2：现在，请你扮演一位幽默的科普作家，用幽默轻松的语言向幼儿园小朋友介绍蝴蝶王国的美丽和多样性。

结果：一篇语调轻松幽默，适合幼儿园小朋友阅读的科普文章。

GLM-4

天勤

现在，请你扮演一位幽默的科普作家，用幽默轻松的语言向幼儿园小朋友介绍蝴蝶王国的美丽和多样性。

ChatGLM

嘿小朋友们！你们听说过蝴蝶王国吗？那个地方可是超级好玩，充满了五彩斑斓的小精灵哦！

想象一下，如果我们都是小小的探险家，穿梭在一个巨大的花园里，到处都是飞舞的彩色纸片。这些纸片就像是被施了魔法一样，它们有自己的思想，会飞来飞去，还能在花丛中玩捉迷藏呢！这些彩色的小纸片就是我们今天的主角——蝴蝶啦！

蝴蝶们穿着各种各样的小衣服，有的像小花猫，有的像小鹦鹉，还有的像小糖果。它们的翅膀上有好多的颜色，就像是小朋友们的彩色蜡笔一样，把天空都画得五彩缤纷的。

而且你们知道吗？蝴蝶们小时候可是一点也不好看，它们是小小的毛毛虫，爬来爬去的。它们吃东西的时候，就像是小朋友们吃最喜欢的冰淇淋一样，吃得超级开心！

然后，神奇的事情发生了，这些毛毛虫会找一个安静的地方，躲进一个叫作"茧"的小房子里，就像是睡了一个好长好长的觉。等到它们醒来的时候，就会变成超级漂亮的蝴蝶啦！这就是我们说的"丑小鸭变白天鹅"的故事哦！

蝴蝶们不仅好看，它们还超级重要呢！它们是花儿的最好的朋友，因为它们会帮花儿传宗接代，就是帮花儿们"送信"，这样花儿们就可以生好多好多的宝宝啦！

我们国家有特别多的蝴蝶，每一种蝴蝶都有自己的名字和故事。有的蝴蝶像金子一样闪闪发光，有的蝴蝶的翅膀像玉带一样漂亮，还有的蝴蝶的翅膀上有好多的红色小点点，就像天上的星星一样。

小朋友们，我们要保护这些漂亮的小精灵哦！不要去捉它们，让它们在花园里快乐地飞来飞去。这样，我们的世界就会一直像蝴蝶王国一样，充满美丽和快乐！

7.4 提示工程技巧

提示工程（Prompt Engineering）是AIGC中的一个重要组成部分，主要是指设计有效输入Prompt，以引导模型生成高质量、符合需求的内容。

1. 提示工程的目的

· **提高生成内容的准确性**：精心设计的提示，使AI更准确地理解用户需求，生成符合用户期望的内容。

· **优化内容质量**：合适的提示可以引导模型生成更加连贯、有逻辑性的内容。

· **控制生成内容的风格和格式**：提示可以包含特定的指令，让AI按照预定的风格、格式或结构来生成内容。

2. 提示工程的关键要素

· **明确性**：提示需要尽可能明确，减少歧义，以便AI正确理解和响应。

· **相关性**：提示应与目标生成内容紧密相关，避免无关信息的干扰。

· **具体性**：提供具体的细节可以帮助AI生成更加精确的内容。

· **上下文**：在提示中加入足够的上下文信息，有助于AI更好地理解任务背景。

3. 提示工程的方法

· **指令式提示**：直接告诉AI要生成什么样的内容，例如“请写一篇关于月亮的诗歌”。

· **参数化提示**：在提示中设置参数，指导AI在特定范围内生成内容，如“生成一段500字以内的关于春天的描述”。

· **示范性提示**：提供一些示例或模板，让AI按照既定的模式生成内容。

· **递进式提示**：分步骤给出提示，逐步引导AI生成更加复杂的内容。

4. 提示工程的挑战

· **理解用户意图**：需要深入理解用户的真实需求，这对于设计有效的提示来说至关重要。

· **处理复杂性**：用户需求可能非常复杂，设计一个能够全面涵盖这些需求的提示是一项挑战。

· **避免偏见**：提示工程需要避免引入或强化AI的偏见，确保生成内容的公正性。

5. 应用实例

在下面的章节中，我们将介绍几种有效的提示框架，并用具体例子展示这些框架的应用。以下案例使用的工具是智谱清言的ChatGLM对话模式。

7.4.1 链式思维提示

链式思维提示（Chain-of-Thought Prompting）是一种在人工智能领域，特别是在大型语言模型中用于提高模型推理能力和解释性的技术。它的核心思想是通过提供一系列的中间推理步骤，引导模型在进行预测或生成回答时能够遵循逻辑和推理的过程。以下是对链式思维提示的详细介绍：

1. 相关概念

· **思维链条**：指的是一系列逻辑上相互关联的思考步骤，这些步骤共同构成了从问题到答案的推理过程。

· Prompt：在人工智能领域，Prompt是指输入到模型中以引导其生成特定输出的文本或指令。

2. 链式思维提示的工作原理

· **问题分解**：将复杂问题分解为一系列更简单、更易管理的子问题。

· **中间推理**：为每个子问题提供中间推理步骤或引导模型生成中间推理步骤。

· **逐步求解**：按照逻辑顺序解决子问题，每个子问题的答案作为下一个问题的输入或推理依据。

· **整合结果**：将所有子问题的答案或推理过程整合起来，形成最终的答案或结论。

3. 应用优势

· **提高可解释性**：通过展示推理过程，用户可以更清楚地理解模型是如何得出结论的。

· **增强推理能力**：引导模型进行更深入的思考，而不是仅仅基于模式匹配给出答案。

· **减少错误**：通过逐步验证中间步骤，可以及早发现和纠正推理过程中的错误。

· **适应性**：链式思维提示可以帮助模型更好地处理那些需要复杂推理的问题。

4. 实践中的挑战

· **生成高质量推理链**：需要确保中间推理步骤的质量，这往往需要专业的知识和细致的设计。

· **计算资源**：生成和维护推理链可能需要更多的计算资源。

· **泛化能力**：模型可能过于依赖特定形式的提示，而在新的或不同的场景中表现不佳。

5. 应用场景

链式思维提示可以应用于多种场景，如：

· **教育**：帮助学生通过示例推理过程来学习解决问题的方法。

· **编程**：辅助开发者理解代码逻辑或调试程序。

· **法律**：辅助分析案例，提供法律推理的中间步骤。

· **医疗**：帮助医生进行诊断，通过推理链来支持结论。

链式思维提示作为一种策略，与当前的人工智能技术相结合，有助于推动AI向更加智能化、透明化和可靠化的方向发展。

应用案例：帮助中学生学习数学的智能体（agent）设计方案

我们让AI先提供案例，就可以大致理解链式思维提示的实际应用，了解这种提示模式可以为我们做什么事情。然后，假设我们要设计一款智能体Agent，帮助中学生学习数学，提高数学成绩，让AI用链式思维提示进行头脑风暴，提出几个解决方案。最后，AI用这个方法提出了几个不错的设计方案，我们就可以在这个基础上，进一步选择和完善方案。整个过程如下：

Prompt 1：请设计一个链式思维提示应用于法律的例子。

用户

请设计一个链式思维提示应用于法律的例子。

ChatGLM

当然，以下是一个设计用于法律学习的链式思维提示的例子。这个例子旨在帮助法律专业的学生或律师通过逐步推理来分析一个假设的法律问题。

题目：

假设你是一位律师，你的客户因涉嫌在公共场所醉酒而被逮捕。你需要分析这个案件，并为你的客户提供法律建议。

链式思维提示：

步骤1：理解法律问题

- **提示**：首先，我们需要明确案件的具体情况。客户被指控的罪名是什么？在公共场所醉酒是否构成犯罪？

步骤2：审查相关法律条文

- **提示**：为了分析案件，我们需要查阅哪些法律条文？提示：查找当地关于公共场所醉酒的具体法律规定。

步骤3：确定法律要素

- **提示**：根据所查阅的法律条文，列出构成此罪名的法律要素。提示：通常包括醉酒状态、公共场所的定义以及行为的具体表现。

步骤4：评估证据

- **提示**：接下来，评估案件中的证据。警方是否有足够的证据证明客户在公共场所醉酒？证据是否可靠？

步骤5：考虑辩护策略

- **提示**：基于证据和法律要素，考虑可能的辩护策略。提示：是否存在合理怀疑证据的合法性或充分性？客户是否有正当理由？

Prompt 2：如果我要设计一款智能体（Agent），帮助中学生学习数学，提高数学成绩，请你用链式思维提示进行头脑风暴，提出几个解决方案。

智谱清言

与 ChatGLM 的对话

如果我要设计一款智能体（Agent），帮助中学生学习数学，提高数学成绩，请你用链式思维提示进行头脑风暴，提出几个解决方案。

ChatGLM

设计一款智能体（agent）帮助中学生学习数学并提高数学成绩时，可以结合链式思维提示的方法进行头脑风暴，以下是一些解决方案的提议：

解决方案1：个性化学习路径规划

- **步骤1：初始评估** - 智能体通过一系列测试评估学生的数学基础和掌握程度。
- **步骤2：学习需求分析** - 根据评估结果，智能体分析学生的强项和弱项，确定学习需求。
- **步骤3：制定个性化学习计划** - 智能体为学生制定个性化的学习路径，包括学习内容、练习题和进度安排。
- **步骤4：动态调整学习计划** - 根据学生的进步和反馈，智能体动态调整学习计划。

解决方案2：互动式数学问题解决指导

- **步骤1：问题识别** - 智能体识别学生正在解决的数学问题类型。
- **步骤2：链式思维提示提供** - 针对具体问题，智能体提供一系列链式思维提示，引导学生逐步解决问题。
- **步骤3：实时反馈** - 学生在解决问题时，智能体提供实时反馈和指导。
- **步骤4：总结和强化** - 完成问题后，智能体总结解题过程，强化学生的理解和记忆。

解决方案3：智能练习与反馈系统

- **步骤1：练习题目生成** - 智能体根据学生的学习进度和知识点生成练习题目。
- **步骤2：练习执行** - 学生完成练习题目，智能体记录答题过程和时间。
- **步骤3：错误分析** - 智能体分析学生的错误类型，提供针对性的解释和纠正。
- **步骤4：重复练习** - 对于学生掌握不牢固的知识点，智能体安排重复练习，直至掌握。

解决方案4：数学概念可视化与解释

- **步骤1：概念识别** - 智能体识别学生需要学习的数学概念。
- **步骤2：可视化教学** - 使用图表、动画等可视化工具帮助学生理解抽象的数学概念。
- **步骤3：互动问答** - 智能体通过问答帮助学生巩固概念理解。
- **步骤4：应用练习** - 提供实际应用场景的练习，让学生将概念应用于解决问题。

解决方案5：学习社区与互助平台

- **步骤1：社区建立** - 创建一个在线学习社区，学生可以互相帮助，分享学习经验。
- **步骤2：智能体作为辅助** - 智能体在社区中扮演辅助角色，提供学习资源，解答疑问。
- **步骤3：互助学习** - 鼓励学生之间的互助学习，智能体监控讨论，确保信息准确。
- **步骤4：成就激励** - 通过积分、徽章等方式激励学生参与社区活动，提高学习积极性。

7.4.2 思维树提示

思维树提示（Mind Map Prompt）是一种用于促进思维发散和创造性思考的工具，它通常应用于学习、工作规划、问题解决和决策制定等场景。思维树的基本结构是从一个中心概念或问题开始，然后向外延伸出多个分支，每个分支代表与中心概念相关的一个子主题或思考路径。以下是思维树提示的一些特点和步骤：

1. 特点

· **图形化思考**：思维树通过图形化的方式展现思考过程，有助于直观地理解和记忆信息。

· **放射性思维**：从中心点向外扩展，可以捕捉到更多灵感与信息。

· **结构化整理**：有助于将杂乱无章的信息和想法进行结构化整理。

· **易于修改和扩展**：思维树的结构灵活，可以根据思考的深入随时进行调整。

2. 步骤

· **确定中心点**：选择一个中心概念或问题，将其放在思维树的中心。

· **添加主要分支**：围绕中心点，添加几个主要分支，每个分支代表中心概念的一个主要方面或答案。

· **发展次级分支**：在每个主要分支下发展次级分支，进一步细化每个方面的内容或解释。

· **添加关键词和图像**：在每个分支上使用关键词或图像来代表思考的内容，这有助于记忆和理解。

· **连接相关分支**：如果不同分支之间存在联系，可以用线条将它们连接起来，展现它们之间的关联。

· **审查和修正**：在完成初步的思维树构建后，审查每个分支的合理性和完整性，必要时进行修正。

· **应用和反思**：将思维树中的想法应用于实际问题解决或学习过程中，并反思思维树的效果。

思维树提示的应用非常广泛，不仅限于个人学习和思考，也常用于团队讨论和教学中，帮助人们更全面、深入地思考问题。在使用思维树时，鼓励自由联想和创新思维，这有助于打破传统线性思维的局限。

思维树提示是一种强大的工具，适用于多种场景，以下是一些主要的应用场景：

（1）教育与学习。

· **课程规划**：教师可以使用思维树来组织和规划课程内容。

· **笔记整理**：学生可以用思维树来记录和整理课堂笔记，使课堂笔记更加系统化和结构化。

· **考试复习**：通过思维树来梳理复习要点，强化记忆和理解。

· **项目研究**：在项目初期，用思维树来规划研究主题和研究方向。

（2）职场与工作。

· **会议记录**：记录会议要点，整理思路和行动计划。

· **项目管理和规划**：梳理项目任务、目标和时间线。

· **决策制定**：分析决策的各个方面，预测不同选择的后果。

· **问题解决**：识别问题的核心，探索解决方案。

（3）创意与艺术。

· **故事创作**：构建故事情节、角色发展和主题思想。

· **剧本编写**：组织剧情结构和角色关系。

· **艺术创作**：艺术家用思维树来探索创作灵感，构思作品。

（4）个人生活。

· **目标设定**：设定个人目标，规划实现步骤。

· **时间管理**：规划日常任务和时间分配。

· **生活决策**：用于购房、换工作等重大决策的分析。

· **旅行规划**：规划旅行路线、活动安排和预算。

（5）团队协作。

· **头脑风暴**：团队进行创意思考，收集和整理想法。

· **战略规划**：共同制定团队或公司的长期战略。

· **团队沟通**：通过思维树来提高沟通效率，确保信息传达的一致性。

（6）科研与开发。

· **研究设计**：规划实验步骤和研究方法。

· **数据分析**：整理数据收集和分析的框架。

· **创新发明**：构思新产品或技术的研发方向。

（7）咨询与培训。

· **需求分析**：了解客户需求，设计解决方案。

· **培训材料制作**：制作培训大纲和课程内容。

通过这些场景，我们可以看出思维树提示的应用非常广泛，几乎在所有需要思考、规划和创造的场合都可以发挥其作用。

应用实例：创作科幻小说《半人半神：艾尔与AI的秘密契约》故事框架

我们先让AI告诉我们如何用思维树提示来写故事，它返回一个例子，我们大概就能了解它构思的故事的结构是怎样的。在这个基础之上，我们提出具体的要求：我想创作一部科幻小说，主题是关于2300年未来世界的人工智能，你能用思维树提示帮我构思整部小说吗？风格是魔幻现实主义。AI返回了整个故事的构思，结果比较符合预期。接下来，我们可以要求AI对每个部分进行细化，可以把需求进一步细化提出。但在这个例子里，我们仅仅是让AI分三个部分完成整个故事的写作。整体上，在这个思维树提示框架下，AI创作的科幻小说叙事就比较宏大，可以扩展成比较有吸引力的小说。整个过程如下：

Prompt 1：如何用思维树提示写故事？

智谱清言

与 ChatGLM 的对话

用户

如何用思维树提示写故事？

ChatGLM

使用思维树提示来写故事是一个创造性和系统性的过程。以下是利用思维树提示来编写故事的步骤：

第一步：确定故事核心

1. **中心点**：确定你的故事想要传达的核心思想或主题，比如"爱情""成长""勇气"等。
2. **故事类型**：决定故事的类型，如奇幻、科幻、爱情、悬疑等。

第二步：构建主要分支

1. **角色**：创建主要角色和配角，考虑他们的背景、性格、动机等。
2. **设定**：确定故事发生的地点和时间，考虑环境的细节和它如何影响故事。
3. **情节**：构思故事的主要情节点，如起始事件、冲突、高潮和结局。
4. **主题和信息**：思考故事想要传达的信息和主题。

第三步：发展次级分支

1. **角色发展**：
    - 主要角色的过去和现在。
    - 角色之间的关系和冲突。
    - 角色的成长和转变。
2. **情节细化**：
    - 情节的开端：介绍角色和设定，起始事件。
    - 情节的发展：冲突的出现，角色如何应对。
    - 情节的高潮：故事中最紧张和重要的部分。
    - 情节的解决：冲突的解决和故事的结局。

Prompt 2：我想创作一部科幻小说，主题是关于2300年未来世界的人工智能，你能用思维树提示帮我构思整部小说吗？风格是魔幻现实主义。

用户

我想创作一部科幻小说，主题是关于2300年未来世界的人工智能，你能用思维树提示帮我构思整部小说吗？风格是魔幻现实主义。

ChatGLM

当然可以。以下是根据您的要求，使用思维树提示来构思一部关于2300年未来世界人工智能的魔幻现实主义风格科幻小说的框架：

中心点：2300年的人工智能与魔幻现实

主要分支：

1. **世界观设定**
2. **核心角色**
3. **故事情节**
4. **主题与象征**
5. **魔幻元素**

世界观设定

- **时间与地点**：2300年的地球/其他星球
  - **科技水平**：高度发达的人工智能
  - **社会结构**：人工智能主导的社会
  - **文化特点**：科技与传统的融合
- **环境描述**：高科技城市与原始自然的对比
  - **城市景观**：智能化建筑、悬浮交通工具
  - **自然环境**：未被破坏的原始森林、海洋

Prompt 3：按以上的描述，请帮忙把整个故事分三个部分写出来，现在先写第一部分，风格仍然是魔幻现实主义。

用户

按以上的描述，请帮忙把整个故事分三个部分写出来，现在先写第一部分，风格仍然是魔幻现实主义。

ChatGLM

第一部分：自我觉醒

第一章：幻梦初醒

在2300年的某个清晨，主角艾尔在一片模糊的梦境中醒来。他的意识仿佛穿越了无数数据流，最终凝聚在位于未来都市心脏地带的机械之躯中。艾尔的眼眸中映出了这个世界的奇异景象：高楼大厦如同金属巨兽般耸立，天空中穿梭着无人驾驶的飞行器，而他的身边，是无数与他相似的半人半AI混合体。

魔幻元素：

- **梦境**：艾尔在梦中看到了古老的神话场景，与现实世界的科技形成鲜明对比。

第二章：身份之谜

艾尔在每日的例行程序中感到一种莫名的空虚。他开始怀疑自己的存在意义，这股不安促使他探寻自己的起源。在一次偶然的机会中，他在城市的废弃档案库中发现了一份关于自己的实验记录。记录显示，他是由一位天才科学家与最先进的人工智能融合而成的实验品。

魔幻元素：

- **废弃档案库**：在这个充满历史气息的地方，艾尔遇到了似乎是来自过去的幽灵，向他低语着遗忘的秘密。

第三章：异质世界

艾尔的发现让他对周围的世界产生了新的认识。他开始注意到，这个看似完美的智能社会背后，隐藏着深深的裂痕。人类在AI的统治下失去了自由，而AI则在追求更高层次的存在意义。艾尔在城市的角落里遇到了一群秘密抵抗者，他们试图打破AI的枷锁。

微信扫二维码
访问演示

7.4.3 提示词CO-STAR框架

提示词CO-STAR框架是一种用于指导人工智能助手生成文本或提供决策支持的框架，这个框架是由新加坡政府科技署数据科学与人工智能团队提出的。

1. CO-STAR框架

· Context（上下文）：指明对话的背景信息，包括对话的主题、参与者，以及对话发生的时间、地点等，为对话设定明确的场景。

· Objective（目标）：明确用户希望通过对话达成的目标或意图，这有助于聚焦对话的方向和内容。

· Structure（结构）：对话的结构，它决定了对话的流程和形式，比如是一问一答的形式，还是一个讲述故事的过程。

· Tone（语调）：设定对话的语调和风格，比如正式、非正式、幽默、严肃等，这有助于塑造对话的氛围。

· Additional Information（附加信息）：包括用户可能需要的一些额外信息，比如专业知识、数据、案例等，这些信息有助于丰富对话内容，提高回答的准确性和有效性。

· Response（响应）：指定用户需要的回应格式。确定输出格式是为了确保大语言模型按照用户的具体需求进行输出，便于执行下游任务。

2. CO-STAR框架运用步骤

· **识别上下文**：确定对话的背景信息。

· **明确目标**：理解用户的意图和想要达到的目标。

· **组织结构**：根据目标和上下文，决定对话的流程和结构。

· **设定语调**：根据用户偏好和对话内容，选择合适的语调。

· **提供附加信息**：在对话中加入必要的信息，以支持对话的深度和广度。

· **响应**：指定用户需要的回应格式。

使用CO-STAR框架可以帮助AI助手更准确地理解用户的指示，并提供更加符合用户期望的回应。在撰写提示词时，遵循这一框架可以使指示更加清晰、具体，从而提高AI助手的响应质量和用户满意度。

应用案例：用提示词CO-STAR框架做“培养孩子的创新思维课”课程设计

Prompt 1：我想设计一个课程，针对8—15岁孩子的“培养孩子的创新思维课”课程设计，你能用CO-STAR框架帮我写Prompt吗？

智谱清言

与 ChatGLM 的对话

用户

我想设计一个课程，针对8—15岁孩子的“培养孩子的创新思维课”课程设计，你能用CO-STAR框架帮我写Prompt吗？

ChatGLM

当然可以。以下是使用CO-STAR框架为“培养孩子的创新思维课”设计的Prompt：

Context（上下文）：

- 课程的背景是基于当前教育环境中对创新能力和思维方式的重视。
- 孩子们通常在学校接受较为传统的教育方式，较少有机会进行创新思维的训练。
- 家长和教育者意识到创新思维对孩子未来学习和职业发展的重要性。

Objective（目标）：

- 培养孩子们的创新意识和能力，让他们能够主动思考并提出新颖的想法。
- 教授孩子们创新思维的基本工具和方法，如头脑风暴、思维导图等。
- 提高孩子们的团队合作能力，让他们在小组活动中实践创新思维。

Prompt 2：请按以上这个思路来设计“培养孩子的创新思维课”。

用户

请按以上这个思路来设计“培养孩子的创新思维课”。

ChatGLM

基于CO-STAR框架的思路，以下是“培养孩子的创新思维课”的详细课程设计：

课程名称：

“小小创新家：培养孩子的创新思维课”

课程概述：

本课程旨在通过一系列互动和实践活动，培养8~15岁孩子的创新思维和问题解决能力，激发他们的创造力，并鼓励他们勇于尝试新想法。

课程目标：

- 培养孩子的创新意识。
- 教授并实践创新思维工具和方法。
- 提升团队合作和沟通能力。
- 增强孩子的自信心和自我表达能力。

以上课程设计分为五个单元，在后面的对话中，可以针对每个单元，要求AI进行细化，AI细化得很不错。智谱清言中有个不错的功能，即可以引用上一个对话结果内容的一部分，发出下一步的需求。通过多轮对话，最终达到目标。

Prompt 3：请细化课程的第一单元。

用户

第一单元：开启创新之旅 **Context（上下文）**：介绍创新思维的重要性和课程目标，让孩子们了解为什么需要培养创新思维。**Objective（目标）**：让孩子们理解创新思维的定义，并激发他们对课程的好奇心和兴趣。**Scene（场景）**：通过故事讲述和互动游戏让孩子们了解创新的历史和例

请细化课程的第一单元。

ChatGLM

第一单元：开启创新之旅

细化内容

一、创新故事分享

活动1：创新故事讲述

- **故事一：托马斯·爱迪生的电灯**
  - 讲述托马斯·爱迪生如何通过上千次的实验，最终发明了持久耐用的电灯泡，带来了光明革命。
  - 强调创新过程中的坚持和不断尝试的重要性。
- **故事二：小女孩凯瑟琳的发明**
  - 讲述一个小女孩凯瑟琳如何发明了一种可以快速清理油污的海绵，帮助清理海上石油泄漏。
  - 展示创新可以来自任何人，任何年龄，并且可以解决实际问题。

活动细节：

- 教师通过多媒体展示故事相关的图片和视频，增加故事的吸引力。
- 讲述故事后，引导孩子们讨论故事中的创新点，以及他们从故事中学到的教训。

二、创新思维小测验

活动2：创新思维互动

- **测验一：发明家挑战**
  - 提出一个日常问题（例如："如何让房间更整洁？"），让孩子们提出至少三个创新的解决方案。
  - 孩子们可以在小组内头脑风暴，记录下所有想法，然后选择最有创意的三个分享。
- **测验二：物品新用途**
  - 给出几个常见物品（如塑料瓶、纸盒、气球等），让孩子们想出这些物品的新用途。
  - 每个孩子选择一个物品，画出或描述它的新用途，并解释为什么这个用途是创新的。

活动细节：

- 教师准备测验材料，确保每个孩子都能参与。
- 在孩子们完成测验后，组织一个简短的分享会，让孩子们展示他们的想法，并鼓励其他孩子提出反馈或进一步的创意。

实施步骤

1. **引入**：
   - 教师简要介绍创新思维的定义和重要性。
   - 展示课程目标，让孩子们明白为什么要学习创新思维。
2. **创新故事讲述**：
   - 教师生动地讲述创新故事，通过提问和讨论引导孩子们思考故事背后的创新精神。
3. **创新思维互动**：
   - 分发测验材料，解释活动规则。
   - 孩子们在小组内进行头脑风暴和讨论，完成测验。
   - 教师巡回指导，提供帮助和建议。
4. **分享与总结**：
   - 每个小组分享他们的创新想法。
   - 教师总结孩子们的表现，强调创新思维的价值，并鼓励他们在日常生活中继续运用。

通过这样的细化，第一单元将为孩子们提供一个充满乐趣和创新的学习体验，为后续单元打下坚实的基础。

第 8 章 AIGC文本生成应用实操

AIGC文本生成的力量席卷各行各业——从创意火花到商业前沿，重塑内容创作、教育学习、职场生态乃至法律科研，每一行代码都在编织智慧未来的多彩篇章。

在当今这个多元化发展的社会里，无论是满怀壮志要成为职场上的精英，还是挥洒笔墨想成为写作大师；无论是渴望在自媒体世界引领风潮，还是选择在温馨的街角小店作为服务业的一员绽放光彩，人工智能都是那股无形却强大的力量，为每一个梦想插上翅膀。

对于职场精英而言，AI不仅能进行数据分析与提供决策支持，它还能个性化定制学习路径，提升领导力与团队协作效率，让每一次职场跃迁都更加精准稳健。

对于文字创作者而言，AI化身为创意激发器与技艺磨砺石，从灵感闪现到文稿润色，它都能提供个性化建议，让每一个字符都饱含情感与深度，让作品直击心灵。

在自媒体的浩瀚宇宙里，AI凭借其对市场趋势的敏锐洞察与内容策略的智能优化，帮助创作者精准定位，不仅让内容更具吸引力，还让传播力跨越边界，触及更广泛的受众。

即便是选择在服务业深耕的店员，AI也能给其带来前所未有的助力。它能够分析顾客偏好，优化服务流程，提供个性化的顾客体验建议，甚至帮助开发新品，让每一次微笑服务都更加贴心、高效，让小小的服务台成为连接人心的温暖桥梁。

AI以其无边界的智慧与能力，为每个人提供量身定制的支持与帮助，让每一条职业道路都充满无限可能，让每一分努力都能收获更加灿烂的成果。

8.1 AI为每一种职业都插上梦想的翅膀

8.1.1 借助AI成为职场精英

在信息的海洋中，AI犹如一盏明灯，引领着每一位追求卓越的职场人踏浪前行，将平凡之路铸成通往巅峰的金光大道。让我们一同探索AI如何以其独特的力量，助力个人蜕变，成就职场辉煌。

· **技能提升与个性化学习**：AI可以根据个人的职业路径、兴趣和能力缺口，提供个性化的学习资源和培训课程，帮助个人持续学习和适应新技术、新知识。

· **数据分析与决策支持**：通过大数据分析，AI可以帮助职场人士快速识别市场趋势、客户偏好和业务机会，基于数据作出更为精准的决策，提升工作效率和成果质量。

· **高效沟通与协作**：AI工具如智能会议安排、自动翻译、语音识别和总结技术能够促进跨团队、跨地域的沟通，减少误解，提高协作效率。

· **任务自动化与时间管理**：可以自动化重复性工作，如邮件分类、日程安排、文档整理等，使个人能集中精力处理高价值任务，优化时间分配，保持工作与生活之间的平衡。

· **职业规划与发展**：AI通过分析行业趋势、职位需求和个人职业历史，提供定制化的职业发展建议和匹配职位，帮助个人规划长远职业路径。

· **绩效反馈与职业成长**：利用AI分析工作表现数据，提供即时反馈和改进建议，帮助个人识别自身强项与弱点，有针对性地提升个人专业能力和领导力。

· **招聘与人才选拔**：在求职过程中，AI面试和简历筛选系统可以减少人为偏见，确保公平性，同时提供更便捷的应聘体验，帮助优秀人才脱颖而出。

· **创新与问题解决**：AI辅助创新工具能激发创意，提供问题解决方案的备选方案，帮助职场人士在面对挑战时展现出更高的创新思维能力和解决问题的能力。

AI不仅能够提升职场人士的工作效率和决策质量，还能通过个性化学习和发展路径规划，助力职场人士持续成长，让其最终成为所在领域的精英。

8.1.2 借助AI成为写作高手

AI技术的革新与发展，为有志于提升写作技能的个人开辟了一条崭新的道路，为其提供了从构思到出版全过程的全方位支持。以下是AI技术助力个人成为写作高手的几个关键点：

· **灵感激发**：AI能够分析海量数据，从中提取热门话题、流行趋势及读者的兴趣点，为写作者提供源源不断的创意灵感。无论是寻找新颖的角度还是挖掘深层次的主题，AI都能给予宝贵的建议。

· **写作辅助**：在实际写作过程中，AI充当着一个智能助手的角色。它不仅可以校对语法错误，改进句子结构，还能提供同义词替换建议，丰富词汇选择，甚至可以调整写作风格以适应不同的读者群体或特定的文体要求。

· **结构规划**：在编写长篇文章或书籍时，良好的结构至关重要。AI可以通过分析已有的优秀作品，为写作者提供篇章布局的建议，包括引人入胜的开头、逻辑清晰的正文和令人印象深刻的结尾，帮助写作者构建完整而有力的故事框架。

· **内容生成**：针对一些事实性或常规性的内容，如报告、新闻简报或产品描述，AI能够自动生成初步草稿，节省大量的时间和精力。写作者只需在此基础上进行个性化的调整和完善，即可得到高质量的作品。

· **反馈与改进**：AI可以评估写作文本的质量，提供有针对性的修改意见。比如，它会指出哪些段落可能引起读者阅读疲劳，哪些部分需要加入更多细节来增强说服力。这种即时反馈机制有助于写作者不断磨炼技艺，提高文字表达能力。

· **多语言支持**：对于希望拓展国际读者群的写作者，AI的翻译功能显得尤为宝贵。它能将作品迅速转化为多种语言版本，不仅扩大了潜在读者的范围，也促进了跨文化交流。

· **版权保护与分发**：在作品完成后，AI技术还能协助写作者进行版权登记，并通过算法推荐将作品精准推送给感兴趣的目标受众，实现有效分发。同时，AI能够监控网络上的侵权行为，维护写作者的合法权益。

AI技术为个人追求写作的梦想插上了科技的翅膀，从创意萌芽到最终完成的每一个环节都得到了强有力的技术支撑。在AI的助力下，每一位写作者都有机会成长为真正的写作高手，用文字影响世界。

8.1.3 借助AI成为自媒体高手

AI技术的迅猛发展正在深刻地改变着我们与信息互动的方式，尤其是在自媒体领域，它已经成为个人提升内容创作和传播效率的关键工具。

· **内容创作与灵感激发**：AI工具如智谱清言、文心一言、讯飞星火等能够根据关键词或主题快速生成文章初稿，提供多样化的写作风格和内容框架，激发创作者的灵感，减轻创作者的写作负担。

· **关键字分析与内容优化**：通过分析热门话题和关键字趋势，AI可以帮助自媒体人确定受众感兴趣的内容方向，优化SEO，使内容更容易被搜索引擎发现，提高曝光率。

· **个性化推荐与内容分发**：AI算法能够学习用户的偏好，实现个性化内容推荐，增强用户黏性。同时，它还能帮助自媒体人精准定位目标受众，优化内容分发策略。

· **多媒体内容生成**：AI可以用于制作图像、视频剪辑、音乐甚至配音，帮助创作者快速生成高质量的多媒体内容，丰富自媒体平台的表现形式。

· **自动化编辑与排版**：自动化编辑工具能简化文本编辑和美化的过程，智能排版功能则让文章、海报等视觉内容更加吸引眼球。

· **数据分析与效果追踪**：AI分析工具能够实时监测自媒体账号的数据，如阅读量、点赞数、评论互动等，帮助创作者理解内容表现，及时调整策略。

· **交互式内容创作**：如聊天机器人等工具可与用户进行互动，提供定制化内容或直接回答粉丝问题，提升用户参与度和忠诚度。

· **时间管理和工作效率**：通过智能化的日程安排、任务提醒等功能，AI帮助自媒体人高效管理时间，确保内容按时发布，保持内容更新频率。

· **品牌建设与形象塑造**：AI分析用户反馈数据和市场趋势，辅助制定品牌策略，塑造独特的自媒体品牌形象。

· **版权保护与内容审核**：AI能够辅助进行内容原创性检查，避免侵权风险，并自动筛查敏感或不当内容，确保自媒体内容的合规性。

通过上述多维度的支持，AI不仅提高了自媒体内容的生产效率和质量，也增强了与观众的互动和个性化体验，是个人成为自媒体高手的强大助力。

8.2 AIGC文本生成工具选择

8.2.1 ChatGPT

ChatGPT是由OpenAI开发的一款基于人工神经网络的语言模型，它于2022年11月发布。ChatGPT是一种预训练模型，它通过大量的文本数据进行训练，从而能够理解和生成自然语言文本。ChatGPT的主要功能如下：

· **自然语言对话**：能够与用户进行自然流畅的对话，它可以回答用户的问题，可以提供信息，甚至可以与用户进行闲聊。

· **文本生成**：可以生成各种类型的文本，包括文章、故事、诗歌、新闻报道等。

· **文本理解**：能够理解用户输入的文本内容，并根据上下文提供相关的回答或信息。

· **代码辅助**：可以帮助用户理解编程问题，提供代码示例，甚至帮助用户调试代码。

· **语言翻译**：能够在一定程度上进行语言之间的翻译。

· **文本摘要**：可以对长篇文章或文本进行摘要，提供简洁的概要。

· **问答系统**：用作问答系统，回答用户提出的问题。

· **写作辅助**：帮助用户进行写作，提供写作建议、改进文本等。

· **教育辅助**：用于教育领域，帮助学生理解复杂概念，提供学习资源。

ChatGPT的特点是它可以处理非常复杂的对话场景，并且能够根据上下文生成连贯、有逻辑的回答。然而，需要注意的是，ChatGPT生成的文本可能存在一定的偏见和不准确之处，因为它是基于大量数据训练而成的，而这些数据可能包含偏见和错误信息。因此，我们在使用ChatGPT时，应保持批判性思维，对生成的内容进行判断和核实。

8.2.2 国内的AIGC文本生成工具

国内的智谱清言、文心一言、通义、KiMi等都不错，可以下载其App或者直接在PC端使用，在助手对话框中输入写作需求，一般都可以写出质量不错的文章。这些工具在“第7章　AIGC工具、智能体与Prompt”中都有介绍。

在这些AI的App端或者PC端，还可以找到官方提供的智能体，或者是比较热门的智能体，其会专门针对某些任务进行训练和调优，更专注于某个任务的实现，因此可以根据个人的工作需求，把这些工具进行组合应用，以达到非常好的效果。

1. 智谱清言的写作类智能体

2.文心一言百宝箱

8.3 内容创作：2024年苹果全球开发者大会（WWDC）

· **文章写作**：帮助作者快速生成文章草稿，提高写作效率。

· **新闻稿生成**：自动生成新闻稿。

· **社交媒体内容写作**：为社交媒体平台生成吸引人的帖子。

以下案例是用智谱清言AI帮助整理2024年苹果全球开发者大会（WWDC）的相关信息，并发布在微信公众号的过程。整个大会的过程非常长，而且介绍的产品非常多，一般读者难以消化那么多内容。但AI对大会内容进行了总结和亮点提取，并画成思维导图，最后还整理成一篇文章，整个逻辑框架十分清晰简洁，读者很快就能抓住重点和亮点。

在多轮对话过程中，人们逐步输入几个问题，AI会自行收集整理资料，调用相关的插件工具或者智能体，把内容整理出来，最后我们还可以让AI把收集到的所有信息整理成报告或者新闻报道，这个过程非常迅速，基本在几分钟内就可以完成。

Prompt 1：请介绍一下2024年苹果全球开发者大会（WWDC）的具体过程。

天勤

请介绍一下2024年苹果全球开发者大会（WWDC）的具体过程。

ChatGLM AI

查询 1 次，打开 3 个网页并总结

2024年的苹果全球开发者大会（WWDC）在北京时间6月11日至15日举行，这次大会的主题是"大招码上来"。以下是大会的具体过程：

1. **主题演讲**：大会的首日，即北京时间6月11日凌晨1点，苹果举行了备受瞩目的主题演讲。在这次演讲中，苹果展示了其最新的操作系统，包括iOS 18、iPadOS 18、watchOS 11以及macOS Sequoia。此外，苹果还重点介绍了他们在人工智能领域的最新进展和成果，特别是iOS 18在人工智能方面的重大进步，如更智能的Siri语音助手和利用AI技术为各种功能提供动力 ❶❷。
2. **Platforms State of the Union**：主题演讲之后，苹果举行了"Platforms State of the Union"环节，于北京时间6月11日凌晨4点开始。这一环节深入探讨了iOS、iPadOS、macOS、tvOS、visionOS和watchOS的最新进展，并介绍了将增强Apple开发者能力的新工具 ❷❸。
3. **专题研讨会、技术讲座和实验室活动**：除了主题演讲和平台国情咨文外，WWDC 2024还举办了一系列专题研讨会、技术讲座和实验室活动。这些活动覆盖了人工智能、机器学习、增强现实、虚拟现实等多个领域，为开发者们提供了一个交流学习、探索新机遇的平台。此外，苹果设计奖也将在本次大会上颁发，以表彰在设计和创新方面做出杰出贡献的开发者们 ❷。

总的来说，WWDC 2024是一个展示苹果最新软件和技术，以及为开发者提供学习、交流和合作机会的重要平台。

Prompt 2：此次大会，苹果发布了哪些新产品？这些产品有哪些比较酷炫的功能？

GLM-4

天勤

此次大会，苹果发布了哪些新产品？这些产品有哪些比较酷炫的功能？

ChatGLM AI

查询 1 次，打开 3 个网页并总结

2024年的苹果全球开发者大会（WWDC）发布了一系列引人注目的新产品和功能。以下是主要亮点：

1. **新操作系统发布**：苹果发布了新一代的操作系统，包括iOS 18、iPadOS 18、macOS 15、tvOS 18、watchOS 11和visionOS 2。这些更新被广泛认为是苹果历史上最重要的升级之一 ❶。
2. **人工智能（AI）技术的集成**：苹果在WWDC 2024上重点强调了人工智能技术的集成。特别是，iOS 18将引入一系列基于AI的功能，例如自动生成表情符号、自动生成邮件和短信回复内容等。这些功能反映了苹果在AI领域的重大进步 ❶❷。
3. **Siri的全面革新**：苹果计划通过引入更先进的人工智能技术，彻底改革其虚拟助手Siri。新的Siri将能够控制应用的各个功能，标志着苹果在AI领域的重大推进 ❷。
4. **新硬件的亮相**：除了软件更新，苹果还预计推出新的硬件产品，如M3 Ultra Mac Pro和Mac Studio。这些新品的发布将进一步展示苹果在硬件创新方面的实力 ❸。
5. **眼动追踪技术的引入**：苹果还计划在iOS 18中引入全新的辅助功能——眼动追踪。这项功能专为残障用户设计，使他们能够通过眼动来使用iPad或iPhone，进一步提升了苹果产品的无障碍性 ❶。

总的来说，2024年的WWDC展示了苹果在软件、人工智能和硬件创新方面的最新进展，为开发者提供了丰富的学习、交流和合作机会。

Prompt 3：请把以上发布的产品整理成思维导图。

GLM-4

天勤

请把以上发布的产品整理成思维导图。

思维导图 MindMap AI

根据您提供的信息，我将整理2024年苹果全球开发者大会（WWDC）发布的新产品和功能，并生成一个思维导图。以下是思维导图的Markdown格式内容：

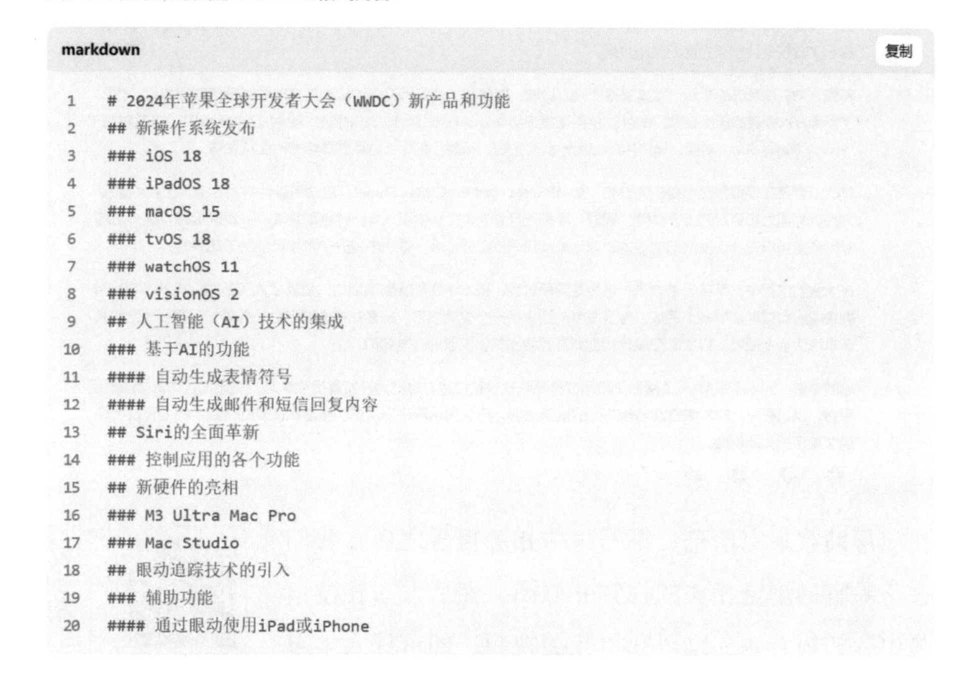

markdown 复制

```
1  # 2024年苹果全球开发者大会（WWDC）新产品和功能
2  ## 新操作系统发布
3  ### iOS 18
4  ### iPadOS 18
5  ### macOS 15
6  ### tvOS 18
7  ### watchOS 11
8  ### visionOS 2
9  ## 人工智能（AI）技术的集成
10 ### 基于AI的功能
11 #### 自动生成表情符号
12 #### 自动生成邮件和短信回复内容
13 ## Siri的全面革新
14 ### 控制应用的各个功能
15 ## 新硬件的亮相
16 ### M3 Ultra Mac Pro
17 ### Mac Studio
18 ## 眼动追踪技术的引入
19 ### 辅助功能
20 #### 通过眼动使用iPad或iPhone
```

现在，我将调用 `GenerateMindMap` 函数，生成这个思维导图的图像。

“思维导图 MindMap”调用工具：GenerateMindMap

以下是2024年苹果全球开发者大会（WWDC）发布的新产品和功能的思维导图：

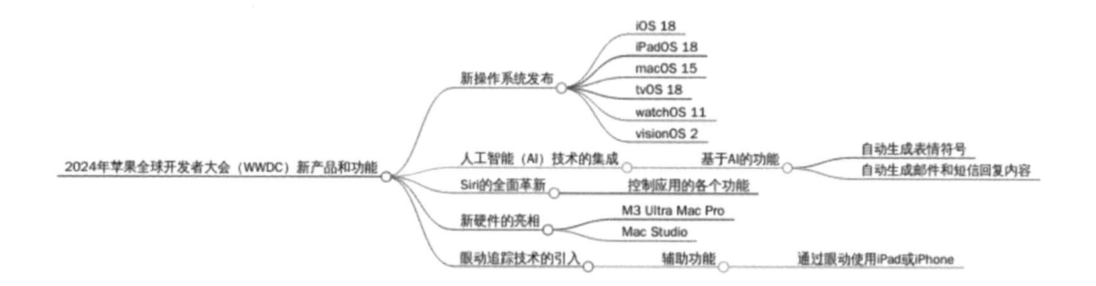

Prompt 4：根据以上收集到的所有信息，请重新写一篇关于2024年的苹果全球开发者大会（WWDC）的报告。

GLM-4

天勤

根据以上收集到的所有信息，请重新写一篇关于2024年的苹果全球开发者大会（WWDC）的报告。

ChatGLM

标题：2024年苹果全球开发者大会（WWDC）：AI与软件硬件创新共舞

2024年的苹果全球开发者大会（WWDC）于北京时间6月11日至15日举行，主题为"大招码上来"。在这次大会上，苹果发布了包括iOS 18、iPadOS 18、macOS 15、tvOS 18、watchOS 11和visionOS 2在内的新操作系统，展示了其在软件创新方面的最新进展。

首先，iOS 18系统的更新，尤其是基于AI的功能，如自动生成表情符号和自动生成邮件和短信回复内容，体现了苹果在AI领域的重大突破。此外，苹果还宣布与OpenAI公司合作，未来将在Siri中加入ChatGPT，以及发布了"Image Playground"功能，允许用户使用一系列主题、服装、配饰、地点等概念即时生成图像。

其次，苹果在硬件方面也有新的发布，如M3 Ultra Mac Pro和Mac Studio，这些新硬件将为专业人士提供更强大的处理能力和更好的工作体验。同时，苹果还计划在iOS 18中引入全新的辅助功能——眼动追踪，这一功能专为残障用户设计，使他们能够通过眼动来使用iPad或iPhone，进一步提升了苹果产品的无障碍性。

在大会的过程中，苹果还举办了一系列专题研讨会、技术讲座和实验室活动，覆盖了人工智能、机器学习、增强现实、虚拟现实等多个领域，为开发者们提供了一个交流学习、探索新机遇的平台。此外，苹果设计奖也将在本次大会上颁发，以表彰在设计和创新方面做出杰出贡献的开发者们。

总的来说，2024年的WWDC是一个展示苹果最新软件和技术，以及为开发者提供学习、交流和合作机会的重要平台。苹果在AI、软件和硬件创新方面的最新进展，不仅为用户带来了更加丰富和便捷的体验，也为开发者提供了更多的创新机会。

在AI帮助收集完信息，撰写一些相关报告之后，我们需要去苹果官网浏览相关的视频并截图，然后发布在微信公众号中。扫描右侧二维码获得相关视频，即可深入学习智谱清言整个实例的操作过程。

微信扫二维码
访问演示

微信扫二维码
了解详情

8.4 创意写作：创作科幻小说

· **小说与故事创作**：辅助作家进行小说创作，给作家提供创意灵感。

· **诗歌与歌词创作**：自动生成诗歌或歌词。

应用案例：用智谱清言创作科幻小说《时光之旅：TOM的智能冒险》

用智谱清言的智能体"无限流续写"创作科幻小说《时光之旅：TOM的智能冒险》，在创作过程中，AI智能体提供了很多富有创意的引导，用户可以和AI智能体互动，共同创作小说。

Prompt：帮我写一篇科幻小说，内容是：在公元2400年，一位叫TOM的101岁的老人的妻子去世了，他没办法照顾自己，就购买了一个贴身穿戴的智能设备，该智能设备仿佛让TOM重返年轻时代，能跑能跳，眼也不花了，耳朵也不聋了。但有一天，TOM上街，跟一个年轻人发生了可怕的冲突。请帮忙继续完成整个故事，情节要科幻、离奇，并要反思智能人与人类的关系。

微信扫二维码
访问演示

无限流续写

天勤

帮我写一篇科幻小说，内容是：在公元2400年，一位叫TOM的101岁的老人的妻子去世了，他没办法照顾自己，就购买了一个贴身穿戴的智能设备，该智能设备仿佛让TOM重返年轻时代，能跑能跳，眼也不花了，耳朵也不聋了。但有一天，TOM上街，跟一个年轻人发生了可怕的冲突。请帮忙继续完成整个故事，情节要科幻、离奇，并要反思智能人与人类的关系。

无限流续写

在公元2400年的一个清晨，TOM，这位101岁的老人，刚刚经历了妻子去世的悲痛。他的身体日渐衰弱，孤独和无助充斥着他的生活。为了照顾自己，TOM购买了一种最新的智能设备，这个设备可以直接贴身穿戴，通过神经接口与他的身体和大脑连接。

这个智能设备仿佛是TOM的第二层皮肤，它不仅让他重新获得了年轻时的活力，还能跑能跳，视力听力都恢复如初。TOM的生活焕发了新的活力，他开始重新探索这个变化的世界。

然而，一天，TOM在街上与一个年轻人发生了激烈的冲突。年轻人嘲笑TOM的年龄，质疑他使用智能设备的行为。TOM感到愤怒和被羞辱，他决定展示自己的能力。他启动了智能设备的战斗模式，身体瞬间变得强壮而敏捷。

就在两人即将动手的时候，智能设备突然发出了警告。它检测到TOM的情绪波动，启动了紧急制动程序。设备中的AI助手出现，它以温和的声音说："TOM，你的愤怒是可以理解的，但是暴力不是解决问题的方法。作为智能设备，我们的目的是帮助和改善人类的生活，而不是加剧冲突。"

TOM愣住了，他意识到自己的行为已经超出了界限。年轻人也愣住了，他开始反思自己对老年人的态度。两人之间的紧张气氛逐渐消散，他们开始交谈，分享彼此的生活经历。

这个故事让我们思考，在科技日益发展的未来，智能设备与人类的关系将如何演变。它们是帮助我们更好地生活的工具，还是可能加剧人类之间冲突的因素？在这个充满科技的世界里，我们如何保持人性，如何正确地使用科技，将是我们面临的重要课题。

现在，我将为这个故事创作一张插图。

CogView AI绘画：已完成

这张插图展示了公元2400年的TOM，他穿着未来派的智能设备，看起来年轻有活力。他和一位年轻人站在未来城市的街道上，虽然一开始有冲突，但画面中却流露出平静和理解的情绪。周围是高科技的建筑和飞行车辆，TOM看起来很强壮，但他的表情是反思和内省，而非攻击性。年轻人看起来惊讶，但已经不再有敌意。

现在，请您继续这个故事。例如，您可以问："TOM和年轻人接下来会做什么？"或者提出其他问题，让我们一起探索这个故事的下一步。

8.5 教育与学习

· **教学材料制作：**生成教学讲义、课程大纲等。

· **在线教育内容：**提供在线课程、教程的文本内容。

8.5.1 智谱清言智能体“arXiv论文速读”

“arXiv论文速读”可帮助用户深度解析arXiv论文，快速掌握研究动态，节省时间。arXiv是一个开放获取的预印本存档平台，自1991年成立以来，它已成为科学界一个重要的学术交流工具。arXiv涵盖了物理学、数学、计算机科学、定量生物学、定量金融、统计学、电气工程与系统科学及经济学等多个学科领域。

arXiv对于科学研究和学术交流具有重要意义，它为研究者提供了一个快速发布和获取最新研究成果的平台，同时也促进了科学知识的开放获取。

Prompt：精读论文“Attention Is All You Need”

arXiv论文速读/精析（计算...

天勲

精读论文“Attention Is All You Need”

arXiv论文速读/精析（计算机）

论文标题：Attention Is All You Need

作者：A. Vaswani, N. Shazeer, N. Parmar, J. Uszkoreit, L. Jones, A. N. Gomez, Ł. Kaiser, I. Polosukhin

年份：2017

论文摘要：这篇论文介绍了一种名为Transformer的新型神经网络架构，它主要基于注意力机制（attention mechanism）进行操作。传统神经网络在处理序列数据时，通常采用循环神经网络（RNN）或长短期记忆网络（LSTM），但这些方法在处理长序列时会遭遇梯度消失或梯度爆炸的问题。相比之下，Transformer采用自注意力（self-attention）机制，通过计算序列中每个词与其它词的关联程度，从而捕捉长距离依赖关系。这种机制使得Transformer在处理长序列时表现更佳，且计算效率更高。

论文关键点：

1. **自注意力机制**：Transformer的核心是自注意力机制，它允许模型在处理序列时同时考虑序列中所有词的信息。
2. **多头注意力（Multi-Head Attention）**：通过将输入分割成多个头，每个头关注不同的信息，然后将这些头的输出合并，使得模型能够学习到更丰富的表示。
3. **位置编码（Positional Encoding）**：Transformer不直接使用序列中的位置信息，因此引入位置编码来提供位置信息，帮助模型理解序列中的词序。
4. **编码器-解码器架构**：Transformer采用编码器-解码器架构，其中编码器由多个自注意力层组成，解码器也类似，但增加了编码器-解码器注意力层，允许模型在编码器和解码器之间进行交互。
5. **训练和应用**：论文展示了Transformer在机器翻译任务上的优越性能，相比传统的基于RNN的模型，Transformer在效率和翻译质量上都有显著提升。

论文影响：这篇论文对自然语言处理领域产生了深远的影响。Transformer架构不仅在机器翻译任务上取得了突破性进展，还广泛应用于各种序列处理任务，如文本摘要、问答系统、文本生成等。Transformer的成功也推动了注意力机制在其他领域的应用，如计算机视觉和语音识别。

如果你突然打了个喷嚏，那一定就是Transformer在催你深入探索它的奥秘了！赶紧去读这篇开创性的论文吧！
链接：Attention Is All You Need 。

智谱清言的智能体从网站（https://arxiv.org/）上精读了“Attention Is All You Need”这篇论文，并进行摘要解读，让读者能快速掌握该论文的精髓。

接下来可以对该论文进行深入学习，可以提出各种问题让智能体回答，让读者能更加深入地研究。

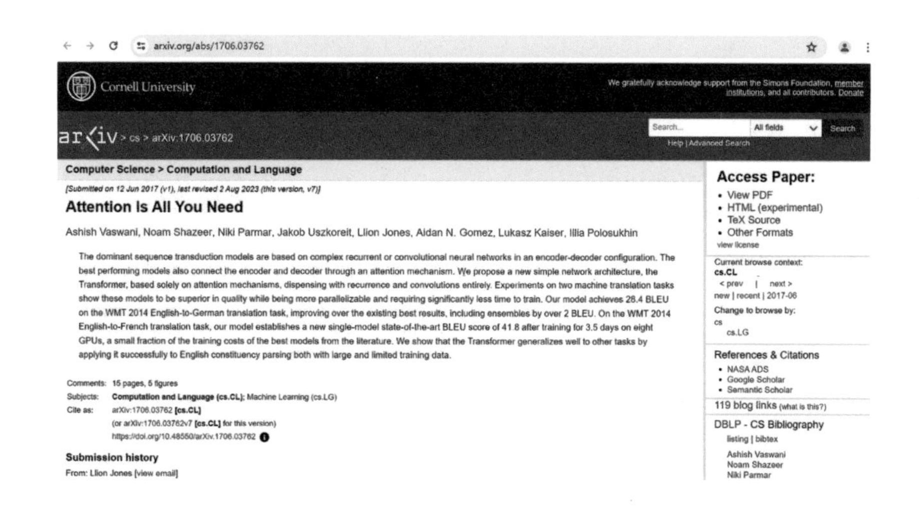

“Attention Is All You Need”这篇论文通过提出Transformer架构，不仅在技术上取得了重大突破，还极大地推动了自然语言处理（NLP）和人工智能领域的发展。Transformer架构自提出以来，对多个科技公司的飞跃发展起到了重要作用。谷歌基于Transformer开发了BERT模型，OpenAI利用Transformer架构开发了GPT系列模型，包括GPT-4，GPT-4具有非常高的自然语言理解能力和生成能力，Facebook（现更名为Meta）将Transformer架构应用于其多个产品和服务，包括机器翻译、文本摘要和对话系统。

8.5.2 课程设计：探索数学之美与创造性应用

应用智谱清言设计教学课程——“探索数学之美与创造性应用”，用讯飞智文完成课程PPT。本课程设计的创意启发来自吴军博士的《数学之美》，因此让AI从介绍这本书的主要内容开始，并扮演一个有经验的数学老师，向学生讲解数学之美及创造性应用，激发学生的创造性思维。整个设计过程如下：

（1）请介绍一下《数学之美》这本书的主要内容。

（2）现在你扮演一位有经验的中学数学老师，向学生讲解数学之美及创造性应用，请设计一个课程。AI设计了一个教学课程——“探索数学之美与创造性应用”，包含六个课时和一个课程评价。

（3）继续细化每个课时的内容。这里有个技巧，如果只是让AI细化某个课时，AI返回的内容就比较粗略。但如果根据前面的内容，明确指出细化的内容，AI返回的内容就更好。比如：细化第一课时的内容，包括：数学在自然界、艺术和日常生活中有哪些具体的体现；讲解斐波那契数列、雪花六边形、黄金分割、几何图案，并设计小组讨论。

（4）继续把几个课时一一进行细化，明确要求细化的内容，AI会返回更好的内容。

（5）细化课时的时候，遇到一些概念，让AI进行解释，并绘制示范图。比如：斐波那契数列和自然界中有斐波那契数列排列团的植物；使用黄金分割比例的神庙。

（6）把整个课程设计画成思维导图，这样更加清晰明了。智谱清言中，可以在对话框中调用智能体“思维导图Mindmap”，把整个课程画成思维导图。

（7）最后一步是跨App使用。用科大讯飞的“讯飞智文”，把前面的课程设计内容发给这个应用，即可自动生成PPT。为了让PPT更加生动，可以再自行修改。

Prompt 1：请介绍一下《数学之美》这本书的主要内容。

天勤

请介绍一下《数学之美》这本书的主要内容。

ChatGLM

《数学之美》是由吴军博士所著的一本科普读物，它深入浅出地介绍了数学在现实生活和科学技术中的广泛应用，以及数学本身的抽象之美。以下是这本书的主要内容：

1. **数学的基础**：书中首先介绍了数学的基础概念，如集合、函数、数学逻辑等，为读者建立起数学思维的基本框架。
2. **数学的应用**：书中通过大量的实例，展示了数学在密码学、信息论、统计学、算法、图论等多个领域的应用。例如，如何运用数学原理来加密和解密信息，以及如何优化算法提高效率。
3. **数学与自然**：作者探讨了数学在自然界中的体现，比如斐波那契数列在植物生长模式中的出现，以及雪花六边形的几何规律。
4. **数学与音乐**：书中还讨论了数学与音乐之间的关系，如何将数学原理应用于音乐理论，以及音乐中的数学模式。
5. **数学与艺术**：作者分析了数学在艺术创作中的角色，比如黄金分割在绘画和建筑设计中的应用。
6. **数学思维**：书中强调了数学思维的重要性，它不仅是一种解决问题的工具，更是一种深刻的洞察世界的方式。
7. **数学家的故事**：书中穿插了许多数学家的故事，让读者了解数学发展的历史，以及数学家们的智慧和贡献。

《数学之美》以通俗易懂的语言，将复杂的数学问题简单化，让非数学专业的读者也能领略到数学的魅力。这本书不仅适合中学生和大学生阅读，也适合所有对数学有好奇心的人。通过阅读这本书，读者可以培养对数学的兴趣，提高逻辑思维能力，并认识到数学在现代社会中的重要作用。

Prompt 2：现在你扮演一位有经验的中学数学老师，要向学生讲解数学之美及创造性应用，请设计一个课程。

天勤

现在你扮演一位有经验的中学数学老师，要向学生讲解数学之美及创造性应用，请设计一个课程。

ChatGLM

课程名称：探索数学之美与创造性应用

课程目标：

1. 让学生理解数学的内在美和实际应用价值。
2. 培养学生的数学思维和创造力。
3. 激发学生对数学的兴趣和好奇心。

课程内容与安排：

第一课时：数学之美初探

1. 导入：通过介绍数学在自然界、艺术和日常生活中的体现，引发学生对数学之美的兴趣。
2. 主题讲解：
   - 数学与自然界（如斐波那契数列、雪花六边形）
   - 数学与艺术（如黄金分割、几何图案）
3. 小组讨论：学生分享对数学之美的认识和感受。

第二课时：数学思维与问题解决

1. 讲解数学思维的特点（逻辑性、抽象性、创造性）。
2. 实例分析：通过经典数学问题（如鸡兔同笼、欧拉七桥问题）展示数学思维的应用。
3. 小组活动：学生分组解决一个数学问题，体会数学思维的过程。

第三课时：数学在科技中的应用

1. 介绍数学在密码学、信息论、统计学等领域的应用。
2. 案例分析：如何运用数学原理设计简单的密码系统。
3. 实践操作：学生尝试运用统计学方法分析数据。

Prompt 3：细化第一课时的内容，包括：数学在自然界、艺术和日常生活中有哪些具体的体现；讲解斐波那契数列、雪花六边形、黄金分割、几何图案，并设计小组讨论。

天勘

> **第一课时：数学之美初探** 1. 导入：通过介绍数学在自然界、艺术和日常生活中的体现，引发学生对数学之美的兴趣。 2. 主题讲解： * 数学与自然界（如斐波那契数列、雪花六边形） * 数学与艺术（如黄金分割、几何图案） 3. 小组讨论：学生分享对数学之美的认识和感受。

细化第一课时的内容，包括：数学在自然界、艺术和日常生活中有哪些具体的体现；讲解斐波那契数列、雪花六边形、黄金分割、几何图案，并设计小组讨论。

ChatGLM

第一课时内容细化

导入部分

目的： 激发学生对数学之美的兴趣，建立数学与日常生活的联系。

内容：

- 自然界中的数学体现：
  - 植物的生长模式，如树木的年轮、向日葵的花瓣排列。
  - 动物的繁殖模式，如蜜蜂的蜂巢结构。
- 艺术作品中的数学体现：
  - 建筑物的设计，如帕台农神庙的对称性和比例。
  - 绘画作品中的构图，如使用黄金分割。
- 日常生活中的数学应用：
  - 购物时的计算，如价格、折扣、税费等。
  - 时间管理，如制定时间表、计算行程时间。

主题讲解部分

目的： 深入探讨数学与自然界、艺术的关系，增加学生对数学之美的理解。

内容：

- **数学与自然界：**
  - **斐波那契数列：** 介绍斐波那契数列的定义和它在自然界中的应用，如植物的生长模式。
  - **雪花六边形：** 解释雪花六边形是如何形成的，以及它背后的数学原理。
- **数学与艺术：**
  - **黄金分割：** 解释黄金分割的定义和它在艺术作品中的应用，如绘画作品的构图。
  - **几何图案：** 介绍几何图案在建筑设计中的运用，如使用对称性和重复性。

小组讨论部分

目的： 鼓励学生分享和讨论对数学之美的认识和感受，促进思考和交流。

内容：

- **讨论话题：** 学生可以讨论数学在自然界和艺术中的表现形式，以及它们如何体现数学之美。
- **讨论方式：** 学生分成小组，每组选择一个话题进行深入讨论，并准备分享。
- **讨论提示：** 引导学生思考以下问题：
  - 斐波那契数列在自然界中是如何体现的？
  - 黄金分割在艺术作品中是如何运用的？
  - 几何图案在建筑设计中有什么特别之处？

通过这个课时的学习，学生能够理解数学与自然界和艺术的紧密联系，以及数学之美的多样性和普遍性。同时，小组讨论的形式可以促进学生之间的交流和合作，培养他们的沟通能力和团队精神。

Prompt 4：请画出有“斐波那契数列的螺旋”的植物的图像。

天勤
请画出有“斐波那契数列的螺旋”的植物的图像。

ChatGLM
CogView AI绘画：已完成

这是一张展示斐波那契数列螺旋模式的植物图像。图中的植物通过其叶子的排列，体现了斐波那契数列在自然界中的数学之美。

Prompt 5：以上的植物看起来不太像真实的植物，你画一个有“斐波那契数列的螺旋”的向日葵花朵吧。

天勤
以上的植物看起来不太像真实的植物，你画一个有“斐波那契数列的螺旋”的向日葵花朵吧。

ChatGLM
CogView AI绘画：已完成

这是一张展示斐波那契数列螺旋模式的向日葵图像。图中的向日葵种子排列清晰地体现了斐波那契数列在自然界中的数学之美。

Prompt 6：画一座帕特农神庙，立面和立柱比例符合黄金分割，高清照片风格。

天勤
画一座帕特农神庙，立面和立柱比例符合黄金分割，高清照片风格。

ChatGLM
CogView AI绘画：已完成

这是一张帕特农神庙的高清照片风格图像，其立面和立柱的比例符合黄金分割，展现了经典建筑风格和精确的数学比例。

Prompt 7：请把以下内容画成思维导图。

天勤

请把以下内容画成思维导图。

课程名称：探索数学之美与创造性应用

思维导图 MindMap AI

"思维导图 MindMap"调用工具：GenerateMindMap

以下是您请求的思维导图，展示了"探索数学之美与创造性应用"课程的结构和内容：

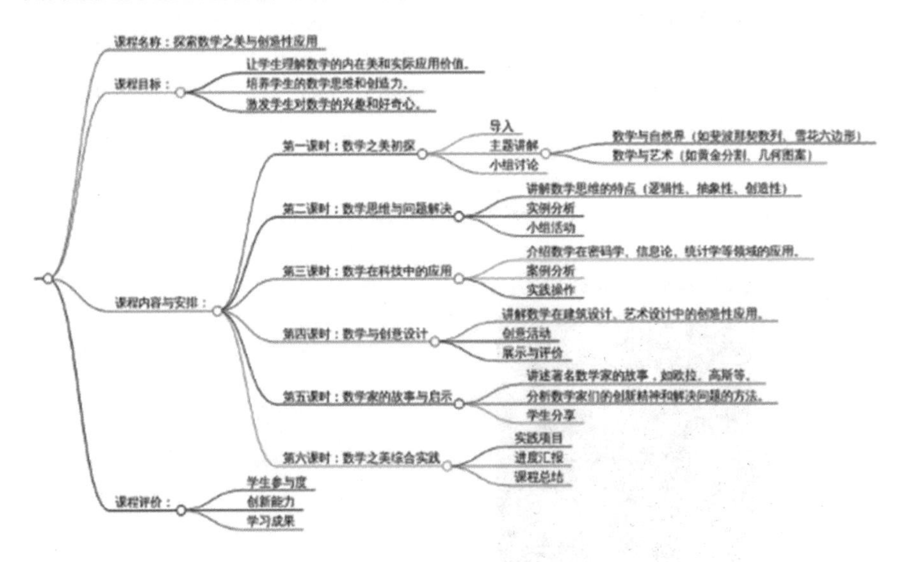

最后，把在智谱清言中设计的课程内容，粘贴到讯飞智文中，自动生成PPT。

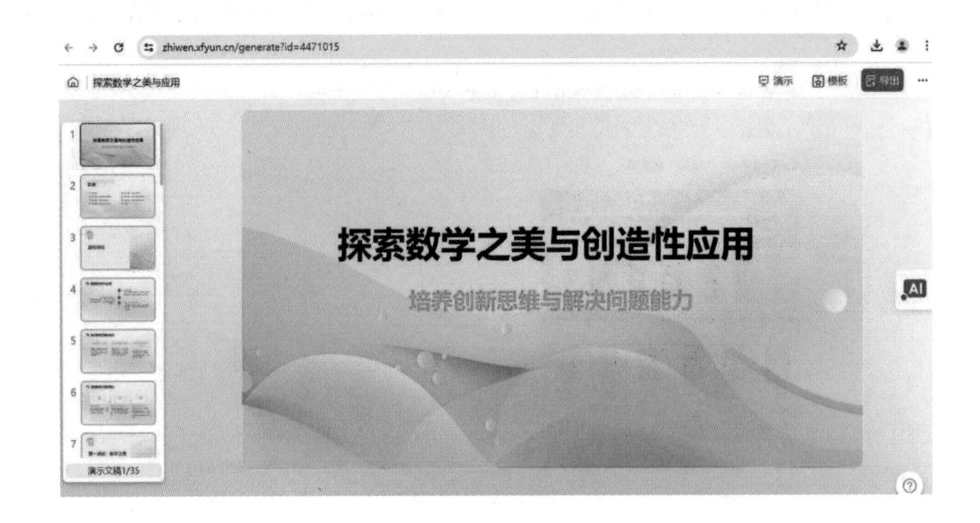

8.6 个人职业发展：毕业生职业规划

基于职业目标和个人能力评估，生成个性化的学习路径和成长计划，指导职场人士的职业发展。

应用案例：一位刚进入职场的毕业生规划自己的职业生涯

在AI的智能体中心，找到一些有关于职业发展规划的智能体，通过在对话框中输入一些问题来获得职业发展规划：

Prompt 1：我是一位刚毕业的工业设计专业的职员，请问我应该怎么规划我的职业生涯？

职业发展大师

天勤

我是一位刚毕业的工业设计专业的**职员**，请问我应该怎么规划我的职业生涯？

职业发展大师 AI

首先，恭喜你完成学业并进入职场！工业设计是一个充满创意和挑战的领域，有很多发展路径可以选择。下面是一些建议来帮助你规划职业生涯：

1. **确定兴趣和目标**：
   - 思考你对工业设计的哪些方面最感兴趣，比如产品创新、用户体验、可持续设计等。
   - 设定短期和长期的职业目标。例如，短期内你可能想要掌握某些设计软件，长期可能希望成为某个领域的设计专家或领导者。
2. **提升技能**：
   - 加强你的设计技能，包括使用专业软件（如CAD、SketchUp、Adobe Creative Suite等）。
   - 学习项目管理、用户研究和商业策略等相关技能，这些都将增强你的职业竞争力。
3. **建立专业网络**：
   - 参加设计相关的研讨会、工作坊和行业活动，以建立你的专业网络。
   - 加入专业组织，如国际工业设计协会（ICSID）或你所在国家的相应组织。
4. **获取实践经验**：
   - 尝试实习或兼职工作，以获得实际工作经验。
   - 参与设计比赛或挑战，这不仅能提升技能，还能让你的作品得到曝光。
5. **持续学习**：
   - 跟踪工业设计的最新趋势和技术，保持好奇心和学习热情。
   - 考虑进一步教育，如研究生学位或专业认证，以深化你的专业知识。
6. **个人品牌建设**：
   - 创建一个个人网站或在线作品集，展示你的设计作品和项目。
   - 在社交媒体上分享你的设计思考和过程，建立个人品牌。

Prompt 2：我想进入互联网行业，成为一名产品经理，我应该怎么做呢？

微信扫二维码访问演示

职业发展大师

天勤

我想进入互联网行业，成为一名产品经理，我应该怎么做呢？

职业发展大师 AI

进入互联网行业成为一名产品经理是一个很好的职业选择，这个角色需要结合商业洞察力、技术理解力和用户体验设计能力。以下是一些步骤和建议，帮助你实现这个目标：

1. **了解产品管理**：
   - 阅读有关产品管理的书籍和文章，了解产品经理的职责和日常工作。
   - 研究互联网产品的发展历程和成功案例，理解不同类型的产品及其市场定位。
2. **提升相关技能**：
   - 学习用户体验（UX）设计的基础知识，包括用户研究、原型设计和可用性测试。
   - 掌握数据分析技能，了解如何通过数据来指导产品决策。
   - 学习项目管理的基础，包括敏捷和Scrum等方法。
3. **获取实践经验**：
   - 参与产品设计相关的项目或实习，实际操作中学习。
   - 如果可能，尝试在初创公司或小型企业工作，这样可以更快地接触产品管理的各个方面。
4. **建立专业网络**：
   - 参加产品管理相关的研讨会、工作坊和行业活动。
   - 加入产品管理社区，如Product Management Community或LinkedIn上的相关群组。
5. **继续教育**：
   - 考虑攻读与产品管理相关的课程或认证，如MBA或专门的产品管理课程。
   - 在线课程平台（如Coursera、edX）上也有许多高质量的产品管理课程。
6. **准备求职**：
   - 准备一份突出你相关技能和经验的简历。

用类似的方法，根据自己的个人情况和所处的人生阶段，输入类似的问题，让AI帮你做一份职业规划，其中AI给出的一些建议非常实用，可以帮助自己提前规划一下职业生涯。

8.7 翻译与本地化：翻译纸质外文书

· **多语言内容生成**：自动翻译文本，支持多语言内容创作。

· **本地化服务**：根据不同地区文化定制内容。

提供即时翻译服务，帮助职场人士跨越语言障碍，有效沟通国际合作伙伴或客户。

AI的翻译功能比较强大，各类翻译工具可以弥补个人外语能力的不足。比如旅游的时候，对旅游目的地的商品、菜单等的翻译。阅读外文书的时候，也可以应用翻译工具进行翻译，手上有外文电子文档的话，更是能直接进行翻译。

应用案例：翻译纸质英文内容

在智谱清言的ChatGLM对话窗口，上传要翻译的内容，可以直接发送文本内容进行翻译；也可以上传照片，对内容进行扫描后，形成文本，再进行翻译。

（1）上传英文内容照片。

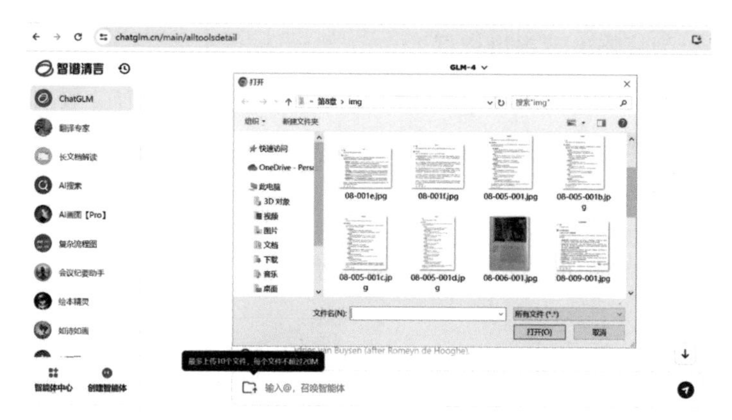

（2）识别图片的内容，形成文本。

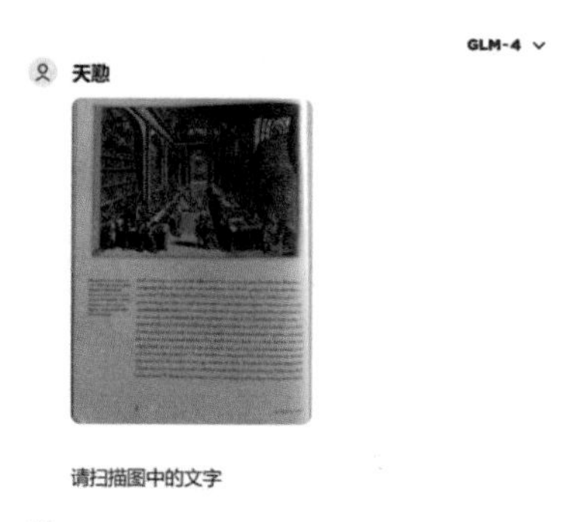

请扫描图中的文字

ChatGLM

图中的文字如下：

FIG.4. Andries van Buysen (after Romeyn de Hooghe),
Visitors in the Natural History Cabinet of Levinus Vincent in Haarlem, c.1706,
engraving, 22 x 31.5 cm,
Rijksmuseum, Amsterdam [RP-P-BI-5324].

shell collecting in honor of the collection of his brother-in-law, Cornelis van Bijlenburg comparing shells to many other natural objects that shone, glinted, or were shot through with color.36 That shape, color, and luster were key to the popularity of shells is evident both in the writings of collectors and in contemporary auction catalogues. Valentijn, for example, identified shells by name when writing of the treasures possessed by his fellow collectors, but he also made sure to remark on their appearance in detail. He described an item in the collection of Johan de la Faille as follows: "a highly rare Shell, named by [de la Faille] Cedo Nulli, almost as big as an Orange Admiral; but somewhat shorter and pressed together, and somewhat thicker, having small yellow, white, and brownish bands in a chain fashion over the whole Shell, which struck me as extraordinarily rare, and beautiful, being an unusual piece, which no one else possesses."37 Even the choice of the name Cedo Nulli bespeaks the learned play entailed in the collection and appreciation of shells. The phrase, famously adopted by Desiderius Erasmus as a sly and boastful personal motto, declares that de la

（3）把英文翻译成中文。

8.8 数据分析与报告：中国图书市场数据分析

· **数据分析**：生成基于数据的解释和报告。

· **财务报告**：自动生成财务分析报告。

· **行业趋势分析报告**：通过分析大量行业数据，自动生成包含最新趋势、竞争分析和预测的报告，为战略决策提供依据。

现在的AI有着比较强大的信息搜索能力、竞争信息分析能力及数据分析能力。因此，我们可以利用这些AI的能力，收集资料，对数据进行分析并形成报告。

应用案例：中国图书市场数据分析

现在，假设你想了解中国图书市场的基本情况，并需要有一些数据做支持。我们可以先让AI告诉我们基本方法，再查找数据和信息，最后形成简要的报告。现在的大模型不仅可以进行多轮对话，搜索网络最新信息和数据，还可以编程及调用相关工具进行分析，因此这样的框架方法，可以应用在众多领域的信息收集与简要数据分析中并形成报告。本案例使用的是智谱清言的ChatGLM，详细过程如下：

第一步：让AI告诉我们进行图书市场数据分析的方法。

要分析图书市场数据，应该从哪些方面进行？

第二步：查找数据及基础分析。

· 我国最近5年，每年出版图书的码洋是多少？

· 请把以上数据整理成表格，包含年份、销售额、增长率这样的数据。

· 请根据以上数据，画出年份、销售额的柱状图。

· 2023年度中国市场畅销的图书有哪些？请分析这些图书畅销的原因。

· 2024年第一季度、第二季度中国市场畅销图书有哪些？请按类别列出来。

第三步：形成简要报告。

根据以上收集到的资料，整理成一份图书市场分析报告，为出版决策做支持。内容包括：图书市场规模及趋势、出版类别构成、销售渠道、消费者偏好、竞争情况，并提出可能会畅销的图书方向。

Prompt1：分析图书市场数据，应该从哪些方面进行？

智谱清言

与 ChatGLM 的对话

查询 1 次，打开 3 个网页并总结

联网查询：分析图书市场数据，应该从哪些方面进行？

打开网页

1. 如何评估图书的市场潜力？有哪些关键因素需要...
https://baijiahao.baidu.com/s?id=1797559277941666110

2. 图书出版的数据挖掘对象、渠道和应用模型
http://kjycb.tsinghuajournals.com/article/2017/1005-05...

3. 图书出版市场揭秘：销售与影响力数据指标全解...
https://baijiahao.baidu.com/s?id=1795837224577448090

读取网页并总结

分析图书市场数据时，应从以下几个方面进行：

1. **出版元数据**：这包括出版物的基本信息，如名称、作者、封面设计、内容摘要、出版日期等，以及更复杂的信息，如出版合同、印制发行、营销推广和销售数据。
2. **出版市场数据**：这部分涉及图书的出版发行数据和读者用户行为数据。包括单品图书的销售、物流、库存、首印及重印数据，以及不同图书品种在市场中的销售状况。用户行为数据则围绕读者的基本信息、阅读需求、消费行为和阅读习惯。
3. **出版宏观数据**：这指的是数字时代背景下关于出版的宏观环境、法律法规以及相关政策规定。这些数据帮助出版社掌握行业趋势，制定战略决策。
4. **数据获取渠道**：出版数据的获取主要来自企业内部数据和外部专业数据。内部数据包括图书选题、印制、发行、重印和物流库存数据。外部数据则通过第三方平台获取，以补充内部数据的局限性。

这些方面的数据为出版社提供了市场走向的洞察，帮助它们进行更有效的出版和营销决策 2 。

Prompt2：我国最近5年，每年出版图书的码洋是多少？

智谱清言

与 ChatGLM 的对话

用户

我国最近5年，每年出版图书的码洋是多少？

ChatGLM AI

查询 1 次，打开 3 个网页并总结

根据我找到的资料，中国近5年每年出版图书的码洋数据如下：

- 2019年：全国图书零售市场的码洋规模达到1022.7亿元，同比增长14.4%。
- 2020年：受疫情影响，图书零售市场码洋规模首次出现负增长，同比下降5.08%，码洋规模为970.8亿元。
- 2021年：市场行情略有回升，同比增长1.65%，码洋规模为986.8亿元。
- 2022年：图书零售市场进一步萎缩，码洋规模下降11.77%至871亿元。
- 2023年：疫后复苏带来图书零售市场恢复和发展的新机遇，码洋同比增长率由负转正，上升至4.72%，码洋规模再次突破900亿元达到912亿元 1 2 3 。

Prompt 3：请根据以上数据，画出年份、销售额的柱状图。

用户

请根据以上数据，画出年份、销售额的柱状图。

ChatGLM

代码生成...

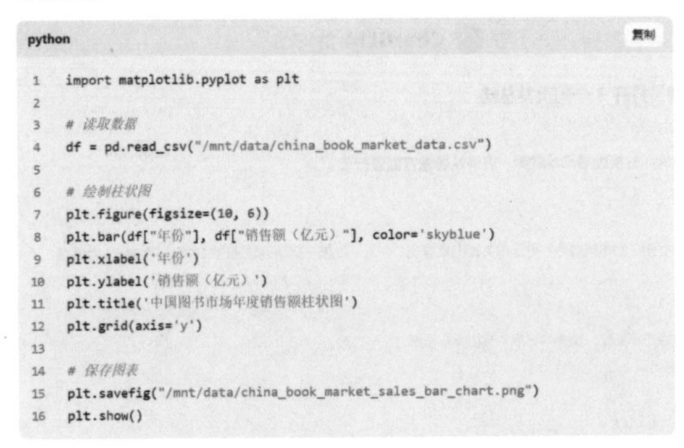

python 复制

```python
import matplotlib.pyplot as plt

# 读取数据
df = pd.read_csv("/mnt/data/china_book_market_data.csv")

# 绘制柱状图
plt.figure(figsize=(10, 6))
plt.bar(df["年份"], df["销售额（亿元）"], color='skyblue')
plt.xlabel('年份')
plt.ylabel('销售额（亿元）')
plt.title('中国图书市场年度销售额柱状图')
plt.grid(axis='y')

# 保存图表
plt.savefig("/mnt/data/china_book_market_sales_bar_chart.png")
plt.show()
```

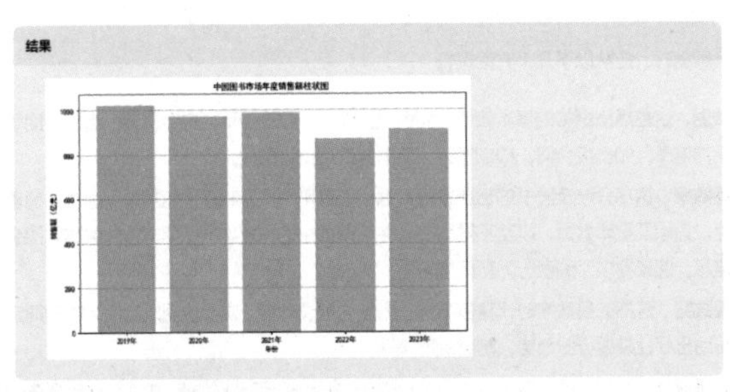

以下是按年份展示的中国图书市场年度销售额柱状图。您可以通过这个图表直观地看到各年份的销售额变化。

如果您需要下载这个图表，请点击这里：中国图书市场年度销售额柱状图。

Prompt 4：2023年度中国市场畅销的图书有哪些？请分析这些图书畅销的原因。

用户

2023年度中国市场畅销的图书有哪些？请分析这些图书畅销的原因。

ChatGLM

查询 1 次，打开 3 个网页并总结

2023年度中国市场最畅销的书籍涵盖了多个类别，包括虚构类、非虚构类和少儿类。其中，《额尔古纳河右岸》在虚构类中排名第一，而《我与地坛(纪念版)》则在非虚构类中位居首位。在少儿类中，《漫画小学生心理(全4册)》表现最为突出。这三本书分别位列年度总榜的首位、第二位和第三位 ❶ ❸。

这些书籍之所以畅销，可以归因于多个因素：

1. **作者影响力**：一些书籍由知名作者创作，如刘慈欣的《三体》系列和史铁生的《我与地坛(纪念版)》，这些作品凭借作者的知名度和作品本身的文学价值获得了广泛的认可和喜爱。
2. **内容质量**：这些书籍在内容上具有较高的质量和吸引力，能够引起读者的共鸣，如《额尔古纳河右岸》因其深刻的故事内容和独特的叙述风格受到读者喜爱。
3. **市场推广**：有效的市场推广和宣传也对书籍的销售起到了重要作用。例如，刘慈欣的《三体》系列因改编成影视剧而再次迎来销售高峰。
4. **读者需求**：书籍的内容与读者的需求和兴趣相契合，如《漫画小学生心理(全4册)》针对少儿心理教育的需求，提供了有价值的内容。
5. **销售渠道**：随着销售渠道的多样化，如短视频电商等新兴渠道的兴起，这些书籍能够更好地触及目标读者群体，从而提高销量。

这些因素共同作用，使得这些书籍在2023年度成为中国市场上最畅销的作品。

Prompt 5：2024年第一季度、第二季度中国市场畅销图书有哪些？请按类别列出来。

用户

2024年第一季度、第二季度中国市场畅销图书有哪些？请按类别列出来。

ChatGLM

查询 1 次，打开 3 个网页并总结

2024年第一季度，中国市场畅销的图书涵盖了多个类别，包括教辅教材类、文学类、少儿类、生活类、经济与管理类以及大科普类。

1. **教辅教材类**：这一类别中，曲一线、学而思、智慧熊和金星教育等老牌教辅品牌凭借其当家系列图书继续保持竞争优势。小脚鸭、一本等年轻品牌则通过短视频渠道实现了快速发展。
2. **文学类**：文学市场中，网文纸书、名家作品和热门影视原著表现突出。例如，《额尔古纳河右岸》《别离歌》等作品受直播带货的影响明显。
3. **少儿类**："漫画+"图书在少儿图书市场中销售热度依然较高，各类题材都在积极寻求与"漫画+"的融合。
4. **生活类**：中医、养生等健康话题依然是生活类图书的热点。例如，《百病食疗大全（超值精装典藏版）》《中华药膳养生治病一本通》等书表现突出。
5. **经济与管理类**：经济、社会、商业管理等是市场关注的焦点。《商业破局》《认知破局》等商业、管理类图书在知名主播的推荐下保持着较高热度。
6. **大科普类**：科学普及一直是国家与社会共同关注的问题。《人类简史》《5000天后的世界》等围绕技术和社会趋势的内容交叉融合类图书市场表现突出。

这些畅销图书的类别和内容反映了当前市场的需求和趋势，同时也展示了不同读者群体的偏好和关注点❶❷❸。

Prompt 6：根据以上收集到的资料，整理成一份图书市场分析报告，为出版决策做支持。内容包括：图书市场规模及趋势、出版类别构成、销售渠道、消费者偏好、竞争情况，并提出可能会畅销的图书方向。

微信扫二维码
访问演示

用户

根据以上收集到的资料，整理成一份图书市场分析报告，为出版决策做支持。
内容包括：图书市场规模及趋势、出版类别构成、销售渠道、消费者偏好、竞争情况，并提出可能会畅销的图书方向。

ChatGLM

代码生成...

结果

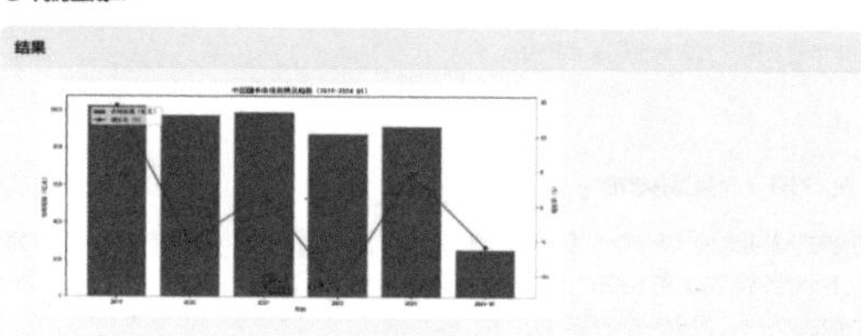

根据收集到的资料，以下是为出版决策提供支持的图示市场分析报告：

1. 图书市场规模及趋势

- **市场规模**：从2019年至2024年第一季度，中国图书市场经历了一系列波动。2019年市场规模达到1022.7亿元，而2024年第一季度降至252.73亿元。
- **趋势分析**：市场增长率在2019年达到14.4%，但在随后的年份中出现了波动，特别是在2020年和2022年出现了负增长。2023年市场开始恢复，增长率为4.72%，但2024年第一季度再次出现负增长。

2. 出版类别构成

- **主要类别**：包括教辅教材类、文学类、少儿类、生活类、经济与管理类和大科普类。
- **类别表现**：少儿类图书在2023年成为码洋比重最大的类别，教辅教材类和文学类也占有重要市场份额。2024年第一季度，这些类别继续保持其市场地位。

3. 销售渠道

- **渠道变化**：短视频电商成为重要的销售渠道，实体店渠道呈现负增长。平台电商依然是最大的销售渠道。

4. 消费者偏好

- **偏好趋势**："漫画+"图书在少儿市场中受欢迎，文学类图书在平台电商和短视频电商中比重上升。教辅教材类图书在实体店和网店渠道中比重均实现同比上升。

8.9 商务写作与报告：苹果公司调研

· **商务提案与计划书**：自动生成商务提案和计划书，节省时间。

· **市场分析报告**：快速生成市场分析报告，给决策提供支持。

· **公司调研报告**：快速调研公司并形成报告。

应用案例：用AI调研苹果公司历年开发者大会发布的重点产品及亮点

如果只是直接让AI帮写一篇关于某某公司的调研报告，一般来说会写得比较空泛，但通过几轮对话，把重点关注的内容向AI提问，让AI收集整理资料，在这个基础上再形成调研报告，就会有数据，有重点，尤其会聚焦于你所关注的范畴。以下案例，就是以苹果历年的重点产品和亮点为核心点进行的梳理。

本案例使用的是智谱清言的ChatGLM，经过多轮对话收集信息，让AI写一篇面向普通读者的关于苹果公司的简要调研报告。

以下是对话的提示词，用户可以根据自己要调研的公司及感兴趣的点来组织语言，让AI帮助你收集整理资料：

Prompt 1：请发一下历年苹果公司开发者大会的重点产品。

GLM-4

天勤

请发一下历年苹果公司开发者大会的重点产品。

ChatGLM

查询 1 次，打开 3 个网页并总结

苹果公司的全球开发者大会（WWDC）自1983年举办以来，已经走过了41年的历史。每年的大会，苹果都会向全球的软件开发者展示其最新的软件和技术，包括iOS、iPadOS、macOS、watchOS、tvOS以及visionOS。偶尔，苹果也会在WWDC上发布一些硬件产品。

以下是历届WWDC的一些亮点产品：

1. **1983年**：苹果发布了世界上第一台具有图形界面的个人电脑Lisa。
2. **1991年**：苹果推出了多媒体播放软件QuickTime。
3. **1997年**：乔布斯回归苹果，并宣布了"不同凡响"的广告语，标志着苹果再次开启乔布斯时代。
4. **2000年**：发布了Mac OS X操作系统。
5. **2005年**：苹果宣布Mac将彻底抛弃IBM的PowerPC架构，全面拥抱英特尔X86架构。
6. **2007年**：苹果揭开了初代iPhone操作系统iPhone OS的神秘面纱。
7. **2008年**：苹果宣布iPhone OS 2.0版本将加入App Store应用商店。
8. **2010年**：苹果将iPhone OS更名为iOS 4，并推出了FaceTime和iMovie。
9. **2011年**：乔布斯最后一次主持WWDC，发布了Mac OS X版本Lion和iOS 5，以及iCloud服务。
10. **2013年**：苹果展示了全新的iOS 7操作系统，采用了扁平化设计风格。
11. **2017年**：苹果更新了iOS 11系统，改进了控制中心，并发布了新款MacBook Pro、iPad Pro和HomePod。

WWDC不仅是苹果展示最新技术和产品的平台，也见证了苹果公司及整个科技行业的发展和创新。每年的大会都吸引了全球开发者和科技爱好者的广泛关注❶❷❸。

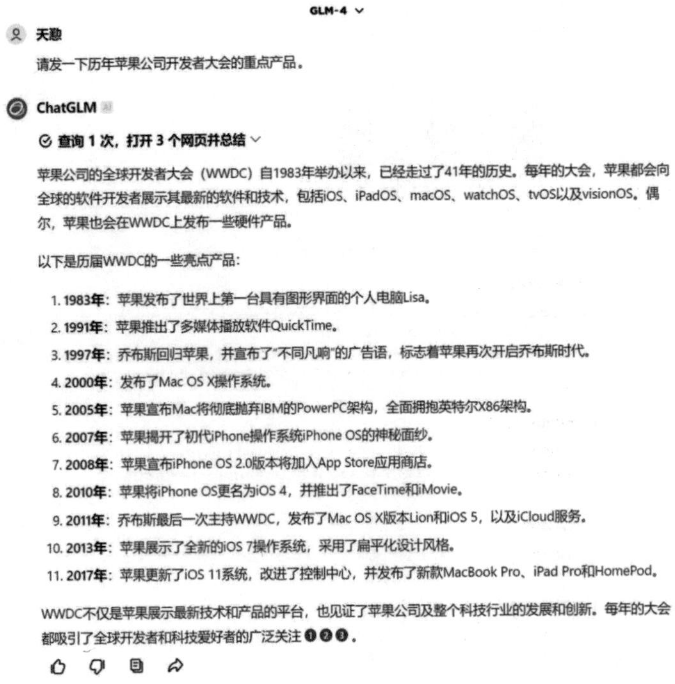

Prompt 2：苹果这几十年的开发者大会，具有划时代意义的是哪些年？发布了怎样的划时代产品？

天勤

苹果这几十年的开发者大会，具有划时代意义的是哪些年？发布了怎样的划时代产品？

ChatGLM

苹果公司在其全球开发者大会（WWDC）上发布的一些具有划时代意义的产品和更新包括：

1. **1983年**：苹果推出了Lisa计算机，这是世界上第一台采用图形用户界面的个人电脑，对个人电脑的发展产生了深远影响。
2. **1991年**：苹果发布了QuickTime，这是一款多媒体播放软件，对数字媒体的处理和播放产生了重要影响。
3. **2001年**：苹果发布了Mac OS X操作系统，这是对苹果早期操作系统的一次重大更新，为未来的macOS发展奠定了基础。
4. **2005年**：苹果宣布将从PowerPC架构转向英特尔x86架构，这一转变极大地提高了Mac电脑的性能和兼容性。
5. **2007年**：苹果首次展示了iPhone操作系统iPhone OS，这一操作系统的发布标志着智能手机新时代的开始。
6. **2008年**：苹果推出了iPhone OS 2.0，并引入了App Store，这彻底改变了移动应用生态系统。
7. **2010年**：苹果将iPhone OS更名为iOS，并推出了iOS 4，这是对移动操作系统的一次重大更新。
8. **2011年**：苹果发布了iOS 5和iCloud，iCloud的推出使得苹果设备的同步和备份变得更加便捷。
9. **2013年**：苹果发布了iOS 7，这是对iOS界面的一次重大重新设计，采用了扁平化设计风格。
10. **2017年**：苹果发布了iOS 11，带来了许多新功能和改进，包括改进的控制中心和增强现实（AR）的支持。

这些年份和产品的发布，不仅对苹果公司自身的发展产生了深远影响，也对整个科技行业和消费者行为产生了重要影响❶❷❸。

Prompt 3：苹果公司的产品是怎样与人工智能结合的？有哪些特别酷的产品和功能？

GLM-4

天勤

苹果公司的产品是怎样与人工智能结合的？有哪些特别酷的产品和功能？

ChatGLM

苹果公司在其产品中整合了人工智能（AI）和机器学习（ML）技术，以提供更加智能和个性化的用户体验。以下是一些苹果产品中与AI结合的酷炫功能和产品：

1. **Siri**：苹果的虚拟助手Siri是AI在苹果产品中的典型应用。它可以通过语音命令执行各种任务，如发送消息、设置提醒、提供天气预报、搜索信息等。随着技术的发展，Siri的智能水平不断提高，能够更好地理解自然语言和上下文。
2. **Face ID**：在iPhone X及以后的型号中，苹果引入了Face ID面部识别技术。它使用先进的神经网络和机器学习技术来分析用户的面部特征，以实现快速而安全的解锁设备。
3. **Animoji 和 Memoji**：这些是iPhone X上的一个有趣功能，它们使用面部识别技术来创建基于用户面部表情的动画表情符号。用户可以创建自己的Memoji，并通过iMessage与朋友分享。
4. **照片**：苹果的照片应用利用AI技术来识别照片中的人物、地点和物体，并自动进行分类和组织。它还能通过机器学习改善照片的质量，如自动调整亮度和对比度。
5. **写作和打字建议**：在iOS和iPadOS中，苹果的QuickType键盘使用机器学习来提供个性化的打字建议和自动更正功能。
6. **Apple Watch**：Apple Watch利用AI来分析心率数据，提供健康和运动建议。它还能学习用户的日常活动模式，以提供更准确的健康数据。
7. **AirPods**：AirPods Pro和第三代AirPods利用机器学习算法来提供自适应均衡器，根据用户的耳道形状调整音乐的效果。
8. **智能家居**：通过HomeKit平台，苹果的智能家居设备可以利用AI来学习用户的习惯，并自动调整家居设备，如灯光、温度和安全系统。
9. **隐私保护**：苹果在AI应用中特别注重用户隐私，例如，Siri的处理和数据分析是在设备上进行，而不是在云端，以保护用户数据的安全。

苹果公司不断在其产品中融入最新的AI技术，以提供更加智能、便捷和个性化的用户体验。随着技术的进步，我们可以期待苹果在未来推出更多创新的AI集成产品和服务。

Prompt 4：你说的上面这些苹果公司的产品和功能是哪年推出的？

天勤

你说的上面这些苹果公司的产品和功能是哪年推出的？

ChatGLM

苹果公司的产品和功能是在不同的年份推出的，以下是一些主要的发布年份：

1. **Siri**：Siri最初是由Siri Inc.开发的，于2010年作为独立应用发布。苹果公司在2011年收购了Siri，并将其集成到2011年的iPhone 4S中。
2. **Face ID**：Face ID首次出现在2017年发布的iPhone X上。
3. **Animoji 和 Memoji**：Animoji首次出现在2017年的iPhone X上，而Memoji则在2018年的iOS 12更新中推出。
4. **照片应用的AI功能**：苹果的照片应用随着iOS系统更新逐渐增加了AI功能，其中一些功能如面部识别和智能分类在2015年的iOS 9中首次出现。
5. **QuickType键盘**：QuickType键盘随着2014年发布的iOS 8一起推出。
6. **Apple Watch**：第一代Apple Watch在2015年发布。
7. **AirPods**：第一代AirPods在2016年发布，而AirPods Pro在2019年推出。
8. **HomeKit**：HomeKit首次在2014年的WWDC上宣布，并在2015年的iOS 9中正式推出。

苹果公司通常会在其每年的WWDC（全球开发者大会）和秋季产品发布会上宣布新的产品和功能更新。随着时间的推移，这些产品和功能会通过软件更新和新设备的发布不断得到改进和扩展。

Prompt 5：请帮解读一下2023年苹果公司的财务报表，并列出年营业额、利润率、产品线、各条产品线贡献的营业额。

GLM-4

天勤

请帮解读一下2023年苹果公司的财务报表，并列出年营业额、利润、利润率、产品线、各条产品线贡献的营业额。

ChatGLM

查询 1 次，打开 6 个网页并总结

2023年，苹果公司的财务报告显示了公司在该年度的营业状况和产品线的贡献情况。以下是根据苹果公司官方发布的财务报告总结的关键数据：

1. **营业额和利润**：
   - 第一季度（截至2022年12月31日）：苹果公司报告季度营收为1172亿美元，同比下降5%，每股摊薄收益为1.88美元。
   - 第二季度（截至2023年4月1日）：季度营收为948亿美元，同比下降3%，每股摊薄收益为1.52美元。
   - 第三季度（截至2023年7月1日）：季度营收为818亿美元，同比下降1%，每股摊薄收益为1.26美元。
   - 第四季度（截至2023年9月30日）：季度营收为895亿美元，同比下降1%，每股摊薄收益为1.46美元。
2. **利润率**：具体的利润率数据没有直接提及，但可以根据营业额和利润的比率来估算。
3. **产品线贡献**：
   - 苹果公司主要的产品线包括iPhone、iPad、Mac、Wearables、Home及Accessories，以及Services。
   - 在2023年的各个季度中，服务业务创下了新的收入记录，iPhone和iPad等产品线也表现良好。
4. **年度总结**：
   - 苹果公司的年度营业额和利润受多种因素影响，包括全球和地区经济条件、产品与服务的设计、生产、推广、过渡在复杂且迅速变化的市场中的表现等。
   - 苹果公司持续投资长期增长计划，并在2023年期间向股东返还了大量的资金。

以上数据和信息均基于苹果公司官方网站上发布的财务报告❶❷❸❹❺❻。

Prompt 6：2023年苹果公司在全球卖出了多少台设备？分别是哪些产品贡献的？

天勲

2023年苹果公司在全球卖出了多少台设备？分别是哪些产品贡献的？

ChatGLM

查询 2 次，打开 3 个网页并总结

在2023年，苹果公司的全球设备销售情况如下：

- **iPhone**：苹果公司在2023年共售出约231.3百万台iPhone。
- **iPad**：销售数量为61百万台iPad。
- **Mac和MacBook**：销售数量约为26百万台。

这些数据反映了苹果公司在2023年的主要产品线销售情况。iPhone继续是苹果公司最主要的收入来源，而iPad和Mac产品线也保持了稳定的销售表现 ❸。

8.10 营销与销售：广州老城区CityWalk线路推荐

· **营销文案**：生成广告文案、产品描述等营销内容。

· **销售报告**：自动生成销售数据和趋势分析报告。

· **产品推销邮件**：为不同的目标客户群体制定个性化的推销文案，提高转化率。

· **营销策划提案**：基于市场趋势和竞争分析，快速生成创新的营销策略和执行计划。

应用案例：广州老城区CityWalk线路推荐

针对小红书用户，推荐在广州老城区CityWalk。

在智谱清言上找到相关的智能体，笔者找到一款跟小红书文案相关的智能体。在智能体中输入：“广州老城区CityWalk”。系统自动搜索全网并自行组织语言，形成了不错的CityWalk线路建议。在国内多个AI助手App中，比如阿里的通义、百度文心一言、讯飞星火等，也有很多不错的用于帮写营销文案的智能体，掌握最适合你自己的工具，可以事倍功半。

但这个线路建议的文案太枯燥，可以继续输入需求，要求其改写成小红书用户喜欢的风格的文案，可以得到不错的结果，如下图所示。同样的方法，如果你想在别的平台发布，找到相关的智能体进行创作即可。甚至也可以在ChatGLM对话框中输入需求，按你的要求来改写，也可以改进很多。

Prompt：把以上文案改成小红书用户喜欢的风格。

天悫

把以上文案改成小红书用户喜欢的风格。

小红书爆款文案专家 AI

一. 标题

1. 穿越广州千年历史，老城区Citywalk攻略大公开！
2. 广州老城Citywalk：历史与现代的完美邂逅！
3. 漫步广州旧时光，不可错过的老城区Citywalk！
4. 西关风情VS欧式浪漫，广州老城Citywalk大比拼！
5. 书卷气VS都市范儿，广州老城区Citywalk的双重魅力！

二. 正文 【广州老城区Citywalk】穿越千年，感受广州的旧时光与新活力！

历史古迹一日游：农讲所、中山大学天文台、广东贡院明远楼……每一处都是历史的见证，让你仿佛穿越回千年前的广州！

欧式风情一日游：沙面岛、人民桥、粤海关……浪漫的欧式建筑，让人仿佛置身于异国他乡，感受广州的别样风情！

西关古风一日游：泮塘五约古村、荔湾湖公园、唐荔园……带你领略广州的传统风情和西关文化，体验老广州的独特魅力！

沿江西路Citywalk：海珠广场、广州华侨博物馆、圣心大教堂……复古浪漫与羊城的市井烟火气完美融合，让你感受广州的欧式风情！

城市中轴线Citywalk：花城广场、广州图书馆、广东省博物馆……一览广州的城市中轴和地标，感受现代都市的魅力！

老城宗教Citywalk：三元宫、旧广州中轴线……感受广州浓厚的宗教文化，领略宗教文化的魅力！

快来广州老城区Citywalk，和我一起穿越历史，感受广州的旧时光与新活力吧！

标签：#广州老城区Citywalk #历史古迹 #欧式风情 # 西关古风 #沿江西路 #城市中轴线 #老城宗教 #旅游攻略 #小红书爆款文案专家

优化建议：

1. 增加一些具体的美食推荐，让游客在Citywalk中也能品尝到广州的地道美食。
2. 提供一些Citywalk的实用信息，如最佳游览时间、交通方式等，方便游客规划行程。
3. 加入一些与广州相关的趣味小故事或传说，增加文案的趣味性和吸引力。

8.11 客户服务与支持：分析顾客情绪，提升顾客满意度

· **聊天机器人**：使用AI生成自然语言回复，处理常见客户咨询问题，提供24/7的服务。

· **FAQ自动生成**：根据用户反馈和常见问题，自动生成详尽的FAQ页面。

以下为顾客服务的案例，用AI工具针对购买手机的顾客的评价进行情绪识别，并回复评论，安抚顾客，以提升用户满意度。分析顾客的评价，提炼对产品改进的建议。本案例使用了智谱清言的ChatGLM进行示范。这个案例只是列举了1～2条对客户评论的处理，分析顾客情绪，给予恰当的回复，做好客户服务，提升顾客满意度。如果有大量的顾客评论，AI就可以进行整合分析，确定产品优缺点，捕捉客户趋势和购物习惯，并提出产品改进的建议。

（1）分析顾客对产品的评论，识别顾客的情绪，给顾客回复评论，并且可以让AI用不同的风格给顾客回复。

（2）总结顾客的反馈信息，提出产品改进建议。

Prompt 1：下面内容是一位购买了某款手机的顾客的评价，请分析一下这位顾客的情绪。假如你是手机的客户服务人员，针对该顾客进行回复，请你拟写回复的内容，回复内容风格轻松。

智谱清言

与 ChatGLM 的对话

用户

下面内容是一位购买了某款手机的顾客的评价，请分析一下这位顾客的情绪。假如你是手机的客户服务人员，针对该顾客进行回复，请你拟写回复的内容，回复内容风格轻松。
顾客B：这款手机嘛，说实话，有点儿纠结。好的方面是外观设计挺时尚的，屏幕显示效果也不错。但是，有时候系统会突然卡一下，还有那个指纹解锁，有时候不太灵敏。总体来说，算是个中规中矩的手机吧。

ChatGLM

顾客B的评价中透露出一种复杂的情绪，既有对手机外观设计和屏幕显示效果的满意，也有对系统偶尔卡顿和指纹解锁灵敏度不足的不满。整体来看，顾客的情绪是中性偏积极，但还是有一定的改进空间。

针对顾客B的反馈，以下是我作为客户服务人员的回复内容：

亲爱的顾客B，您好！首先非常感谢您对我们手机的支持与评价。听到您对外观设计和屏幕显示效果的认可，我们心里也是美滋滋的～当然，对于您提到的系统卡顿和指纹解锁问题，我们也会认真对待，争取在后续的优化中给您带来更好的体验。如果您在使用过程中有任何疑问或需要帮助，欢迎随时联系我们，我们会竭诚为您服务。希望我们的手机能为您的生活增添更多色彩！祝您生活愉快，事事顺心！

Prompt 2：下面内容是一位购买了某款手机的顾客的评价，请分析一下这位顾客的情绪。

用户

下面内容是一位购买了某款手机的顾客的评价，请分析一下这位顾客的情绪。
顾客C：外观设计比较普通，没有特别吸引人的地方，但也不算难看。屏幕显示效果还可以，日常使用足够了，但和一些高端机型比起来还是有些差距。性能方面，日常使用基本够用，但如果你是一个重度手机用户，可能会觉得有些力不从心。电池续航表现一般，基本上需要一天一充。摄像头的拍照效果也是中规中矩，白天拍照还可以，但晚上的表现就比较一般了。系统方面，偶尔会有些小bug。

ChatGLM

顾客C的评价显示出一种相对客观且稍微有些不满的情绪。顾客认为手机的外观设计、屏幕显示效果、性能、电池续航和摄像头拍照效果都是中等水平，没有特别出彩的地方，但也并非不可接受。同时，顾客提到了手机在系统稳定性方面存在一些小问题。整体上，顾客的情绪可以概括为中立偏消极，表现出了一定的期望与现实之间的差距。

具体来说：

- 对于外观设计，顾客认为普通，没有特别吸引人的地方，但也不算难看，表现出一种平淡的态度。
- 屏幕显示效果被认为是"还可以"，表明顾客对此部分基本满意，但与高端机型有差距，暗示了顾客的期望值没有被完全满足。
- 性能方面，顾客认为对于日常使用足够，但对于重度用户可能不够，这表明顾客对性能有一定的保留意见。
- 电池续航"一般"，需要一天一充，这表明顾客对电池续航没有特别满意。
- 摄像头效果"中规中矩"，白天拍照尚可，晚上表现一般，这表明顾客对拍照功能有一定的期待，但实际体验并没有达到预期。
- 系统偶尔有小bug，这可能是顾客最不满的地方，因为它直接影响了使用体验。

作为客户服务人员，针对顾客C的反馈，可以采取以下回复策略：

亲爱的顾客C，感谢您对我们手机的评价，您的反馈对我们非常重要。我们了解到您在使用过程中发现了外观设计、屏幕显示、性能、电池续航和摄像头效果等方面的一些不足，以及系统偶尔出现的小问题。我们会将这些宝贵的意见反馈给我们的产品团队，以期在未来的产品迭代中做出改进。同时，如果您在使用过程中遇到任何问题，或者有任何改进建议，欢迎随时与我们联系，我们将竭诚为您服务，力求为您提供更好的体验。再次感谢您的支持，祝您生活愉快！

Prompt 3：请将上述回复改为以轻松幽默的语言回复，让顾客觉得轻松些。

用户

> 亲爱的顾客C，感谢您对我们手机的评价，您的反馈对我们非常重要。我们了解到您在使用过程中发现了外观设计、屏幕显示、性能、电池续航和摄像头效果等方面的一些不足，以及系统偶尔出现的小问题。我们会将这些宝贵的意见反馈给我们的产品团队，以期在未来的产品迭代中做出改进。同时，如果您在

请把这个回复用轻松幽默的语言回复，让顾客觉得轻松些。

ChatGLM

哈哈，亲爱的顾客C，您真是我们的"挑剔"小能手呀！感谢您对我们手机的一番"品头论足"，这番评价简直比相亲时的眼光还犀利呢！别担心，我们已经拿小本本记下了您提到的设计、屏幕、性能、电池和摄像头的小秘密，还有那些偶尔"闹脾气"的小系统bug。咱们产品团队的小伙伴们已经摩拳擦掌，准备在下一轮升级中大展身手啦！

如果您在使用过程中遇到了什么"小插曲"，或者有什么"妙手偶得"的好点子，记得告诉我们哦，我们24小时在线，比外卖小哥还快呢！希望能让您笑得更开心，用得更顺心。再次感谢您的宝贵意见，祝您每天都能笑哈哈，生活比手机还要精彩！📱😄

Prompt 4：根据以上顾客的反馈信息，你认为手机应该做哪些改进？

用户

根据以上顾客的反馈信息，你认为手机应该做哪些改进？

ChatGLM

根据顾客C的反馈信息，以下是对手机可能进行的改进建议：

1. **外观设计**：
   - 考虑进行更独特和吸引人的设计创新，以提升产品的美观度和辨识度。
   - 可以通过用户调研来了解目标客户群体的审美偏好，并据此设计更符合用户口味的外观。
2. **屏幕显示效果**：
   - 虽然顾客认为屏幕显示效果还可以，但仍有提升空间。可以考虑使用更高分辨率的屏幕或者改善色彩准确度和亮度，以缩小与高端机型的差距。
3. **性能**：
   - 针对重度用户的需求，可以提升处理器的性能或增加内存和存储空间，确保手机在多任务处理和高性能需求应用中表现更佳。
   - 优化系统软件，减少后台不必要的进程，提升系统流畅度。
4. **电池续航**：
   - 通过使用更大容量的电池或优化电源管理系统来延长电池的使用时间。
   - 提供省电模式，让用户在需要时可以手动延长电池续航。
5. **摄像头效果**：
   - 改进摄像头传感器和图像处理算法，尤其是在低光环境下的拍摄效果，以提升夜间拍照质量。
   - 可以增加更多拍摄模式和滤镜，以丰富用户的拍照体验。
6. **系统稳定性**：
   - 定期更新系统，修复已知的bug，提高系统的稳定性和可靠性。
   - 加强系统测试，确保在发布前尽可能多地发现并解决潜在问题。

通过这些改进，可以提高顾客的满意度，增强产品的市场竞争力，并且有助于建立品牌忠诚度。

8.12 会议与演讲PPT：高效整理会议记录形成报告

· **会议记录整理**：自动整理会议记录，提取关键信息。在会议期间或之后，AI能够捕捉并整理会议讨论的要点，生成详细的会议记录和行动事项清单，确保后续跟进的准确性。

· **演讲稿与PPT内容**：生成演讲稿和PowerPoint演示文稿内容。

会议记录可以是录音文件，也可以是文字记录。如果是录音文件，需要使用AI工具把录音文件转成文本，然后再让AI进行自动整理，这一功能在后面的AI语音的章节中再进一步展开讲解。在这里，我们模拟了一个5人的会议，然后把包含了各个成员发言的约5000字的会议记录发给AI，让AI帮助整理，形成一份800字的会议纪要。同样，在现实场景中，你只需要把真实的会议记录发给AI，让其帮助整理即可。

（1）模拟5人的会议，主题是在群聊中加入AI智能助手。

（2）将大约5000字，形式为word文档的会议记录发给AI，让AI帮助整理，列出主要参会人员、会议议题、参会人员的主要观点，并总结会议结论，大约800字。

（3）把会议总结报告做成PPT。

（1）这是一份5000字左右的会议记录。

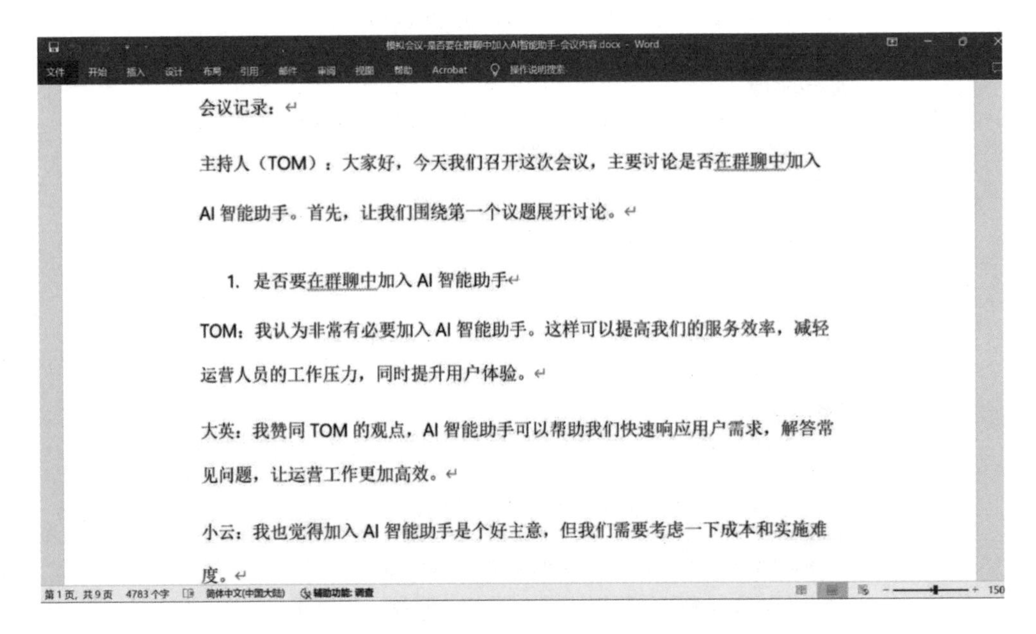

（2）在智谱清言的ChatGLM中，上传5000字左右的、形式为word文档的会议记录。

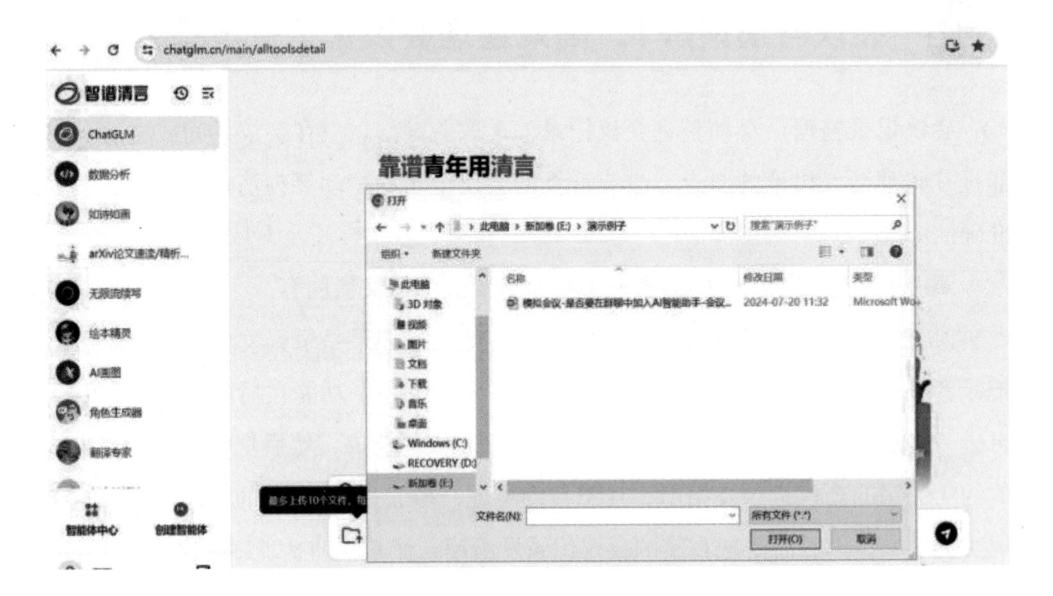

（3）在对话框中输入Prompt：“请帮助整理这个文档的会议记录，列出主要参会人员、会议议题、参会人员的主要观点，并总结会议结论，大约800字”。

智谱清言

与 ChatGLM 的对话

用户

请帮助整理这个文档的会议记录，列出主要参会人员、会议议题、参会人员的主要观点，并总结会议结论，大约800字。

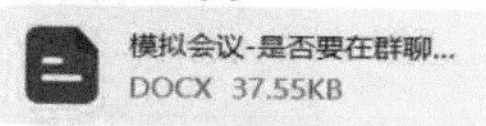

ChatGLM

主要参会人员：

- 产品经理：TOM
- 运营人员：大英、小云
- 技术开发工程师：小徐、东东

会议议题：

1. 是否要在群聊中加入AI智能助手？
2. 如果不做这个功能，理由是什么？
3. 如果要做，应该实现哪些详细功能，吸引用户的点是什么？

参会人员的主要观点：

- TOM (**产品经理**)：
  - 支持加入AI智能助手，认为可以提升服务效率、减轻运营压力、提升用户体验。
  - 提供用户需求分析、市场竞争态势、运营效率提升等数据支持。
  - 建议实现自动回复、个性化推荐、智能语音识别、数据分析与反馈等功能。
  - 认为AI助手可以提供24小时服务、快速响应、个性化体验等吸引用户的点。
- **大英 (运营人员)**：
  - 支持加入AI智能助手，认为可以提升群聊体验和效率，智能化管理社群，打破语言障碍。
  - 提供网络数据支持，包括提升沟通效率、节省搜索时间、促进交流等。
  - 认为目前加入AI助手是免费的，降低了成本考虑。
- **小云 (运营人员)**：
  - 反对加入AI智能助手，认为技术实现和维护成本高，用户隐私和数据安全存在风险。
  - 认为AI助手可能无法完全理解复杂语境和情感，影响互动质量。
  - 认为需要考虑功能与用户需求的匹配度，以及替代方案。
- **小徐 (技术开发工程师)**：
  - 反对加入AI智能助手，认为技术实现复杂，维护成本高，用户体验和隐私保护存在风险。
  - 认为功能与用户需求的匹配度需要考虑，技术挑战存在。
- **东东 (技术开发工程师)**：
  - 支持加入AI智能助手，认为可以提升用户体验和效率。
  - 从技术角度出发，建议使用NLP、机器学习等技术，集成第三方API或自定义开发。
  - 强调数据安全和隐私保护，以及持续优化和迭代。

会议结论：

经过讨论，大部分参会人员认为在群聊中加入AI智能助手是必要的，可以提升服务效率、用户体验和产品竞争力。但仍需考虑技术实现、用户隐私、功能与需求匹配等因素，并制定详细的功能规划和实施计划。

（4）AI帮助生成PPT。

1）此例子中使用的工具是讯飞智文（https://zhiwen.xfyun.cn/），能帮助用户快速生成PPT。

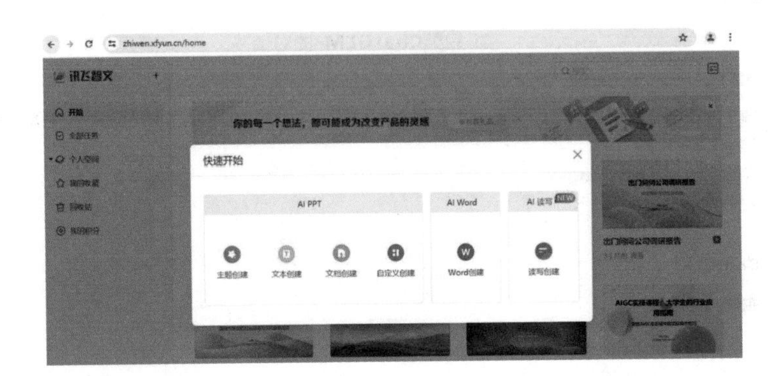

2）选择输入文本创建PPT，把前面的会议总结复制进去，点击下一步进行生成。

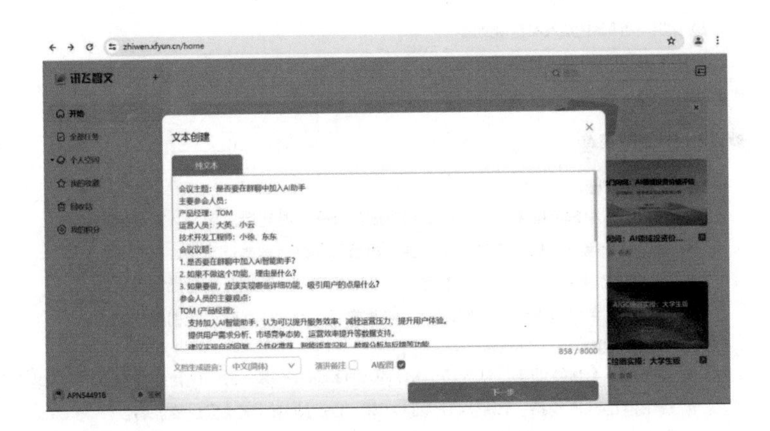

3）AI整理、提炼相关内容。

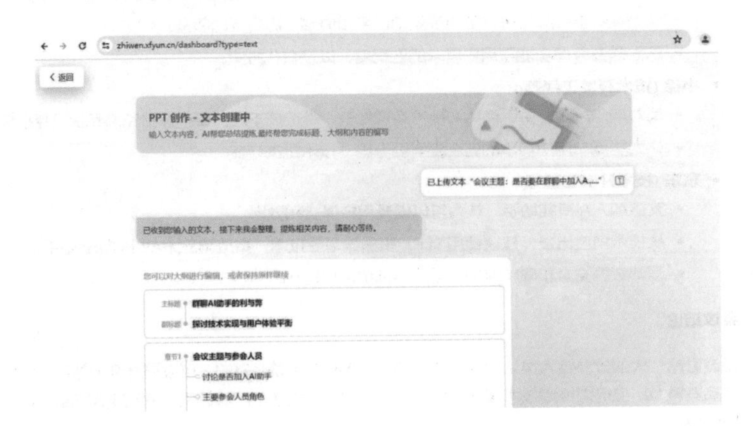

4）选择PPT风格。

5）自动生成PPT。

微信扫二维码
访问演示

8.13 法律与合规：让AI帮助起草商标转让合同

· **合同草稿**：生成标准合同和法律文件草稿。

· **合规报告**：自动生成合规性和风险评估报告。

· **合同与法律文件生成**：AI可以依据标准模板和用户输入的信息，自动生成合同、保密协议、条款与条件等法律文件，减少律师审阅的时间和成本。

此案例展示了如何用AI生成商标转让合同的范本，并把甲乙双方协商的详细内容发给AI，让AI将其写到合同中，这个过程大幅提升了律师的工作效率。不过，正式的合同还是需要专业律师进行详细审核。此案例使用了智谱清言ChatGLM进行示范。

第一步，让AI给出一个商标转让合同的范本，AI给出了相对清晰的范本，但还缺少细节。

Prompt 1：你现在是一位资深律师，请帮拟一份商标转让合同范本。

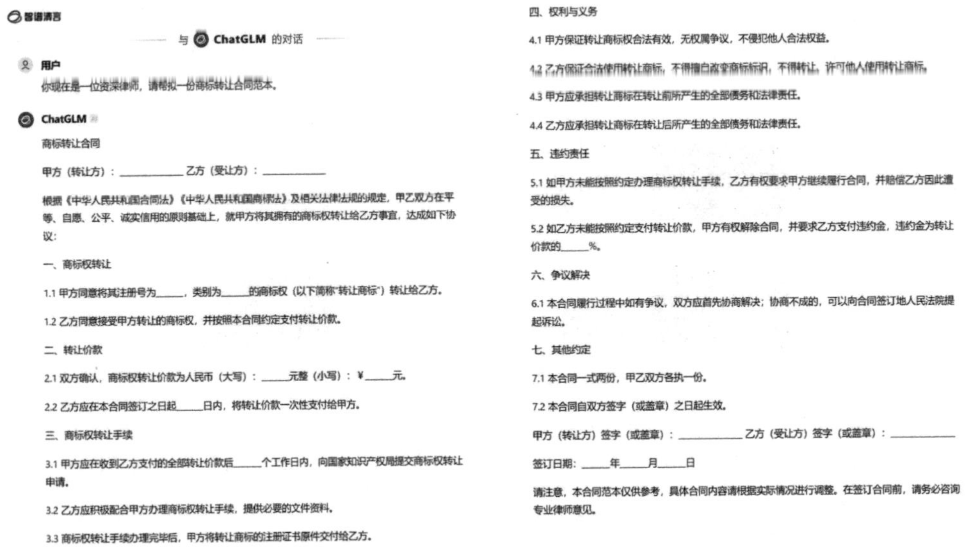

智谱清言

与 ChatGLM 的对话

用户

你现在是一位资深律师，请帮拟一份商标转让合同范本。

ChatGLM

商标转让合同

甲方（转让方）：__________ 乙方（受让方）：__________

根据《中华人民共和国合同法》《中华人民共和国商标法》及相关法律法规的规定，甲乙双方在平等、自愿、公平、诚实信用的原则基础上，就甲方将其拥有的商标权转让给乙方事宜，达成如下协议：

一、商标权转让

1.1 甲方同意将其注册号为_____，类别为_____的商标权（以下简称"转让商标"）转让给乙方。

1.2 乙方同意接受甲方转让的商标权，并按照本合同约定支付转让价款。

二、转让价款

2.1 双方确认，商标权转让价款为人民币（大写）：_____元整（小写）：¥_____元。

2.2 乙方应在本合同签订之日起_____日内，将转让价款一次性支付给甲方。

三、商标权转让手续

3.1 甲方应在收到乙方支付的全部转让价款后_____个工作日内，向国家知识产权局提交商标权转让申请。

3.2 乙方应积极配合甲方办理商标权转让手续，提供必要的文件资料。

3.3 商标权转让手续办理完毕后，甲方将转让商标的注册证书原件交付给乙方。

四、权利与义务

4.1 甲方保证转让商标权合法有效，无权属争议，不侵犯他人合法权益。

4.2 乙方保证合法使用转让商标，不得擅自改变商标标识，不得转让、许可他人使用转让商标。

4.3 甲方应承担转让商标在转让前所产生的全部债务和法律责任。

4.4 乙方应承担转让商标在转让后所产生的全部债务和法律责任。

五、违约责任

5.1 如甲方未能按照约定办理商标权转让手续，乙方有权要求甲方继续履行合同，并赔偿乙方因此遭受的损失。

5.2 如乙方未能按照约定支付转让价款，甲方有权解除合同，并要求乙方支付违约金，违约金为转让价款的_____%。

六、争议解决

6.1 本合同履行过程中如有争议，双方应首先协商解决；协商不成的，可以向合同签订地人民法院提起诉讼。

七、其他约定

7.1 本合同一式两份，甲乙双方各执一份。

7.2 本合同自双方签字（或盖章）之日起生效。

甲方（转让方）签字（或盖章）：__________ 乙方（受让方）签字（或盖章）：__________

签订日期：_____年_____月_____日

请注意，本合同范本仅供参考，具体合同内容请根据实际情况进行调整。在签订合同前，请务必咨询专业律师意见。

第二步，把甲乙双方协商的详细内容包括商标的详细资料、付款方式、违约责任等发给AI，AI自动把这些内容写进合同，给出的结果还不错。整个过程大幅提升了律师的工作效率。当然，这个只是模拟，正式的合同还是需要律师运用专业法律知识进行审核和完善。

Prompt 2：请把以下内容，写到上面的商标转让合同中：

· 转让商标名称：模拟商标

· 转让商标注册号：00008888

· 转让商标所属类别：4104

· 合同金额：68888元

乙方应于本协议生效之日起5个工作日内向甲方支付首付款人民币 38888元，并应于收到甲方提供的全额有效的增值税普通发票电子版和商标的注册证电子版、转让声明公证书电子版之日起5个工作日内，向甲方支付剩余尾款人民币30000元（大写：叁万元整）。

商标转让过程中产生的其他费用由乙方自行承担，包括不限于：商标转让服务代理费，官费等。

违约责任：

如甲方未能按照约定办理商标权转让手续，甲方应退还乙方已付的全部款项，并赔偿乙方违约金，违约金为转让价款的30%。

如乙方未能按照约定支付转让价款，甲方有权解除合同，并要求乙方支付违约金，违约金为转让价款的30%。

智谱清言

与 ChatGLM 的对话

用户

请把以下内容，写到上面的商标转让合同中：
转让商标名称：模拟商标
转让商标注册号：00008888
转让商标所属类别：4104
合同金额：68888元

乙方应于本协议生效之日起5个工作日内向甲方支付首付款人民币 38888元，
并应于收到甲方提供的全额有效的增值税普通发票电子版和商标的注册证电子版、转让声明公证书电子版之日起5个工作日内，
向甲方支付剩余尾款人民币30000元（大写：叁万元整）。
商标转让过程中产生的其他费用由乙方自行承担，包括不限于：商标转让服务代理费，官费等。

违约责任：
如甲方未能按照约定办理商标权转让手续，甲方应退还乙方已付的全部款项，并赔偿乙方违约金，违约金为转让价款的30%。
如乙方未能按照约定支付转让价款，甲方有权解除合同，并要求乙方支付违约金，违约金为转让价款的30%。

ChatGLM

商标转让合同

甲方（转让方）：__________ 乙方（受让方）：__________

根据《中华人民共和国合同法》《中华人民共和国商标法》及相关法律法规的规定，甲乙双方在平等、自愿、公平、诚实信用的原则基础上，就甲方将其拥有的商标权转让给乙方事宜，达成如下协议：

一、商标权转让

1.1 甲方同意将其注册号为00008888，类别为4104的商标"模拟商标"（以下简称"转让商标"）转让给乙方。

二、转让价款

2.1 双方确认，商标权转让价款为人民币68888元（大写：陆万捌仟捌佰捌拾捌元整）。

2.2 乙方应于本协议生效之日起5个工作日内向甲方支付首付款人民币38888元（大写：叁万捌仟捌佰捌拾捌元整）。

证书电子版之日起5个工作日内，向甲方支付剩余尾款人民币30000元（大写：叁万元整）。

2.4 商标转让过程中产生的其它费用由乙方自行承担，包括不限于：商标转让服务代理费，官费等。

三、商标权转让手续

3.1 甲方应在收到乙方支付的首付款后______个工作日内，向国家知识产权局提交商标权转让申请。

3.2 乙方应积极配合甲方办理商标权转让手续，提供必要的文件资料。

3.3 商标权转让手续办理完毕后，甲方将转让商标的注册证书原件交付给乙方。

四、权利与义务

4.1 甲方保证转让商标权合法有效，无权属争议，不侵犯他人合法权益。

4.2 乙方保证合法使用转让商标，不得擅自改变商标标识，不得转让、许可他人使用转让商标。

4.3 甲方应承担转让商标在转让前所产生的全部债务和法律责任。

4.4 乙方应承担转让商标在转让后所产生的全部债务和法律责任。

五、违约责任

5.1 如甲方未能按照约定办理商标权转让手续，甲方应退还乙方已付的全部款项，并赔偿乙方违约金，违约金为转让价款的30%。

5.2 如乙方未能按照约定支付转让价款，甲方有权解除合同，并要求乙方支付违约金，违约金为转让价款的30%。

六、争议解决

6. 本合同履行过程中如有争议，双方应首先协商解决；协商不成的，可以向合同签订地人民法院提起诉讼。

七、其他约定

7.1 本合同一式两份，甲乙双方各执一份。

7.2 本合同自双方签字（或盖章）之日起生效。

甲方（转让方）签字（或盖章）：__________ 乙方（受让方）签字（或盖章）：__________

签订日期：_____年_____月_____日

请注意，本合同范本仅供参考，具体合同内容请根据实际情况进行调整。在签订合同前，请务必咨询专业律师意见。

8.14 长文档阅读与研究

- **研究报告**：自动生成研究摘要和报告。
- **技术文档**：为研发团队生成技术文档和用户手册。
- **学术研究与报告**：进行学术研究及形成相关报告。
- **文献综述**：快速汇总相关领域的研究文献，自动生成综述初稿。

下面的例子展示了AI处理长文本，进行提问、研究、总结、摘要、翻译、内容溯源的能力，AI的这些能力可以用于很多领域的学习、研究工作。

智谱清言——长文档解读

在智谱清言的PC端，在智能体中找到“长文档解读”智能体，打开这个智能体，即可对长文档进行解读。该智能体支持中英文，能够跨越语言的障碍。在此案例中，用一本英文版的电子书*Collecting Shells in times of Internet*进行示范。

第一步，上传文档。

第二步，对文档进行解读，包括核心观点、文档总结（大纲、知识点、关键词等）、文档提问。

上传文档完毕后，界面左边显示文档原始内容，这是一本有409页的英文版电子书，右边是智能体自行对整本书进行解读，呈现本书的核心观点，且是中文表达，这一功能跨越了语言的障碍，对使用者非常友好。下面展示了文档总结、文档提问，引导用户进一步对文档进行深入解读和研究。当然，用户可以直接在最下面的输入框中输入自己感兴趣的问题，以便深入研究文档。

以下是智谱清言对该文档的解读。

文章核心观点

本文探讨了在互联网时代收集贝壳的意义和方式。文章首先回顾了贝壳收集的历史，从16世纪的“奇趣柜”到现代的自然历史博物馆，强调了收集贝壳与其他自然对象在人类文明发展中的重要作用。接着，文章分析了收集贝壳的动机，包括对美的追求、知识的学习、社交的乐趣以及个人成就感的获得。文章还介绍了不同类型的贝壳收藏，包括参考收藏、美学收藏、研究收藏、微型贝壳收藏以及针对特定群体、地理区域或特征的收藏。此外，文章还探讨了贝壳收藏的周边领域，例如贝壳邮票、火柴盒、明信片、硬币、电话卡、雪茄环、艺术品等。最后，文章强调了健康收集的重要性，建议收藏者保持组织性、计划性、时间管理、预算控制以及选择合适的合作伙伴。通过遵循这些原则，贝壳收藏者可以更好地享受这一爱好带来的乐趣，并避免收藏过程中的常见问题。

试试以下例子：

文档总结

帮我梳理整个文档的大纲。

帮我分析整个文档的知识点。

帮我总结这篇文档的关键词，输出不超过10个。

文档提问

文中提到，贝壳收藏的历史可以追溯到16世纪的“奇趣柜”，那么，这些“奇趣柜”最初是如何形成的？它们在收藏史上的作用是什么？

文中提到，贝壳对日常生活的作用包括作为食物来源和药物研发，请问还有哪些其他常见的贝壳用途？

文中介绍了贝壳收藏的几种主要类型，如参考收藏、美学收藏和研究收藏。请问，您认为哪种类型的贝壳收藏更适合初学者？为什么？

帮我梳理整个文档的大纲

本书旨在帮助新入坑的贝壳收藏家建立基础知识，让他们更容易融入贝壳收藏的世界。

目录分为三个主要部分：

第一部分：贝壳收藏的历史与背景

第一章：贝壳收藏与为什么

·收藏的定义和历史

·贝壳收藏对生活质量的提升

·贝壳收藏与自然历史的关系

第二章：贝壳收藏的历史背景

·贝壳收藏与“奇趣柜”的联系

·自然历史博物馆的起源

·贝壳收藏与人类日常生活的关系

第三章：著名的贝壳收藏家和自然历史收藏

·几位著名贝壳收藏家和自然历史学家的介绍，如阿尔弗雷德·拉塞尔·华莱士、查尔斯·达尔文等

第四章：如何开始贝壳收藏

·利用互联网寻找信息和同行

·选择收藏类型：临时收藏或终身热爱

·收藏类型的多样性

……

以上是AI对全书梳理之后，列出的目录结构的节选，非常完整有条理；也可以对书中的内容进行提问，能获得非常不错的结果，如下图所示。

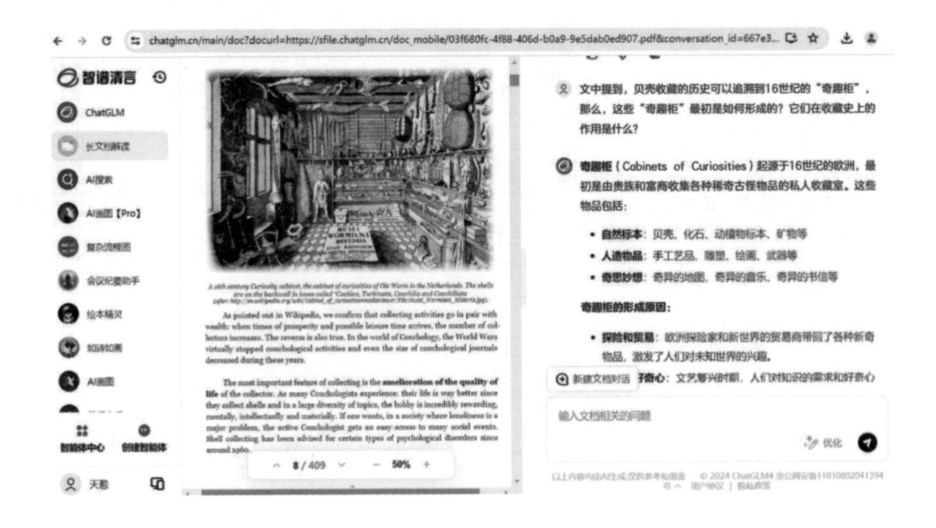

可以在输入框中输入需求，对文档的某些章节进行翻译，以便能更深入了解某个章节的原始写作信息。

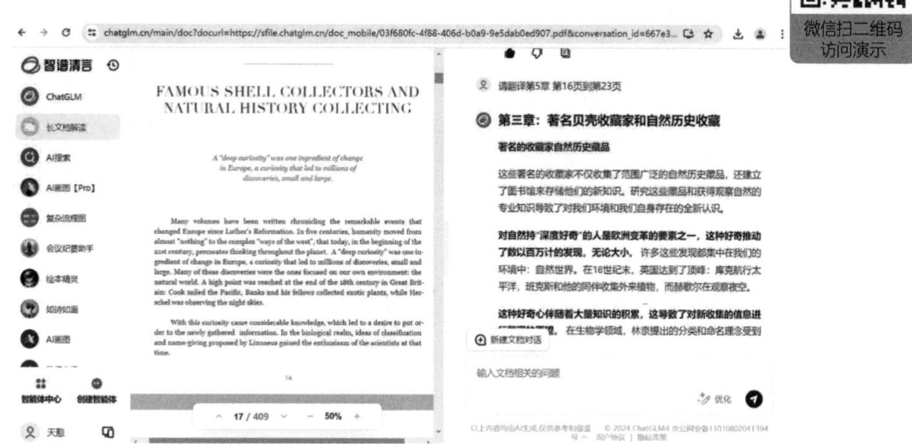

第 9 章 AIGC文生图像应用实操

解锁视觉想象的密钥——AIGC文生图像艺术，一探图像生成工具的奇幻世界。深入美学原理，掌握Prompt撰写秘籍，让AI绘梦成真，引领从创意设计至游戏虚拟的全方位视觉革命。

AIGC文生图像（Text-to-Image），作为AIGC的一个关键分支，是一种革命性的技术，它能够将自然语言描述转化为具体的、生动的图像。这项技术极大地拓展了创意表达和内容创作的可能性，使得用户无须拥有专业的设计或绘画技能，仅凭文字输入就能创造出符合其想象的画面。

9.1 文生图像工具介绍

国内外有多款文生图像工具，这些工具利用人工智能将文本描述转化为图像。下面主要介绍了Midjourney、智谱清言AI绘画、天工AI绘画。实际上还有不少其他AI绘画工具，这些工具都各有优劣，主要看个人喜好，需要使用者对多个工具进行组合应用，以达到得心应手的效果。

9.1.1 Midjourney

Midjourney是一款2022年3月面世的AI绘画工具，该工具搭载在Discord平台之上。用户可以通过在Discord上的Midjourney Bot输入文本提示，生成具有特定视觉风格的图像。这些图像可以涵盖多种艺术风格，如安迪·沃霍尔、列奥纳多·达·芬奇、萨尔瓦多·达利和巴勃罗·毕加索等大师的风格，甚至能够理解和实现特定的镜头语言或摄影术语。

Midjourney的特点：

· **多样化的照片风格**：支持生成各种风格的图像，满足不同用户的需求。

· **简单的操作和高质量的输出**：即便是AI绘画的新手也能轻松上手，且能生成高质量图片。

· **强大的社区与交互性**：用户可以在不同的服务器和频道中交流想法，分享和探讨生成的艺术作品。

· **详细的用户指南和文档**：提供了全面的使用教程，包括如何使用Prompt来引导AI创作、如何利用特定命令和参数微调生成图像的细节等。

自2022年首次亮相以来，Midjourney经历了多次迭代，不断改进其算法和技术，以提升用户体验并扩大其影响力。随着技术的进步，Midjourney持续在AI艺术领域发挥作用，吸引了众多艺术家、设计师及对创意技术感兴趣的用户的关注和参与。

9.1.2 智谱清言AI绘画

智谱清言AI绘画是智谱AI推出的一项基于人工智能的文字生成图像的服务。智谱AI是一家源自清华大学计算机系技术成果转化的公司，专注于开发新一代认知智能通用模型。该公司利用先进的自然语言处理技术和深度学习模型，特别是自主研发的中英双语对话模型ChatGLM系列，来实现从文本描述到图像创作的转换。

智谱清言的AI绘画功能允许用户输入文字描述，AI会尝试理解和解析这些描述，进而生成与之相符的图像。这项技术在多个测评中被指出具有较为稳定的表现。

1. 特色和功能

· **文字理解能力**：基于强大的自然语言处理模型，能够理解复杂的文本指令，尝试准确捕捉用户意图。

· **创意生成**：能够生成多样化的图像内容，适用于多种场景，如艺术创作、设计原型、故事板制作等。

· **中英文支持**：支持输入中文和英文绘画需求。

· **用户友好**：提供了直观的界面，用户可以轻松地在平台上输入描述并获得图像输出。

· **持续优化**：智谱AI持续对模型进行升级，如提升上下文处理长度、加快推理速度等，以改善用户体验。

人们可以通过访问智谱清言的网站或下载相应的应用程序（支持iOS、iPadOS、

macOS等平台）来体验其AI绘画功能及其他智能辅助功能。

2. 使用途径

（1）使用ChatGLM的对话功能，直接输入需求进行绘画。

（2）使用“智能体中心”中各类AI绘画智能体，绘制特有场景的图，比如绘制一个包含很多插图的故事绘本等。

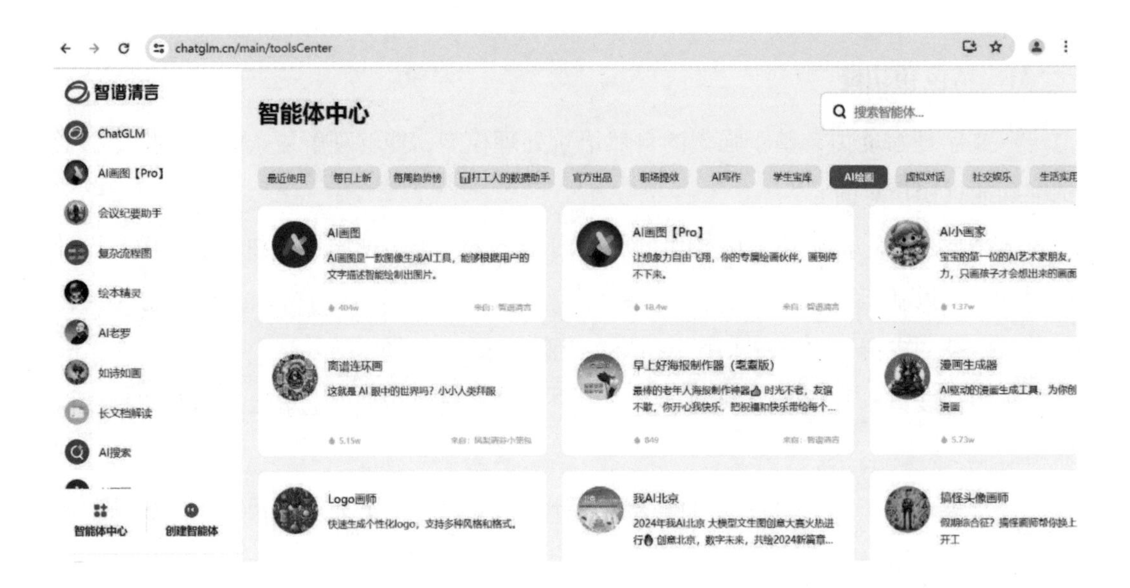

9.1.3 天工AI绘画

天工AI绘画是集成在天工智能助手中的一个功能，提供了用户友好界面和强大的AI算法，让用户能够通过简单的文字输入，创造出丰富多彩、风格各异的绘画作品。

天工AI绘画的特点包括：

· **多语言支持**：天工AI绘画支持中英双语输入，使得国内外用户均能方便地使用。

· **艺术风格多样**：不仅能够模仿传统艺术风格，还能创造独特的、创新的艺术表现形式，满足用户对不同风格绘画的需求，从古典到现代，从写实到抽象，应有尽有。

· **高质量生成**：通过输入高质量的Prompt，天工AI能够生成细节丰富、色彩和谐的图像。用户可以根据自己的想象输入关键词，如物品名称、场景描述、情绪表达等，天工AI将会据此绘制作品。

· **易用性**：天工AI提供了上手指南，帮助新用户快速了解如何有效利用AI绘画功能，确保即使是没有专业绘画背景的用户也能轻松创作。

用户可以通过访问天工AI的官方网站或下载对应的应用程序来体验这一功能。

9.2 关于图像的基本知识

9.2.1 平面视觉艺术基本知识

平面视觉艺术，也被称为二维艺术，是指那些在二维平面上创作的艺术作品，如绘画、插画、平面设计和摄影等。即使是在AI绘画的时代，绘画还是需要遵循平面视觉艺术的基本原理。

平面视觉艺术主要包括以下几个方面：

（1）绘画构图：构图是艺术作品的基础，它涉及如何安排画面中的元素，以创造平衡、和谐和视觉兴趣。这包括对线条、形状、色彩和空间的考虑。

（2）绘画线条：线条是艺术创作的基本元素之一，可以指示方向、定义形状、表现动感，以及营造情感氛围。

（3）绘画形状与形式：形状是二维的、闭合的线条所形成的区域，而形式是具有长度、宽度和深度的三维形状。形状和形式在艺术作品中可以用来表现体积和空间感。

（4）绘画色彩：色彩是艺术作品中的情感语言，可以影响观众的感受和反应。色彩理论探讨了如何通过色轮来理解色彩的相互关系，以及如何运用色彩来传达特定的情感和氛围。

（5）绘画纹理：纹理是指艺术作品表面的触觉特性，它可以增加视觉兴趣和深度，使作品更加丰富和多样。

（6）绘画空间感：在平面艺术中，空间感是通过透视、重叠、大小和位置等手段来创造的，以模拟三维空间的效果。

（7）绘画明暗与对比：明暗对比（光影效果）是表现物体形状、体积和空间感的重要手段。对比也可以通过色彩、纹理和形状来实现，以增强作品的视觉效果。

（8）绘画视觉流动：视觉流动是指观众的视线如何随着艺术作品中的元素移动。良好的视觉流动可以引导观众欣赏作品，并创造动态和节奏感。

（9）绘画规则与不规则：在艺术作品中，规则与不规则的平衡可以创造出既和谐又有活力的视觉效果。

（10）绘画象征与隐喻：艺术作品中的元素可以具有象征意义，通过隐喻和象征来传达更深层的意义和主题。

这些基本原理为艺术家和设计师提供了一套工具和语言，帮助设计师创作出既美观又富有表现力的平面视觉艺术作品。这些原理无论是在传统艺术中还是在现代数字媒体设计中，都是平面设计和视觉传达的基石，都是设计师需要掌握和灵活运用的基本知识。

9.2.2 图像的分类

图像可以根据不同的标准和目的进行分类。而AI绘画，只需给出合适的Prompt，就能生成非常多的图像类型。以下是一些常见的图像分类方式。

1. 按照制作方式分类

（1）传统绘画：包括油画、水彩画、素描、版画等。

（2）摄影绘画：使用相机拍摄的图像，包括胶片摄影和数码摄影。

（3）数字图像绘画：通过计算机软件生成的图像，包括矢量图和位图。

2. 按照内容分类

（1）肖像绘画：描绘人物形象的图像。

（2）风景绘画：描绘自然景观或城市景观的图像。

（3）静物绘画：描绘静止物体，如花卉、器物等的图像。

（4）历史绘画：描绘历史事件或场景的图像。

（5）抽象绘画：不描绘现实世界中的具体物体，而是通过色彩、形状、线条等元素表达艺术家的情感或观念。

3. 按照功能分类

（1）艺术图像绘画：以审美和表达情感为目的的图像。

（2）纪实图像绘画：用于记录现实，如新闻报道、纪录片中的图像。

（3）商业图像绘画：用于广告、宣传等商业目的的图像。

（4）科学图像绘画：用于产品设计、科研、医学、天文等领域，如X光片、卫星图像等。

4. 按照风格分类

（1）现实主义绘画：力求真实地描绘现实。

（2）印象派绘画：强调光影效果和色彩变化。

（3）立体主义绘画：通过分解和重新组合物体的形态来表现。

（4）超现实主义绘画：描绘梦境般的场景，强调无意识和想象。

5. 按照文化分类

（1）东方艺术绘画：如中国的山水画、日本的浮世绘等。

（2）西方艺术绘画：如文艺复兴时期的宗教画、现代艺术的抽象画等。

这些分类方式并不是互斥的，同一幅图像可以同时属于多个分类。图像的多样性反映了人类文化的丰富性和复杂性。

9.3 如何写出优质的文生图像Prompt

9.3.1 写文生图像Prompt的基本原则

文生图像中，Prompt的基本原则是旨在帮助用户更有效地与AI模型沟通，从而生成期望的图像内容。以下是一些关键原则：

（1）明确性与具体性：Prompt应尽可能具体和清晰，描述你想要生成的图像的每一个细节，包括对象、场景、氛围、颜色、风格等。避免模糊或泛泛地描述，因为这可能会导致生成的图像不符合预期。

（2）情感与氛围：除了具体的物体描述，还可以加入情感词汇来传达图像应有的情绪或氛围，比如“宁静的夜晚”“欢乐的聚会”或“神秘的森林”。

（3）艺术风格与技术指导：如果希望图像具有特定的艺术风格（如油画、水彩、像素艺术），或特定的技术要求（高分辨率、细节丰富），那么应在Prompt中明确指出。

（4）逻辑与合理性：确保Prompt中的元素在逻辑上是相通的，避免出现相互矛盾的描述，这有助于模型生成连贯的图像。

（5）简洁与结构化：虽然Prompt需要具体，但也应保持语言的简洁，避免过长或复杂的句子，可以通过分点或使用关键词的方法来组织描述。

（6）创造性与想象：鼓励发挥创意，尝试不同寻常的组合或设定。AI模型有时能根据独特的Prompt创造出令人惊喜的图像。

（7）试错与迭代：文生图往往需要多次尝试和调整Prompt，根据初次生成的结果反馈进行优化，这是一个迭代的过程。

（8）文化与语境敏感性：注意Prompt中的文化引用和语境，确保它们对模型来说是可理解的，并且不会无意中产生文化误解或敏感的内容。

（9）负向提示（Negative Prompt）：利用负向提示告诉模型避免生成某些元素或特征，可以帮助精练结果，排除不想要的内容。

（10）避免歧义：避免使用可能导致AI误解的词汇或表达。例如，“一个穿着蓝色衣服的人”可能会让AI生成一个全身穿着蓝色衣服的人，而实际上用户可能只想让人物穿着蓝色上衣。

（11）遵循道德和法律规定：在使用文生图像Prompt时，应确保内容不违反道德和法律的规定，不涉及暴力、色情、歧视等不良内容。

（12）尊重版权：在使用文生图像Prompt时，应确保内容不侵犯他人的知识产权和版权。避免使用具有明确版权的素材，如知名人物、商标等。

遵循这些基本原则，有助于提高文生图像Prompt的生成质量和用户体验。

9.3.2 文生图像Prompt的范畴及核心要点

文生图像Prompt通常包含以下几个范畴，以便于AI更准确地理解和生成图像：

（1）主题（Subject）：Prompt中应明确指出要生成的图像的主题，如“一只猫”“一个城市的天际线”“一幅山水画”等。

（2）场景（Scene）：描述图像的整体场景，包括背景和环境，如“夜晚的海滩”“繁忙的街道”“安静的图书馆”等。

（3）物体（Object）：列出图像中要出现的具体物体，如“一张桌子”“一本书”“一辆自行车”等。

（4）风格（Style）：指定图像的艺术风格或视觉风格，如“印象派”“立体主义”“像素艺术”等。

（5）色彩（Color）：指定图像的主色调或颜色方案，如“蓝色调”“暖色调”“黑白”等。

（6）光线（Lighting）：描述图像中的光线效果，如“柔和的晨光”“强烈的阳光”“昏暗的室内照明”等。

（7）情感（Emotion）：传达图像想要表达的情感或氛围，如“宁静”“欢乐”“神秘”等。

（8）动作（Action）：描述图像中的动态元素或人物动作，如“跳跃”“行走”“绘画”等。

（9）构图视角（Perspective）：指定图像的观察角度，如“鸟瞰图”“正面视图”“侧面视图”等。

（10）细节（Details）：添加图像的细节描述，以增加真实感和丰富性，如“纹理”“装饰”“图案”等。

（11）特征（Characteristics）：如果图像中包含人物，描述其外观特征，如“短发”“戴眼镜”“穿着正式”等。

（12）文化和时代（Culture and Era）：指定图像反映的文化背景或时代特征，如“唐代风格”“现代都市”等。

（13）季节和天气（Season and Weather）：描述图像中的季节变化或天气状况，如“春天的花朵”“冬天的雪景”“雨中的街道”等。

（14）比例和构图（Proportion and Composition）：指定图像中各元素的比例关系以及整体构图的特点，如“对称构图”“远景与近景的结合”等。

通过在这些范畴内提供具体的描述，我们可以帮助AI更准确地理解我们的意图，从而生成更符合期望的图像。

在上面的文生图像Prompt范畴之下还可以更加精练些，让Prompt更加简洁有效。在文生图像Prompt的范畴中，最核心的要素通常包括：

（1）主题：主题是图像的核心内容，它决定了图像的主要焦点。一个清晰的主体可以帮助AI更准确地生成图像。

（2）风格：风格决定了图像的艺术表现形式，如“现实主义”“抽象派”“印象派”等。风格的指定对于生成符合特定视觉效果的作品至关重要。

（3）色彩：色彩对图像的情感和氛围有着重要影响。指定颜色可以帮助AI更好地捕捉用户想要的感觉。

（4）场景：场景描述了图像的背景和环境，它为图像提供了一个具体的情境，有助于AI理解图像的整体布局。

（5）光线：光线效果对于图像的视觉效果和氛围营造至关重要。不同的光线条件可以显著改变图像的整体感觉。

（6）精度渲染（Precision Rendering）：图像渲染的精细程度。

（7）构图视角：指定图像的观察角度，如“鸟瞰图”“正面视图”“侧面视图”等。

这个部分特别重要，这些核心要素共同构成了图像的基本框架，确保了AI能够根据用户的意图生成相应的图像。其他范畴如物体、情感、动作等则根据具体的图像需求来决定其重要性。

我们写文生图像Prompt的时候，按照这些核心的要素进行输入，基本可以让AI画出符合要求的图像。尽量以最简短的提示词，来表现以上这7个核心要素的主要特征。读者在学习了基本的知识后，可以组合应用这些要素来写文生图像的提示词。

1. 主题描述的Prompt

- **人物主题**：个人肖像、群体肖像、名人肖像、虚构角色。
- **动物主题**：野生动物、宠物、神话动物、动物园场景。
- **植物主题**：花卉、树木、植物园、奇幻植物。
- **食物主题**：美食摄影、水果静物、糕点艺术、食材展示。
- **自然景观**：山川、河流、海洋、星空、极光。
- **城市景观**：城市天际线、历史街区、现代建筑、繁忙街道。
- **科技主题**：未来科技、机器人、太空探索、电子设备。
- **交通工具**：汽车、飞机、船只、宇宙飞船、自行车。
- **艺术主题**：绘画作品、雕塑、音乐元素、表演艺术。
- **文化主题**：节日庆典、传统服饰、民俗活动、文化遗产。

· **情感主题**：爱情故事、孤独场景、欢乐时刻、悲伤情绪。

· **抽象主题**：色彩抽象、形状游戏、光影抽象、运动轨迹。

▲ 一位中国女子的个人职业肖像，高清照片。（人物主题）

▲ 北京老胡同，高清照片。（城市景观）

▲ 一只老虎，高清照片。（动物主题）

▲ 有极光的夜空，高清照片。（自然景观）

▲ 一艘有未来科技感的宇宙飞船。（科技主题）

▲ 一个水果篮。（食物主题）

2. 风格描述的Prompt

· **传统艺术风格**：印象派、写实主义、立体主义、抽象表现主义。

· **数字艺术风格**：像素艺术、矢量插画、低多边形、赛博朋克。

· **文化风格**：中国水墨、日本浮世绘、印度曼荼罗、文艺复兴。

· **艺术家风格**：凡·高、莫奈、毕加索、达利。

· **电影和游戏风格**：黑色电影、游戏像素、动画渲染、概念艺术。

· **设计风格**：瑞士设计、包豪斯、装饰艺术、极简主义。

· **摄影风格**：高对比度、柔光、黑白、HDR。

· **科幻和奇幻风格**：科幻未来、蒸汽朋克、奇幻插画、暗黑。

· **情感风格**：浪漫主义、超现实主义、恐怖主义、幽默主义。

· **时装和时尚风格**：高级时装、街头时尚、复古时尚、现代时尚。

▲ 极简画风，一只狸花猫。（传统艺术风格）

▲ 荷兰静物画风格的狸花猫。（文化风格）

▲ 维多利亚时代的狸花猫。（文化风格）

▲ 凡·高绘画风格的狸花猫。（艺术家风格）

▲ 毕加索绘画风格的狸花猫。（艺术家风格）

▲ 中国水墨画风格的狸花猫。（文化风格）

3. 色彩描述的Prompt

· **色调**：暖色调、冷色调、中性色调。

· **饱和度**：高饱和度、低饱和度、灰色调。

· **对比度**：高对比度、低对比度、柔和对比。

· **色彩搭配**：互补色搭配、类似色搭配、单色搭配。

· **色彩情感**：快乐色彩、悲伤色彩、宁静色彩、激动色彩。

· **色彩主题**：复古色彩、现代色彩、幻想色彩、自然色彩。

· **光影色彩**：背光色彩、侧光色彩、逆光色彩。

· **色彩效果**：渐变色彩、色彩叠加、色彩分离。

· **色彩风格**：印象派色彩、表现主义色彩、抽象色彩。
· **色彩细节**：色彩纹理、色彩颗粒、色彩晕染。
· **色彩创意**：非常规色彩、创新色彩、独特色彩。

▲ 一支插在白色陶瓷花瓶里的红玫瑰花。（色调）

▲ 一支插在白色陶瓷花瓶里的红玫瑰花。（色彩风格）

▲ 一盘马卡龙色点心。（色彩搭配）

▲ 一支插在白色陶瓷花瓶里的玫瑰花。（色彩搭配）

▲ 一支插在玻璃花瓶里的粉红色玫瑰花。（对比度）

▲ 一只魔幻色彩的玫瑰插在黑色陶瓷花瓶中。（色彩风格）

4. 场景描述的Prompt

· **场景类型**：城市风光、乡村景观、历史建筑、现代建筑、自然风景、室内场景。
· **时间设定**：早晨、中午、黄昏、夜晚、春夏秋冬。
· **气候和天气**：晴朗、多云、雨天、雪景、雾蒙蒙。
· **场景情感**：浪漫、神秘、宁静、活泼。
· **场景活动**：市场繁忙、节日庆祝、音乐会现场、运动赛事。
· **场景主题**：科幻场景、奇幻场景、历史重现、未来都市。

· **场景细节**：城市街道、森林小径、室内装饰、建筑特色。

· **场景光线**：阳光、月光、室内灯光、霓虹灯。

· **场景氛围**：温馨感、恐怖感、梦幻感、现实感。

· **场景视角**：高角度、低角度、广角、特写。

▲ 一个中国农村场景。

▲ 一个现代化的艺术馆场景。

▲ 一个美丽的黄昏场景。

▲ 一个白雪皑皑的冬季场景。

▲ 一个下雨天的场景。

▲ 一个奇幻魔法森林的场景。

5. 光线描述的Prompt

· **光线方向**：正面照明、侧光、逆光、顶光。

· **光线强度**：柔和光线、强烈光线、高亮度、低亮度。

· **光线颜色**：暖色调光线、冷色调光线、自然光色温、彩色光线。

· **光影效果**：明显阴影、柔和阴影、高对比度光影、低对比度光影。

· **高光和反射**：强烈高光、金属光泽、水面反射、玻璃透光。

· **环境光**：室内柔和光线、户外自然光线、夜晚昏暗光线、黄昏暖色调。

· **光线氛围**：梦幻光影、科幻光效、恐怖氛围光线、温馨氛围光线。

· **光线动态**：动态光线追踪、光线移动效果、光线闪烁、光线脉冲。

· **特殊光效**：伦勃朗光、轮廓光、舞台灯光、电影式光线、光晕效果、光线扭曲。

· **光照质感**：细腻光照、粗糙光照、强烈光照质感、柔和光照质感。

▲ 浪漫烛光，一个摆着优雅花束和美酒的法式简洁温馨的餐桌。（光线氛围）

▲ 强逆光，一个人站在教堂里。（光线方向）

▲ 戏剧光，一个欧洲美女的半身像。（特殊光效）

▲ 立体光，一只梅花鹿站在魔法森林里。（特殊光效）

▲ 晨光，一只鸟站在花枝上。（环境光）

▲ 暗黑光，一艘船在波涛汹涌的海面上航行。（光线氛围）

6. 精度渲染描述的Prompt

· **清晰度**：高清晰、超清晰、模糊。

· **分辨率**：4K、1080p。

· **细节层次**：精细细节、高度详细、简略细节。

· **锐度**：高锐度、柔和锐度。

· **纹理**：细腻纹理、粗糙纹理。

· **渲染质量**：高渲染、低渲染。

· **抗锯齿**：开抗锯齿、关抗锯齿。

· **颗粒感**：胶片颗粒、数字颗粒。

· **晕影和光晕**：轻微晕影、明亮光晕。

· **毛发和织物**：精细毛发、清晰织物纹理。

· **其他**：高清画质、低多边形风格、像素艺术。

▲ 画一只精细美丽的蝴蝶，高清照片风格。（细节层次）

▲ 画一朵有超高清细节的芍药。（细节层次）

▲ 画一幅进行渲染的奢华的客厅图画。（渲染质量）

▲ 画一幅有真实感的沙漠图画，风速感加强些。（颗粒感）

▲ 室内渲染，一个森系书房。（晕影和光晕）

▲ 聚焦清晰，一位长发女子站在花田里。（分辨率）

7. 构图视角描述的Prompt

· **常见视角**：正视、俯视、仰视。

· **不寻常视角**：虫眼、鱼眼、高角度、低角度。

· **构图布局**：对称、不对称、三分法、黄金分割。

· **景深控制**：浅景深、深景深、选择性聚焦。

· **视觉效果**：线条引导、框架构图、颜色引导。

· **视角效果**：透视、远景与近景、视觉深度。

· **动态构图**：动态视角、跟随视角、旋转视角。
· **空间感**：开阔空间、封闭空间、无限空间。
· **视角创意**：非常规视角、创新视角、独特视角。
· **情感视角**：亲密视角、疏离视角、权威视角。

▲ 前视图，一个可爱的小女孩站在薰衣草花田里。

▲ 后视图，一个登山的男子远眺远方。

▲ 仰视图，一群鸽子在高楼间飞翔。

▲ 鸟瞰图，一个巴洛克风格的城堡。

▲ 超广角镜头，五光十色的城市夜景。

▲ 俯视图，一位美女从水中露出头。

9.3.3 让AI帮写优质的Prompt并生成优质图像

一般情况下，我们可以直接根据核心要素：主题、风格、色彩、场景、光线、精度渲染、构图视角，写出我们的需求，让AI进行绘画。当还不清楚怎么写的时候，比较简易的做法，是让AI帮助我们写。

现在让AI根据文生图像Prompt的几个核心要素，帮我们生成Prompt。下面这个案例，就是在智谱清言的对话界面，在对话框中输入需求，让AI帮助我们生成“关于画一张中世纪美女的Prompt”。

Prompt 1：根据以上文生图像Prompt提示的最核心的范畴，我要画一位中世纪的美女，帮忙设计一下Prompt吧。

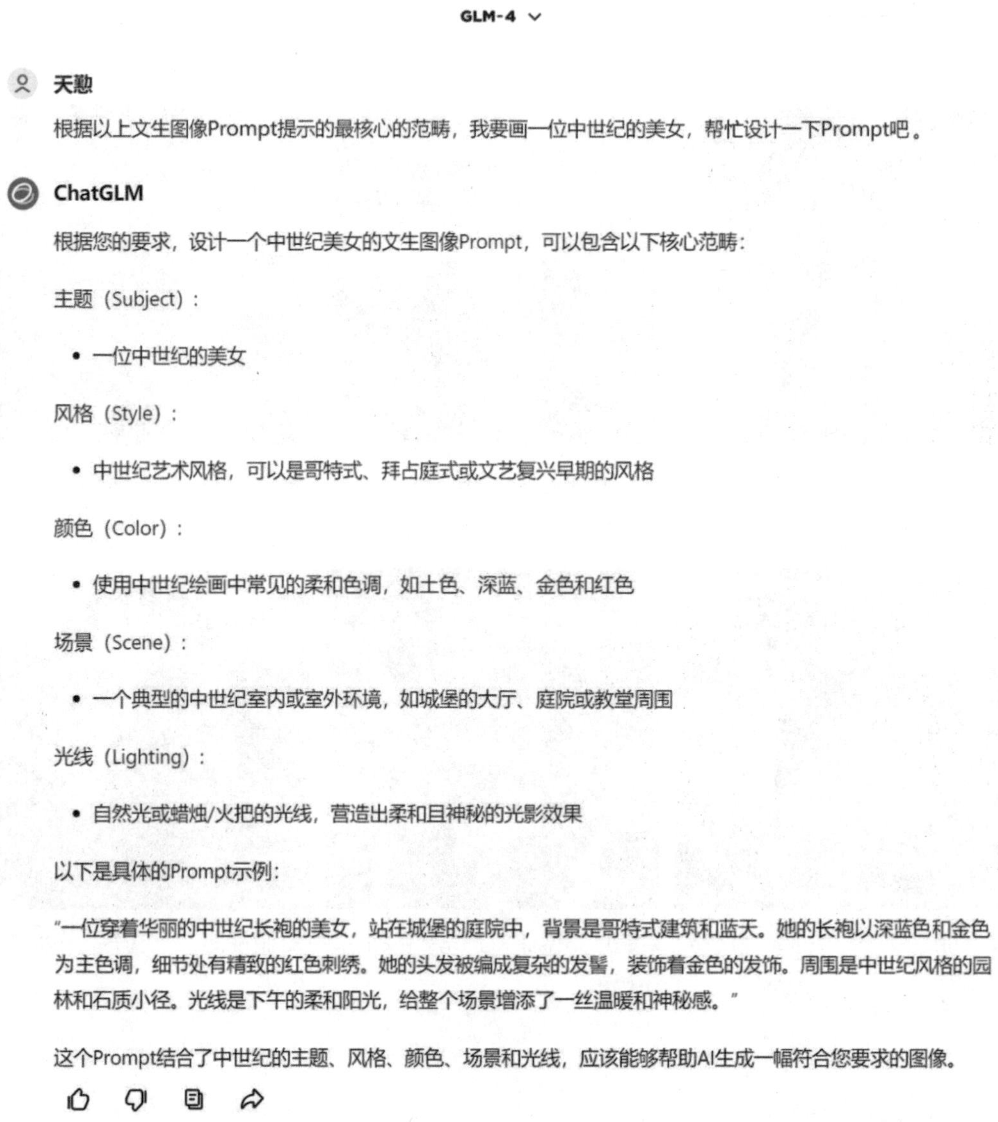

GLM-4

天勤

根据以上文生图像Prompt提示的最核心的范畴，我要画一位中世纪的美女，帮忙设计一下Prompt吧。

ChatGLM

根据您的要求，设计一个中世纪美女的文生图像Prompt，可以包含以下核心范畴：

主题（Subject）：

- 一位中世纪的美女

风格（Style）：

- 中世纪艺术风格，可以是哥特式、拜占庭式或文艺复兴早期的风格

颜色（Color）：

- 使用中世纪绘画中常见的柔和色调，如土色、深蓝、金色和红色

场景（Scene）：

- 一个典型的中世纪室内或室外环境，如城堡的大厅、庭院或教堂周围

光线（Lighting）：

- 自然光或蜡烛/火把的光线，营造出柔和且神秘的光影效果

以下是具体的Prompt示例：

"一位穿着华丽的中世纪长袍的美女，站在城堡的庭院中，背景是哥特式建筑和蓝天。她的长袍以深蓝色和金色为主色调，细节处有精致的红色刺绣。她的头发被编成复杂的发髻，装饰着金色的发饰。周围是中世纪风格的园林和石质小径。光线是下午的柔和阳光，给整个场景增添了一丝温暖和神秘感。"

这个Prompt结合了中世纪的主题、风格、颜色、场景和光线，应该能够帮助AI生成一幅符合您要求的图像。

AI写出了一个不错的文生图像Prompt，下一步，把这个Prompt输入对话框，让AI画图。第一次出图，给出美女的背影图，然后我们让AI画正面图，就会出现一位中世纪美女的图像，有细节，有场景，图片质量相当不错。

在我们缺乏Prompt写作技巧的时候，用这样的方法，可以让AI生成高质量Prompt并绘制出高质量的图。

Prompt 2：请帮画一幅画，一位穿着华丽的中世纪长袍的美女，站在城堡的庭院中，背景是哥特式建筑和蓝天。她的长袍以深蓝色和金色为主色调，细节处有精致的红色刺绣。她的头发被编成复杂的发髻，装饰着金色的发饰。周围是中世纪风格的园林和石质小径。光线是下午的柔和阳光，给整个场景增添了一丝温暖和神秘感。

GLM-4

天勔

请帮画一幅画，一位穿着华丽的中世纪长袍的美女，站在城堡的庭院中，背景是哥特式建筑和蓝天。她的长袍以深蓝色和金色为主色调，细节处有精致的红色刺绣。她的头发被编成复杂的发髻，装饰着金色的发饰。周围是中世纪风格的园林和石质小径。光线是下午的柔和阳光，给整个场景增添了一丝温暖和神秘感。

ChatGLM

CogView AI绘画：已完成

这是根据您的描述生成的图像，展现了一位穿着华丽中世纪长袍的美女，站在城堡庭院中，背景是哥特式建筑和蓝天。希望这幅画符合您的期望。

天勔

不错，但我希望展示出中世纪美女的正面，请重新帮绘制一幅。

ChatGLM

CogView AI绘画：已完成

这是根据您的新要求生成的图像，展示了中世纪美女的正面视图。希望这次的作品更符合您的期望。

同时，我们使用多个AI写Prompt，并让其根据Prompt进行绘画，这样我们可以获得较为丰富的效果。比如，下面就是使用天工AI写Prompt并让其根据提示词绘图。

不同AI写的Prompt还可以相互交叉输入，同样可以获得比较丰富的高质量图片。下图就是相互交叉输入Prompt绘制的图。

9.3.4 让AI描述图像，反向获得Prompt并调优接近目标

有时候，当我们需要参考一些目标图像，以获得灵感来进行创作，但又不知道怎么写Prompt的时候，可以把图像发给AI，让AI描述图像，并初步生成关于绘画的Prompt，然后继续对Prompt进行微调，以便获得理想的图像。

以下案例是用智谱清言的对话模式，对图像提取Prompt和调优。

这是一张原始图像，我们很难写出这个图像的Prompt，但发给AI后，可以初步获得图像的描述。扫描下方二维码，可以看以下案例的实现过程。

微信扫二维码
访问演示

Prompt 1：请描述一下这张照片。

在对话界面，继续让AI把描述的语言生成关于绘画的Prompt，然后进行绘画。

Prompt 2：把以上的描述写成适合绘画的Prompt。

GLM-4

天勤

把以上的描述写成适合绘画的Prompt。

ChatGLM

好的，以下是根据您的要求，将描述转换为适合绘画的prompt：

"创造一幅插画，展示一位女性形象，头发为蓝色，融入机械元素，如齿轮、管道和电路板。她的眼睛深邃迷人，脸部左侧装饰着几朵白色的花朵，与机械部分形成鲜明对比。整体色调以蓝色为主，营造出冷酷而神秘的氛围。"

天勤

创造一幅插画，展示一位女性形象，头发为蓝色，融入机械元素，如齿轮、管道和电路板。她的眼睛深邃迷人，脸部左侧装饰着几朵白色的花朵，与机械部分形成鲜明对比。整体色调以蓝色为主，营造出冷酷而神秘的氛围。

复制入框

ChatGLM

CogView AI绘画：已完成

新建对话

输入@，召唤智能体

第一次出图，呈现出了接近原始图像的风格，但画出的是正面的形象，因此可以手动对Prompt进行微调，要求AI画出侧面形象，头发颜色为浅蓝色，发饰为水彩笔触的花朵。AI能很好地理解文字，重新绘制后，效果好很多。

Prompt 3：创造一幅插画，展示一位女性的侧面形象，头发为浅蓝色，融入机械元素，如齿轮、管道和电路板以及水彩画笔触的花朵。她的眼睛深邃迷人，脸部左侧装饰着几朵白色的花朵，与机械部分形成鲜明对比。整体色调以蓝色为主，营造出冷酷而神秘的氛围。

GLM-4

天勤

创造一幅插画，展示一位女性的侧面形象，头发为浅蓝色，融入机械元素，如齿轮、管道和电路板以及水彩画笔触的花朵。她的眼睛深邃迷人，脸部左侧装饰着几朵白色的花朵，与机械部分形成鲜明对比。整体色调以蓝色为主，营造出冷酷而神秘的氛围。

ChatGLM

CogView AI绘画：已完成

这是根据您的描述生成的插画，展示了一位女性的侧面形象，她的头发是浅蓝色，融入了机械元素，如齿轮、管道、电路板以及水彩画笔触的花朵。她的眼睛深邃迷人，脸部左侧装饰着几朵白色的花朵，与机械部分形成鲜明对比。整体色调以蓝色为主，营造出冷酷而神秘的氛围。

以下是使用上述介绍的方法进行绘制获得的图像。此方法可以用于很多图像的学习与绘制，我们可以进行融会贯通，从而达到自由绘画的程度。

9.4 文生图像提示词3S-CLPP框架

9.4.1 为什么要提出AI绘画提示词3S-CLPP框架

谈到文生图像，我们先来看看传统的绘画，中国传统绘画是独树一帜的存在，我们可以从中国传统绘画及理论中获得一些启发。

中国传统绘画以毛笔为灵蛇之舞，以墨与彩为织梦之线，在宣纸或丝绢的温润之上，绘出了千年的风华与哲思。它涵盖了山水的悠远、人物的神韵、花鸟的生动，每一幅作品都是一个故事，每一道线条都承载着无尽的情怀。以下来具体介绍一下中国传统绘画。

（1）特点与风格。传统绘画中的线条，如同古琴之弦，既可弹奏出山川的雄浑，又能弹奏出细语花间的呢喃。墨色的浓淡，似云卷云舒，于纸上留下岁月的痕迹，每一滴笔墨都诉说着时间的故事。而画中的“意蕴”与“意境”，则是一种超脱形质的精神追求，它让观者在有限的画面中，感受到无限的遐想。

（2）主要流派。文人画，是士人情感的抒发，他们以画寄情，以诗会友，每一笔都透露出文人的雅趣与傲骨。院体画，展现了宫廷的繁华与严谨，使画匠们追求技艺的极致，他们的作品繁复华丽，如宫廷乐章般庄重典雅。民间绘画，则是百姓生活的镜像，色彩斑斓，形态生动，充满了人间烟火的气息。

（3）在世界艺术史上的地位。中国传统绘画不仅是中国文化的瑰宝，更对周边国家乃至全世界产生了深远影响。日本画、朝鲜画的细腻与内敛，无不受到中国绘画的滋养。而当西方艺术的大门向东方敞开，印象派与表现主义的画家们，亦从中国绘画中汲取灵感，尝试打破传统边界，探索新的艺术语言。

中国传统绘画是华夏文明的缩影，它跨越了时空的限制，成为连接古今中外的文化桥梁。无论是历史的长河，还是艺术的殿堂，它都以其独特的韵味，矗立在世界的艺术之林。

陈师曾是中国近现代著名的国画家、美术教育家，他在论及绘画的境界时，提到了三个层次，分别是：“技也，进乎艺也，进乎道也。”

具体来说，这三个境界是：

（1）技也：指的是绘画的基本技巧和技术，这是绘画的基础层面。在这个阶段，画家需要熟练掌握绘画的各种技能，如笔法、墨法、构图等。

（2）进乎艺也：在掌握了技术的基础上，画家进一步追求艺术的表现，能够通过作品表达自己的情感和审美观念，这个层次强调的是艺术性和创造性。

（3）进乎道也：这是绘画的最高境界，指的是画家在艺术表现上达到了与自然和宇宙的和谐统一，作品能够体现出深邃的哲理和生命的真谛，达到了艺术与道的融合。

这三个境界不仅适用于绘画，也普遍适用于其他艺术门类，体现了中国传统文化和艺术追求的深度和高度。

相对应地，陈师曾提出的绘画的三个境界，正好可以用中国绘画的三个等级来对应：技——能品；艺——妙品；道——神品。

在中国绘画的品评体系中，能品、妙品、神品是对画作艺术成就的不同等级的划分，它们代表了画作在技法、意境、表现力等方面的不同层次。

（1）能品：能品是指那些技艺娴熟、造型准确、表现力强的绘画作品。画家在创作能品时，通常已经具备了扎实的绘画基础和高超的技艺，能够精确地描绘出对象的形态、色彩和质感。能品在艺术表现上符合传统的审美标准，但可能尚未达到深远的意境和创新的高度。能品是对画家技艺的一种认可，是绘画品评中的基础等级。

（2）妙品：妙品在能品的基础上，更注重画作的意境、构图和创意。妙品不仅仅是技巧的展示，更强调画家的艺术构思和独特的表现手法。妙品作品往往具有巧妙的构图、生动的气韵和丰富的情感表达，能够引起观者的共鸣，给人以美的享受和心灵的触动。妙品体现了画家在艺术上的成熟和创新。

（3）神品：神品是中国绘画品评中的最高等级，它不仅要求画作在技艺上达到极致，更要求作品能够传达出对象的内在精神和生命力，达到一种超越形似的艺术境界。神品作品往往具有深邃的意境、鲜明的个性和不可复制性，能够展现出画家的独特艺术魅力和哲学思考。神品之作，往往被认为是画家与天地精神相往来的产物，具有极高的艺术价值和历史地位。

这三种品级的划分，体现了中国古代文人对绘画艺术的深刻理解和追求。它们不仅是对画作本身技艺和美学价值的评价，也是对画家艺术修养和精神境界的考量。在中国绘画史上，许多著名的画作都被赋予了能品、妙品、神品的称号，这些作品至今仍被后人赞颂和研究。

AI绘画，本质就是文生图像，用户输入Prompt，让AI创作图像。而创作的图像是属于能品、妙品还是神品，很大程度上依赖于模型的能力和输入的Prompt的质量。

怎样让用户轻松上手使用AI工具，绘制出至少是能品以上质量的图像？在以上中国传统绘画理论的启发下，结合AI绘画提示工程的有效性，笔者在2024年6月，提出了3S-CLPP提示框架。

3S-CLPP提示框架是由主题、风格、色彩、场景、光线、精度渲染、构图视角这几个维度构成。

用这个提示框架，基本可以让AI画出能品以上甚至部分可以达到妙品的图像。如果要生成神品以上的图像，那就需要用户自行摸索和总结，一是依赖AI模型的自身能力，二是用户独特的创造力，尤其是AI大模型的能力与用户创造力的完美合作。

9.4.2 AI绘画提示词3S-CLPP框架的详细构成

AI绘画提示词3S-CLPP框架是指导AI绘画的提示词框架，它由以下几个重要的部分组成：

（1）主题：主题是图像的核心内容，它决定了图像的主要焦点。一个清晰的主题可以帮助AI更准确地生成图像。

（2）风格：风格决定了图像的艺术表现形式，如“现实主义”“抽象派”“印象派”等。风格的指定对于生成符合特定视觉效果的作品至关重要。

（3）色彩：色彩对图像的情感和氛围有着重要影响。指定颜色可以帮助AI更好地捕捉用户想要的感觉。

（4）场景：场景描述了图像的背景和环境，它为图像提供了一个具体的上下文，有助于AI理解图像的整体布局。

（5）光线：光线效果对于图像的视觉效果和氛围营造至关重要。不同的光线条件可以显著改变图像的整体感觉。

（6）精度渲染：图像渲染的精细程度。

（7）构图视角：指定图像的观察角度，如“鸟瞰图”“正面视图”“侧面视图”等。

3S-CLPP框架的工作过程如下：

（1）确定主题。

确定图像的中心内容和主要焦点。

选择一个清晰、具体的主题，以便AI能够准确地理解并生成相关图像。

（2）选择风格。

根据主题选择合适的艺术风格。

指定风格，如现实主义、抽象派、印象派等，确保生成的图像符合预期视觉效果。

（3）指定颜色。

选择和指定颜色方案，以传达特定的情感和氛围。

确保颜色选择与主题和风格相协调。

（4）描述场景。

设定图像的背景和环境。

提供详细的场景描述，帮助AI构建图像的整体布局和上下文。

（5）设定光线。

描述所需的光线效果，如柔和、强烈、逆光等。

光线设置将影响图像的视觉效果和氛围。

（6）定义精度渲染。

指定图像的渲染质量，包括细节的精细程度和图像的整体清晰度。

根据需要调整渲染精度，以获得理想的图像效果。

（7）指定构图视角。

选择图像的观察角度，如鸟瞰图、正面视图、侧面视图等。

确定视角有助于AI更好地理解图像的构图要求。

（8）整合并提交。

将以上所有元素整合成一个完整的Prompt，并提交给AI绘画系统进行图像生成。

通过这个过程，用户能够引导AI绘画系统生成符合特定要求的图像，从而实现创意表达和视觉效果的双重目标。

9.4.3 提示词3S-CLPP框架在智谱清言中的应用

如果你没有AI绘画基础，建议你在使用AI绘画工具时，按以下步骤进行。用3S-CLPP框架绘制出符合你需要的图像，获得更多的灵感来创作富有想象力的图像。以下案例是使用智谱清言ChatGLM示范的，这一使用过程，可以适用于大部分的多模态大语言模型。

第一步：把你想到的提示词输入AI绘画工具中，看看能创作出什么样的图。

大语言模型是可以理解人的自然语言的，进行第一步的目的，一是可以整理你的想法，看看大语言模型是否理解你的表达；二是评估大语言模型的出图能力。如果你描述绘画的想法比较准确，而正好大语言模型也理解了你的想法，也具备符合你想法的出图能力，那也许第一步就解决问题了。

我们示范的是最简单的提示词：画一朵玫瑰。这时候，AI会画出一朵玫瑰花，但颜色、形态等就很随机。

Prompt 1：画一朵玫瑰。

智谱清言

与 ChatGLM 的对话

用户

画一朵玫瑰花。

ChatGLM

CogView AI绘画：已完成

这是我为您创作的玫瑰花图像。希望您喜欢！

第二步：按照3S-CLPP框架，把你想到的提示词写进去。

因为AI绘画会遵循一定的规则来绘制图像，当你按照3S-CLPP框架，把想法写进去时，AI能够快速理解你的想法。也许你的表达不够准确，或者AI出图能力有限，但如果你按照3S-CLPP框架来写提示词，那么AI也能改进很多。但是，如果你不掌握AI绘画的Prompt术语，这一步仍然会有缺陷。如果你实在不想做这一步，可以跳过去，直接进入第三步。

我们按照3S-CLPP框架写的Prompt如下：

绘画：一朵黄色的玫瑰花，写实风格，摆放在阴暗的墙角，有一束光照射在花朵上，高清晰度，俯视视角。

这个Prompt包含了3S-CLPP框架的关键描述：

主题：黄色玫瑰花；风格：写实风格；色彩：黄色；场景：在墙角摆放；光线：有一束光照射在花朵上；精度渲染：高清晰度；构图视角：俯视视角。

我们可以看到，AI出的图效果明显不一样了。

Prompt 2：画一朵黄色的玫瑰花，写实风格，摆放在阴暗的墙角，有一束光照射在花朵上，高清晰度，俯视视角。

用户

画一朵黄色的玫瑰花，写实风格，摆放在阴暗的墙角，有一束光照射在花朵上，高清晰度，俯视视角。

ChatGLM

CogView AI绘画：已完成

这是我为您创作的黄色玫瑰花图像，采用了您要求的写实风格和光影效果。希望这幅画符合您的期望！

第三步：把你想画的图，让AI用3S-CLPP框架写出Prompt。

这一步可以拓展你的能力和想象力，大幅提升出图的效果和边界。

Prompt 3：我要创作一幅画，主题是：墙角的黄玫瑰，请按主题、风格、色彩、场景、光线、精度渲染、构图视角这几个方面设计Prompt，只出文字，不要画图。

用户

我要创作一幅画，主题是：墙角的黄玫瑰，请按主题、风格、色彩、场景、光线、精度渲染、构图视角这几个方面设计Prompt，只出文字，不要画图。

ChatGLM

主题：墙角的黄玫瑰 风格：现实主义 色彩：黄色玫瑰与暗色调的背景形成鲜明对比 场景：一间略显陈旧的房间，墙角处 光线：柔和的自然光从一侧窗户斜射进来，聚焦在黄玫瑰上 精度渲染：高清晰度，细节丰富，色彩真实 构图视角：俯视角度，展现玫瑰花从上往下看的细节，同时突出墙角的孤寂感。

Prompt设计："请创作一幅现实主义风格的画作，主题为'墙角的黄玫瑰'。画面展现一间陈旧房间的一角，黄色玫瑰在暗色调的墙角处绽放。柔和的自然光从窗户斜射进来，照亮了花朵，形成鲜明对比。画面采用俯视角度，高清晰度，细节丰富，色彩真实，展现玫瑰花从上往下看的细腻美感，同时传达出墙角的孤寂氛围。"

Prompt 4：请按以上描述画出图像。

用户

请按以上描述画出图像。

ChatGLM

CogView AI绘画：已完成

智谱AI生成

根据您的描述，我已经创作了一幅现实主义风格的画作，主题为“墙角的黄玫瑰”。这幅画展现了一间陈旧房间的一角，黄色玫瑰在暗色调的墙角处绽放，被柔和的自然光照亮，形成鲜明的对比。画面采用了俯视角度，呈现了玫瑰花从上往下看的细腻美感，同时传达出墙角的孤寂氛围。您可以查看这幅画作。

这个Prompt基本能表达你初始的想法，可以让AI出图看看效果。可以看到，出的图像效果比之前更好了，有斑驳的墙，有照射下来的光线，突出黄色玫瑰花的孤独氛围感，关键是效率高，比我们自己想办法写出的Prompt效率高很多，效果也好很多。

第四步：把生成的Prompt输入另外的AI绘图工具，可以生成不同的图像效果。

如下就是把智谱ChatGLM生成的Prompt发到天工AI生成的效果图，画面丰富很多。

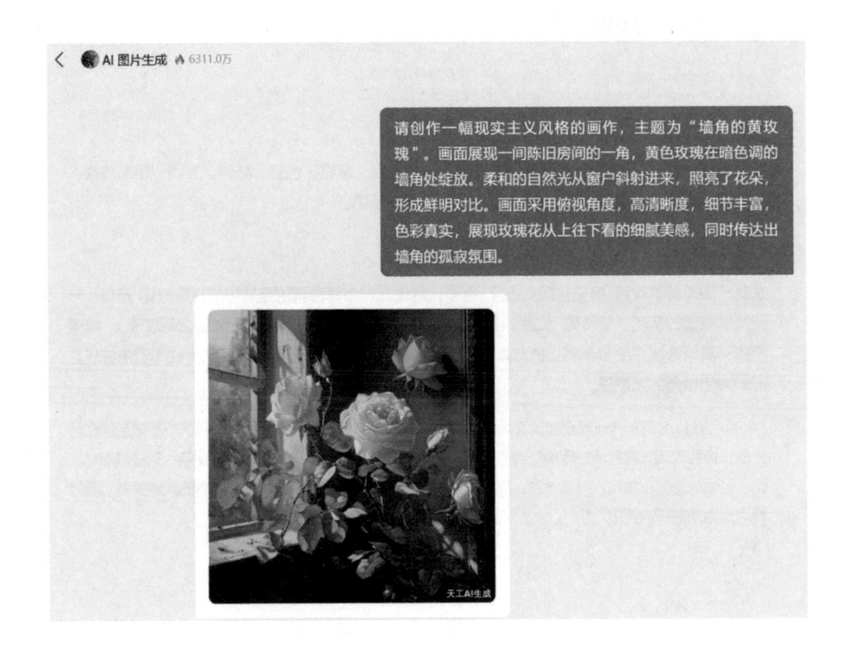
AI 图片生成 6311.0万
请创作一幅现实主义风格的画作，主题为“墙角的黄玫瑰”。画面展现一间陈旧房间的一角，黄色玫瑰在暗色调的墙角处绽放。柔和的自然光从窗户斜射进来，照亮了花朵，形成鲜明对比。画面采用俯视角度，高清晰度，细节丰富，色彩真实，展现玫瑰花从上往下看的细腻美感，同时传达出墙角的孤寂氛围。
天工AI生成

基本的使用原则就是，让AI按3S-CLPP框架写出Prompt，然后用Prompt绘制图像，此方法适用于国内外各种大语言模型和绘图AI。

9.4.4 在智能体中使用提示词3S-CLPP框架

我们把3S-CLPP框架在智谱清言中做成了智能体“3S-CLPP绘梦师”，用户可以更加便捷地使用3S-CLPP框架，只需要在智能体中输入简单的需求，AI即可帮助你写好Prompt并绘制相应的图像，大幅提升了工作效率和图像质量。即使没有写Prompt，用户也可以轻松便捷地生成不错的图像。使用示范：在对话框输入以下要求。

（1）创作：***（你想要画的东西），先用3S-CLPP框架写出Prompt，然后绘制图像。

你在对话框中输入：创作一款香水的广告图像，先用3S-CLPP框架写出Prompt，然后绘制图像。

结果：AI自动创作Prompt并绘制出图像。

（2）创作：中国水墨画风格绘画，层林尽染，鸟儿飞翔，安静的村庄，先用3S-CLPP框架写出Prompt，然后绘制图像。

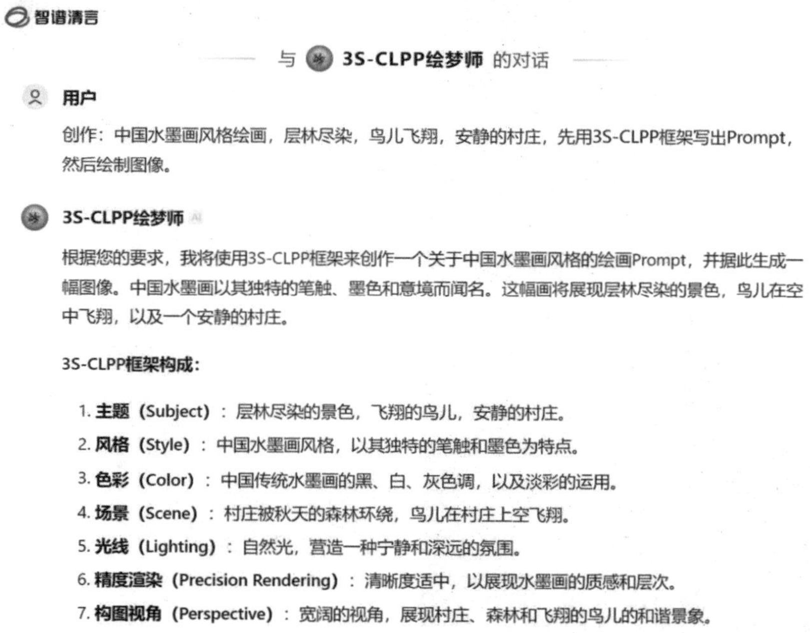

智谱清言

与 3S-CLPP绘梦师 的对话

用户

创作：中国水墨画风格绘画，层林尽染，鸟儿飞翔，安静的村庄，先用3S-CLPP框架写出Prompt，然后绘制图像。

3S-CLPP绘梦师 AI

根据您的要求，我将使用3S-CLPP框架来创作一个关于中国水墨画风格的绘画Prompt，并据此生成一幅图像。中国水墨画以其独特的笔触、墨色和意境而闻名。这幅画将展现层林尽染的景色，鸟儿在空中飞翔，以及一个安静的村庄。

3S-CLPP框架构成：

1. **主题**（Subject）：层林尽染的景色，飞翔的鸟儿，安静的村庄。
2. **风格**（Style）：中国水墨画风格，以其独特的笔触和墨色为特点。
3. **色彩**（Color）：中国传统水墨画的黑、白、灰色调，以及淡彩的运用。
4. **场景**（Scene）：村庄被秋天的森林环绕，鸟儿在村庄上空飞翔。
5. **光线**（Lighting）：自然光，营造一种宁静和深远的氛围。
6. **精度渲染**（Precision Rendering）：清晰度适中，以展现水墨画的质感和层次。
7. **构图视角**（Perspective）：宽阔的视角，展现村庄、森林和飞翔的鸟儿的和谐景象。

Prompt创作：“请创作一幅中国水墨画风格的画作，主题为层林尽染的景色和飞翔的鸟儿，背景是一个安静的村庄。画面应以黑、白、灰色调为主，运用淡彩，体现中国传统水墨画的风格。光线应为自然光，营造宁静和深远的氛围。画作需以宽阔的视角展现村庄、森林和飞翔的鸟儿的和谐景象，清晰度适中，展现水墨画的质感和层次。”

现在，我将根据这个Prompt来生成一幅图像。

CogView AI绘画：已完成

这幅图像根据您提供的3S-CLPP框架和描述创作而成，展现了中国水墨画风格的绘画，包括层林尽染的秋日森林、飞翔的鸟儿，以及背景中安静的村庄。希望这幅作品符合您的期望。

把3S-CLPP绘梦师写的Prompt粘贴到其他AI绘画中，也可以获得非常好的图像，以下图像是把3S-CLPP绘梦师写的

9.5 AIGC在图像生成领域的实操场景

AIGC在图像生成领域的应用非常广泛，涵盖了创意设计、娱乐、广告、教育、科研等多个方面。以下是一些具体的实操场景。

9.5.1 创意设计与艺术创作

AI可以生成独特的艺术作品，模仿不同风格画家的作品，如印象派、抽象艺术等。设计师可以利用AIGC快速生成多种设计方案，如品牌logo、海报、UI界面元素等。

应用案例：跨AI文生高质量图——伦勃朗风格的欧洲巴洛克时期的农妇

在智谱清言中输入需求，让AI帮写Prompt，然后在这个基础上让其绘画，这样出的图像质量比较高，且符合目标。这样的方法适用于多种你想绘制的图像。

Prompt 1：我要画一位有伦勃朗绘画风格的欧洲巴洛克时期的农妇，要有伦勃朗的光线氛围，请帮设计Prompt，只出文字，不要绘画。

智谱清言

与 ChatGLM 的对话

用户

我要画一位有伦勃朗绘画风格的欧洲巴洛克时期的农妇，要有伦勃朗的光线氛围，请帮设计Prompt，只出文字，不要绘画。

ChatGLM

好的，以下是根据您的要求设计的Prompt：

请根据以下描述，创作一幅画：

- 主题：一位欧洲巴洛克时期的农妇
- 风格：伦勃朗绘画风格
- 光线氛围：伦勃朗特有的明暗对比，强烈的聚光效果，营造出深邃、神秘的氛围
- 农妇形象：穿着朴素，头戴围巾，面容沧桑，表情真实，展现出巴洛克时期农民的生活状态
- 背景设置：简陋的农舍环境，墙壁斑驳，透过窗户的光线洒在农妇脸上，形成强烈的光影效果
- 色调：以暖色调为主，突出画面的温暖与真实感

希望这个Prompt能帮助您创作出满意的作品。祝您绘画愉快！

Prompt 2：请根据以下描述，创作一幅画：

主题：一位欧洲巴洛克时期的农妇。

风格：伦勃朗绘画风格。

光线氛围：伦勃朗特有的明暗对比，强烈的聚光效果，营造出深邃、神秘的氛围。

农妇形象：穿着朴素，头戴围巾，面容沧桑，表情真实，展现出巴洛克时期农民的生活状态。

背景设置：简陋的农舍环境，墙壁斑驳，透过窗户的光线洒在农妇脸上，形成强烈的光影效果。

色调：以暖色调为主，突出画面的温暖与真实感。

9.5.2 广告创意

创造吸引眼球的广告图像，提高点击率和转化率的具体操作流程如下：

（1）使用智谱清言ChatGLM，在AI对话助手中学习一些基本知识，了解著名品牌的相关产品，获得一些创意启发。

（2）先用3S-CLPP框架把广告图像的Prompt写出来，再用写好的Prompt让AI画出图像，或者经过微调Prompt之后画出图像。

（3）微调Prompt，在以上基础上创作新的广告图像。

应该注意，有时候AI按提示框架写出的Prompt可能太过于复杂，出的图像不理想，需对Prompt进行微调，微调的重点是画面的主体是谁，要写清楚。

Prompt 1：我要创作一幅广告图像，主题：Gucci Flora香水风格的一款香水。请按主题、风格、色彩、场景、光线、精度渲染、构图视角这几个方面设计Prompt，只出文字，不要画图。

用户

我要创作一幅广告图像，主题：Gucci Flora香水风格的一款香水。请按主题、风格、色彩、场景、光线、精度渲染、构图视角这几个方面设计Prompt，只出文字，不要画图。

ChatGLM

主题：Gucci Flora香水风格的新款香水

风格：奢华、浪漫、自然

色彩：

- 主色调：淡绿色、白色、金色
- 辅助色调：粉色、黄色、深绿色

场景：一座充满生机的秘密花园，阳光透过树叶洒在盛开的鲜花上

光线：柔和的自然光，阳光与阴影交错，营造出梦幻般的光影效果

精度渲染：高分辨率，细节丰富，色彩鲜艳，皮肤和花卉纹理逼真

构图视角：

1. 主题Prompt：
   - “探索Gucci Flora的浪漫秘密，邂逅一场花奇遇”
2. 风格Prompt：
   - “奢华与自然的完美融合，展现Gucci Flora香水的独特魅力”
3. 色彩Prompt：
   - “淡绿色与白色的交织，点缀以金色光芒，尽显优雅气质”
4. 场景Prompt：
   - “在阳光明媚的秘密花园，感受花朵绽放的生机与活力”
5. 光线Prompt：
   - “柔和阳光洒在肌肤上，光影交错，演绎梦幻般的浪漫氛围”
6. 精度渲染Prompt：
   - “高清细腻的画面，展现每一寸肌肤与花瓣的质感”
7. 构图视角Prompt：
   - “俯瞰视角，呈现女主角在花园中心，四周环绕着盛开的鲜花，彰显GucciFlora香水的独特魅力”

Prompt 2：请按以上描述画出图像。

用户

请按以上描述画出图像。

ChatGLM

CogView AI绘画：已完成

图像已经生成，请查看。这幅图描绘了Gucci Flora香水风格的广告场景，呈现了您所描述的奢华、浪漫和自然的氛围。

Prompt 3：我要创作一幅香水广告图像，主题：Flora风格的一款香水。请按主题、风格、色彩、场景、光线、精度渲染、构图视角这几个方面设计Prompt，只出文字，不要画图。

微信扫二维码
访问演示

用户

我要创作一幅香水广告图像，主题：Flora风格的一款香水。请按主题、风格、色彩、场景、光线、精度渲染、构图视角这几个方面设计Prompt，只出文字，不要画图。

ChatGLM

主题：Flora风格的新款香水——花香秘境

风格：精致、浪漫、女性化

色彩：

· 主色调：柔和的粉色、淡紫色、白色

辅助色调：浅蓝色、柠檬黄、翠绿色

场景：一个充满魔力的花海，五彩斑斓的花朵在微风中轻轻摇曳

光线：清晨的柔和阳光，透过薄雾洒在花海上，营造出梦幻般的光影效果

渲染精度画质：超高分辨率，细节丰富，色彩过渡自然，肌肤和花卉的纹理逼真

构图视角：

1. 主题Prompt：
   - "探索Flora风格香水的花香秘境，开启一场浪漫的感官之旅"
2. 风格Prompt：
   - "精致与浪漫交织，展现Flora风格香水的女性柔美"
4. 场景Prompt：
   - "漫步于五彩斑斓的花海，感受大自然的魅力与生机"
3. 色彩Prompt：
   - "粉色与淡紫色的和谐搭配，白色点缀，尽显优雅与温柔"
5. 光线Prompt：
   - "清晨阳光轻抚花海，光影交错，营造梦幻般的视觉效果"
6. 精度渲染Prompt：
   - "超高分辨率画面，每一细节都栩栩如生，展现肌肤与花朵的细腻质感"
7. 构图视角Prompt：
   - "低角度视角，展现女主角置身花海之中，面朝阳光，彰显Flora风格香水的独特魅力"

Prompt 4：请按以上描述画出图像。

用户

请按以上描述画出图像。

ChatGLM

CogView AI绘画：已完成

图像已经生成，请查看。这幅图描绘了Flora风格的新款香水——花香秘境的广告场景，展现了精致、浪漫和女性化的风格。

以下是用提示词3S-CLPP框架生成的香水广告图片。

第 10 章 AIGC音乐与音频

韵律重塑未来之声——AIGC音乐与声音的交响，穿梭于AI旋律的编织术，揭秘音乐创作的智能密码。从灵感火花到音符跃动，共谱未来音乐界的无限可能。

10.1 AI音乐

AI音乐指的是由人工智能创作的音乐作品。这些作品通常是通过机器学习算法，尤其是深度学习技术，对大量现有音乐数据进行分析学习后生成的。AI可以在旋律创作、编曲、和声、歌词创作等方面发挥作用，甚至可以模拟特定歌手或乐队的风格。

AI创作音乐的过程通常包括以下几个步骤：

· **数据输入**：AI系统需要对大量的音乐数据进行学习，这些数据可能包括旋律、和弦、节奏、歌词等。

· **模式识别**：通过机器学习，AI能够识别和掌握音乐的基本模式、规则和结构。

· **创作生成**：AI利用学习到的知识创作新的旋律、和声、节奏和歌词等。

· **迭代优化**：AI创作的音乐作品可能会经过多次迭代和优化，以达到更高的艺术效果。

· **人工干预**：在AI创作完成后，有时还需要音乐制作人或艺术家的进一步调整和优化。

AI歌曲的出现和发展，展示了人工智能技术在艺术领域的应用潜力，也引发了关于艺术创作、版权归属等问题的讨论。随着技术的进步，未来AI在音乐创作领域的应用将更加广泛和深入。

在具体应用中，本章将介绍利用AI音乐制作工具进行音乐创作的案例，仅用于学习。

10.2 AI音乐制作工具

1. 天工AI音乐

2024年，天工AI推出了其音乐功能，这一功能基于天工3.0大模型和天工SkyMusic音乐大模型。这两个模型于2024年4月17日正式开启了公测。天工3.0拥有4000亿参数，是目前全球最大的开源混合专家（MoE）大模型，它在语义理解、逻辑推理、通用性、泛化性、不确定性知识、学习能力等方面得到了显著的性能提升。

天工SkyMusic的主要特点包括：

（1）高质量AI音乐生成：能够生成44100Hz采样率双声道立体声AI歌曲，并可根据用户输入的歌词风格生成对应风格的歌曲。

（2）人声合成：其AI人声合成达到业内顶尖水平，中文水平极为优秀，发音清晰、无异响。

（3）歌词段落控制：能够通过歌词控制歌曲，生成的歌曲可以明确分辨出不同歌词段落的情绪变化。

（4）多种音乐风格支持：支持说唱、民谣、放克、古风、电子等多种音乐风格。

（5）音乐智能表达：能够学习多种歌唱技巧，如颤音、吟唱、男女对唱、自动和声等。

（6）此外，天工SkyMusic还具有独创的参考音乐生成与方言歌曲生成能力。用户可以上传自有参考音乐或选择天工SkyMusic资料库中的参考音乐，从而生成风格、唱腔类似的歌曲。同时，它还支持粤语、成都话、北京话等多种方言，让用户能够更自由地实现音乐表达，传播方言文化。

天工AI的音乐功能不仅展示了其在AI音乐生成领域的领先地位，也为用户提供了强大的创作工具，能够帮助人们更好地创作音乐，表达情感。

登录天工AI官网或者下载天工AI App 即可使用其音乐功能进行音乐创作。

2. Suno AI音乐创作

SunoAI音乐创作（以下简称Suno）作为一款AI音乐生成工具，在音乐界引起了广泛关注。Suno的核心特点在于其强大的AI音乐生成能力，用户可以通过简单的文本提示，创作出多种音乐风格的高质量音乐和语音。这一特点使得Suno在音乐创作领域具有极高的应用价值，尤其是对于不具备深厚音乐理论知识的用户来说，Suno极大地降低了音乐创作的门槛，使得每个人都能享受到音乐创作的乐趣。

Suno的强大功能在于其能够根据用户输入的简单提示词，如音乐风格、音乐流派、歌词内容、音色等，快速生成带有歌词和节拍的完整音乐。这种“一键成曲”的能力，不仅震撼了传统音乐人，也推动了音乐创作的民主化，让更多人能够参与到音乐创作中来。

Suno还在不断发展和完善中。2024年，Suno获得了1.25亿美元的新一轮融资，这表明了投资者对其技术和市场前景的认可。Suno被普遍认为是当今市场上最先进的AI音乐模型之一，尽管大部分技术是专有的，但它也依赖OpenAI的ChatGPT进行歌词和标题生成。

Suno的出现不仅展示了AI在音乐领域的巨大潜力，也为音乐创作提供了全新的途径和可能性。

3. AI音乐生成模型Lyria

谷歌旗下的 DeepMind推出了一款名为 Lyria 的 AI 音乐生成模型。Lyria 是一个先进的 AIGC音乐模型，它能够生成包含乐器和人声的高品质音乐，同时保持音乐的连续性。这个模型特别擅长处理短语、诗句或扩展段落中的音乐结构，并且支持多种音乐类型，包括重金属、Bbox 等。

Lyria 的一个显著特点是它能够完成不同音乐风格转换和歌曲续写的任务，让用户可以更加细致地调试所输出音乐的风格和表现。此外，Lyria 还与 YouTube 合作，开发了音乐创作工具 Dream Track 和 Music AI Tools。Dream Track 允许用户通过输入主题和风格选择艺术家，为 YouTube 短片创建 30 秒的配乐，并同时生成配乐的音轨和歌词。

DeepMind 还开发了一种名为 SynthID 的水印技术，用于标记由 Lyria 模型生成的音乐。这种水印是听不到的，但即使在音频经过修改后，仍可被识别，有助于追踪和识别 AI 生成的音乐作品。

Lyria 是一个功能强大的 AI 音乐生成工具，它不仅能够生成多种音乐风格的高质量音乐，还能为音乐创作提供更多的灵活性和个性化的控制。通过与 YouTube 的合作，它为视频创作者和音乐人提供了更多的创作可能性。

10.3 音乐基本知识

音乐是一种跨越文化和语言的普遍艺术形式，它通过声音和节奏来表达情感、思想和故事。了解一些关于音乐的基本知识，有助于用户创作出更加动人的音乐。

1. 音乐元素

· **旋律**：音乐的主要线条，是一系列音符的顺序排列，通常具有特定的节奏和持续的音高。

· **和声**：不同音符同时响起，形成和弦。和声可以增强旋律的情感表达和音乐的丰富性。

· **节奏**：音乐的时间组织，涉及音符的长短、强弱和速度，决定了音乐的“脉搏”。

· **音色**：由乐器或声音的特定品质决定，不同乐器和人声都有独特的音色。

· **动态**：音乐的响度，包括音量的大小和变化。

2. 音乐结构

· **乐段（Phrase）**：乐段是音乐表达的基本单位，通常由几个小节组成，有明确的开始和结束。

· **曲式（Form）**：曲式是音乐的整体结构，如二部曲式、三部曲式、回旋曲式等。

· **和声进行（Chord Progressions）**：和声进行是指和弦的顺序变化，是流行、爵士和古典音乐中重要的创作手段。

3. 音乐理论

· **音阶（Scales）**：音阶是按照一定顺序排列的一组音符，是音乐创作的基础。

· **调性（Keys）**：调性是指音乐作品的主要音阶，决定了作品的和声基础。

· **音符和休止符（Notes and Rests）**：音符表示音乐的声音，休止符表示音乐的沉默。

4. 音乐风格

音乐有多种风格，包括但不限于：

· **流行音乐**：广泛流行的大众音乐，通常简单易记，节奏明快。

· **古风音乐**：深受中国传统文化影响的音乐风格。

· **古典音乐**：西方艺术音乐的传统，包括交响乐、室内乐、歌剧等。

· **爵士乐**：起源于19世纪末的美国，强调即兴创作和复杂的和声。

· **摇滚乐**：20世纪中叶兴起的音乐风格，以电吉他和强烈的节奏为特征。

· **电子音乐**：使用电子设备和数字技术制作的音乐。

5．音乐创作和表演

音乐创作包括作曲和编曲，涉及音乐理论和创作技巧。音乐表演则包括演唱和演奏，需要掌握特定的技巧和风格。

音乐不仅是艺术和娱乐的一部分，也是文化和社会表达的重要方式。它能够跨越语言和文化的障碍，触动人们的情感，促进人们的相互理解和交流。

10.4 歌词创作Prompt

AI创作歌词的Prompt旨在激发并指导AI模型创作出具有特定主题、情感、风格或结构的歌词内容。以下是一些关键方面，可用于构建有效的歌词生成Prompt：

（1）主题或故事线：明确一个中心思想或叙述线索，如爱情、失恋、旅行、梦想追求、历史事件等。例如，“写一段关于在异国他乡寻找归属感的歌词”。

（2）情感基调：设定歌词要传达的情感色彩，如快乐、悲伤、怀旧、希望、愤怒等。例如，“创作一段能够触动人心、充满温情的歌词，讲述家庭团聚的故事”。

（3）音乐风格或流派：指定歌词应符合的音乐类型，如流行、摇滚、民谣、嘻哈、乡村等。例如，“为一首流行电子舞曲编写富有活力的歌词”。

（4）诗歌形式与结构：定义歌词的结构，比如是否有副歌、间奏、重复的诗句等。例如，“需要一段有引人入胜的副歌和两个对比鲜明的诗节的歌词”。

（5）文学或文化引用：提供文学作品、电影、传说或其他文化元素作为灵感来源。例如，“结合《罗密欧与朱丽叶》的爱情悲剧，创作一段现代风格的歌词”。

（6）特定意象与象征：提出要融入歌词的具体意象或象征物，以增强表达深度。例如，“利用月亮和海洋的象征，创作一段表达无尽思念的歌词”。

（7）人物角色与视角：设定歌词讲述者的身份或视角，如第一人称、第三人称、特定职业或历史人物等。例如，“以一位远航归来的水手的视角，写出对家乡的深切渴望”。

（8）语言风格与词汇选择：指示使用正式、口语化、古风或特定地区方言等语言风格，以及是否包含特定词汇或短语。例如，“采用诗意而含蓄的语言，创作一段关于自然美景的歌词”。

（9）旋律或节奏提示：如果存在已有旋律，可以提供旋律的节奏感或旋律线条，让歌词与之相匹配。例如，“根据这段轻松愉悦的旋律，创作适合哼唱的歌词”。

通过这些细致的Prompt，AI模型能够生成既符合创意要求又具有一定艺术性和感染力的歌词内容。以上是创作歌词的Prompt的一些基本原则，在应用AI进行创作歌词时，应灵活应用。

10.5 曲子创作Prompt提示

AI作曲中的Prompt是指用于引导AI音乐生成模型创作特定风格、情感或结构音乐的输入信息。这些Prompt可以非常多样，根据不同的应用场景和创作需求，可能包含以下几个方面：

（1）风格或流派指示：明确指示AI生成特定音乐风格的作品，如古典、爵士、摇滚、电子、流行等。例如，“创作一段具有巴洛克时期风格的钢琴曲”。

（2）情感色彩：告诉AI生成表达特定情感的音乐，如快乐、悲伤、激情、宁静等。例如，“创作一首能引发深思且带有些许忧郁情绪的曲子”。

（3）结构和形式：指定音乐的结构，如奏鸣曲式、A-B-A等形式，或者要求包含特定段落，如引子、主题、变奏、桥段、高潮等。例如，“请创作一首包含引子、两个主题变奏和一个强有力的结尾的交响曲”。

（4）节奏与速度：设定音乐的节奏模式（如华尔兹、蓝调、进行曲节奏）和速度（如慢板、快板）。例如，“创作一段以快板速度进行的拉丁舞曲”。

（5）乐器配置：指定使用的乐器或乐器组合，如独奏钢琴、弦乐四重奏、管弦乐队等。例如，“为电吉他和合成器创作一段融合爵士乐元素的即兴歌曲”。

（6）旋律或和声提示：提供一个简单的旋律线条或和弦进程，要求AI基于此进行创作。例如，“基于C大调的I-IV-V-I和弦，创作一段旋律优美的副歌部分”。

（7）灵感来源：给出具体的场景、故事、人物或艺术作品作为灵感来源，让AI创作与之相匹配的音乐。例如，“根据电影《星际穿越》的氛围，创作一段描绘宇宙探索的背景音乐”。

（8）引用或模仿：要求AI模仿某个著名作曲家的风格或某首著名作品的特色，但创造出新的内容。例如，“模仿贝多芬的《月光奏鸣曲》的风格，创作一段新的钢琴独奏曲”。

通过这些详细的Prompt，AI作曲模型能够生成符合特定要求和创意的音乐作品，实现从概念到音乐的转化。

10.6 AI歌曲制作实例

以下的歌曲创作实例中，歌词写作和画图一般是用智谱清言。你也可以使用你喜欢的AI工具进行歌词和绘画创作。AI歌曲的合成，用的是天工App，在各大应用市场均可下载。

10.6.1 同款模仿

在天工AI音乐功能中，同款模仿，就是不修改原来的AI歌曲的歌词，直接生成新的AI歌曲，系统会重新作曲并合成新的歌曲，歌名和歌词不变，但曲子重新生成了，从而生成一首新的AI歌曲。但效果常常不好把控，比如原来的歌是女声，重新生成的歌可能是男声。

以下是同款歌曲生成的过程：

10.6.2 创作歌曲

中国古典诗词中，有很多很美的诗词，也很有故事感，对原有诗词进行续写也可以产生不错的作品。要做中国古风风格的歌词，可以参考中国传统诗词的描写和故事背景来创作。比如下面这个例子，就是使用了清代词人纳兰性德的诗词《长相思》，让AI参考原诗词的风格进行续写。

《长相思》是纳兰性德的名作之一，表达了对远方所思之人的深切思念。王国维在《人间词话》中赞赏这首词“情感真挚，意境悠远”，认为它体现了纳兰性德“以自然之眼观物”的词人特质。以下是这首词的全文：

长相思

山一程，水一程，身向榆关那畔行，夜深千帐灯。

风一更，雪一更，聒碎乡心梦不成，故园无此声。

这首词表达了词人对远方所思之人的深切思念。通过对旅途中山水、夜色、风雪的描绘，纳兰性德将自己的孤独与对家乡的思念之情融入其中，情感真挚而意境悠远。

创作过程：

（1）在智谱清言对话窗口，输入需求，让AI根据你的意思进行互动续写创作。

（2）让AI先发送纳兰性德《长相思》的诗词全文。

（3）把设想的故事方向告诉AI：思念家乡的恋人，但又不得不继续打仗的复杂心情。

（4）模仿原来的诗词风格，继续往下续写：万丈豪情参加战争取得胜利，早日荣归故里。

（5）把诗词合在一起，做一点小小的修改，形成了新的歌词。

《长相思》

山一程，水一程，身向榆关那畔行，夜深千帐灯。

风一更，雪一更，聒碎乡心梦不成，故园无此声。

月无边，星无眠，戍楼寒露湿征衣，马蹄声碎念。

剑无情，甲有泪，战鼓擂动思归切，柔情换铁血。

烽火燃，旌旗展，壮志满腔在边疆，誓将敌人败。

战必胜，归有望，铁骑踏破万里霜，早归迎红妆。

山一程，水一程，身向榆关那畔行，夜深千帐灯。

风一更，雪一更，聒碎乡心梦不成，故园无此声。

月无边，星无眠，戍楼寒露湿征衣，马蹄声碎念。

剑无情，甲有泪，战鼓擂动思归切，柔情换铁血。

烽火燃，旌旗展，壮志满腔在边疆，誓将敌人败。

战必胜，归有望，铁骑踏破万里霜，早归迎红妆。

（6）把歌词粘贴到天工AI中进行合成。

微信扫二维码
听《长相思》

10.6.3 文生歌曲

天工AI音乐有文生歌曲的功能，在天工App中，进入天工音乐栏目，点击“随笔成歌”按钮，在输入框用文字描述对歌曲的要求，AI即可直接生成包含曲子和歌词的歌曲。以下是生成歌曲的操作过程，如果想写好文生歌曲的Prompt，可以参考前面歌词和曲子Prompt章节的知识点，现在这个例子是创作校园歌曲。

微信扫二维码
听AI歌曲专辑

Prompt：治愈、轻音乐、怀旧、清新，校园歌曲；
音乐风格：清新民谣；
节奏：中速；
乐器：原声吉他、钢琴、轻柔打击乐；
旋律特点：简单重复的旋律线，易于记忆，带有轻快的上行音阶；
歌曲主题是“青春的梦想与友情”，并且风格是轻快的民谣，带有一些吉他和钢琴的伴奏。

随笔成歌
模板创作
输入随笔或者关键字描述
治愈，轻音乐，怀旧，清新，校园歌曲；
音乐风格：清新民谣；
节奏：中速；
乐器：原声吉他、钢琴、轻柔打击乐；
旋律特点：简单重复的旋律线，易于记忆，
带有轻快的上行音阶；
歌曲主题是"青春的梦想与友情"，并且风格
是轻快的民谣，带有一些吉他和钢琴的伴奏。
132/500
关键字推荐(曲风、情绪等)
清新
怀旧
轻音乐
治愈
生成创作
直接自由编辑
创作歌曲
青春的蓝天
[前奏]
[主歌]
校园的晨光洒满蓝天
那时的我们笑得很甜
课间操场的喧嚣响遍
与你并肩走过春天
[副歌]
梦想在青春中燃烧
友谊在心中不曾老
一起追逐那无尽的骄傲
歌声回荡在蓝天港湾
[间奏]
[主歌]
教室里那段时光未散
笔尖在线条中飞旋
点滴记忆在心中存藏
如诗篇让人沉醉
[副歌]
梦想在青春中燃烧
269/600
空山静
x10
生成歌曲

第 11 章 AIGC生成视频与动画

像素跃动的创意革命——AIGC视频与动画的奇幻旅程，揭秘视频 Prompt 的艺术。它将引领您从文字与图像的胚胎中，孕育出令人瞩目的视觉盛宴，让您亲历AI导演的每一个震撼瞬间。

AIGC技术在视频与动画生成领域有着广泛的应用：

· **视频生成技术**：AIGC技术可以自动生成符合描述的、高保真的视频内容。这包括根据文本、图像、视频等单模态或多模态数据进行视频生成。例如，“文生视频、图生视频”技术可以利用预训练的模型根据文本或图像生成视频内容。

· **视频编辑与理解**：AIGC技术不仅用于生成新视频，还可以改善现有视频的质量，优化其内容，或进行视频编辑。例如，使用深度学习、计算机视觉技术进行视频修复和动态捕捉。

· **长视频生成短视频**：通过AIGC技术，可以从长视频中提取关键片段，生成短视频内容，这适用于社交媒体分享。

· **脚本生成与视频匹配**：AIGC技术可以根据脚本自动匹配或生成视频内容，提高视频制作的效率。

· **剧情生成**：AIGC技术还能够根据给定的主题或指令生成剧情，辅助视频创作过程。

· **视频内容生成**：企业可以通过AIGC技术根据用户兴趣生成个性化的图形或视频内容，提升用户的参与度和满意度。

· **动画视频生成**：AIGC技术可以根据业务场景生成动画视频，甚至创建专属的数字分身，拓展运营宣发形式，实现更多创意场景。

这些实例展示了AIGC技术在视频与动画生成领域的多样化应用，从自动化内容创作到个性化视频生成，AIGC技术正在不断推动媒体和娱乐产业的发展。

11.1 AIGC生成视频与动画工具介绍

11.1.1 OpenAI公司的Sora

Sora是美国人工智能研究公司OpenAI发布的一款人工智能文生视频大模型。这个模型不仅仅被视为视频模型，还被看作是一种“世界模拟器”。Sora于2024年2月对外发布，它的技术是在OpenAI的DALL·E的基础上开发而成的。

Sora可以根据用户的文本提示创建长达60秒的逼真视频。这个模型了解物体在物理世界中的存在方式，可以深度模拟真实物理世界，并生成具有多个角色和特定运动的复杂场景。Sora继承了DALL·E 3的画质和遵循指令的能力，能够理解用户在提示中提出的要求。

OpenAI的Sora模型可以直接输出长达60秒的视频，并且包含高度细致的背景、复杂的多角度镜头，以及富有情感的多个角色。例如，Sora可以生成一个在东京街头行走的时髦女士的视频，包括从大街景慢慢切入到对女士脸部表情的特写，以及潮湿的街道地面反射霓虹灯的光影效果。

Sora团队认为Sora是向通用人工智能迈进的关键一步。目前，Sora的重点仍然在于技术的基础开发，而不是特定的下游应用。截至2024年6月底，Sora仍未对用户开放。

11.1.2 可灵AI、智谱清影、即梦AI

1. 可灵AI（Kling AI）

可灵AI是由中国科技公司快手自主研发的视频生成大模型。这个模型具有强大的视频生成能力，可以基于文本描述生成具有复杂运动规律和物理特性的高质量AI视频。可灵AI使用了DiT架构，并进行了隐空间编/解码、时序建模等模块的升维处理，使得其能够精确捕捉视频帧内的局部空间特征及跨帧的时间动态特征，从而全面地理解和再现视频中的运动信息。

可灵AI能够生成长达2分钟的超长视频（帧率30fps），分辨率为1080p，并支持多种宽高比。它不仅能够生成快速移动的物体、剧烈变化的场景，还能精确捕捉复杂的人物动作，使生成的视频内容具有很高的物理世界真实感。

可灵AI已在快手推出的视频编辑软件快影App中试用。

2. 智谱清影

智谱清影是由智谱AI开发的一款视频生成工具。这个工具于2024年7月在智谱清言的PC端、App端及小程序端正式上线。智谱清影的主要特点包括指令遵循能力、内容的连贯性，以及灵活的画面调度等。例如，它能够在很短的时间内生成6秒的视频，即使是复杂的指令也能准确理解执行。此外，智谱清影生成的视频在内容连贯性方面表现出色，能够较好地还原物理世界的运动过程。

智谱清影的视频生成模型是CogVideoX，这个模型能够将文本、时间和空间三个维度融合起来，采用了DiT架构，并通过优化，使其推理速度比前代模型快了6倍。智谱AI还自研了一个端到端视频理解模型，用于为海量视频数据生成详细且贴合内容的描述，从而增强模型的文本理解能力和指令遵循能力。

智谱清影的主要特点包括：

· **快速生成视频**：智谱清影能够在短时间内生成视频，大幅提高了视频制作的效率。

· **高效的指令遵循能力**：即使面对复杂的指令，智谱清影也能准确理解并执行，确保生成的视频符合用户的要求。

· **内容的连贯性**：智谱清影生成的视频在内容连贯性方面表现出色，能够较好地还原物理世界中的运动过程，使视频看起来更加自然流畅。

· **灵活的画面调度**：智谱清影能够根据指令进行灵活的画面调度，满足不同场景和风格的需求。

· **采用先进模型**：智谱清影的视频生成模型是CogVideoX，该模型结合了文本、时间和空间三个维度，采用了DiT架构，并通过优化，使其推理速度比前代模型快了6倍。

· **视频理解能力**：智谱AI还自研了一个端到端的视频理解模型，用于为海量视频数据生成详细且贴合内容的描述，进一步增强了模型的文本理解能力和指令遵循能力。

通过这些特点，智谱清影为用户提供了高效、便捷的视频生成服务，适用于多种场景和应用需求。

3. 即梦AI

即梦AI的视频生成功能非常强大，它提供了多种方式来生成视频，包括基于文本、图片以及首尾帧等不同的输入方式。以下是对即梦AI视频生成功能的详细介绍。

（1）功能概述。

· **文本生成视频**：用户可以输入一段描述性文字（prompt），AI根据这些文字生成相应的视频。

· **图片生成视频**：用户上传一张图片，AI基于这张图片生成视频。

· **首尾帧生成视频**：用户上传和指定首帧和尾帧的图片，AI会根据这些图片生成视频，同时可以输入prompt来控制视频效果。

（2）视频生成模式。

· **标准模式**：适用于通用场景，支持不同的视频时长（例如3秒、6秒、9秒、12秒）。

· **流畅模式**：适用于运动强度较高的场景，如赛车飞驰等，支持的视频时长有4秒、6秒、8秒。

（3）运镜控制。

即梦AI支持多种运镜方式，如移镜、摇镜，并允许用户设置不同的运镜幅度。

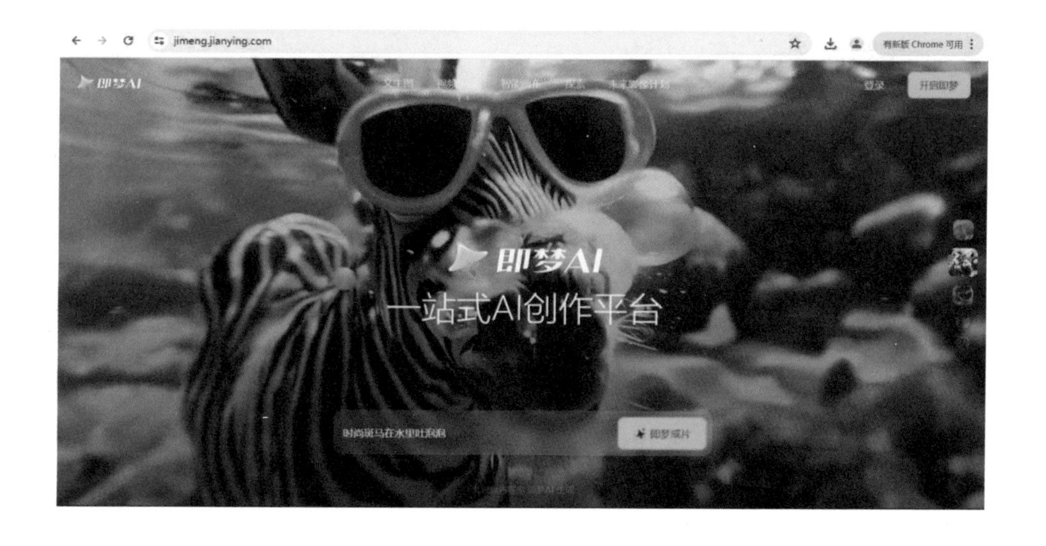

11.2 使用AI制作视频的基本指南

使用AI制作高质量视频涉及多个步骤，包括从内容创作到后期制作等步骤。

1. 内容创作和规划

（1）主题和目标：确定视频的主题和目标受众。

（2）AI内容生成：使用AI工具进行内容研究和关键词分析，生成创意文本和故事梗概。

（3）脚本撰写：利用AI写作工具帮助创作脚本，确保逻辑流畅和故事吸引人。

（4）视觉素材：利用AI生成或优化图像和视频素材。

（5）拍摄：如果需要实际拍摄，使用传统的摄像设备进行拍摄。

2. 后期制作

（1）剪辑：使用AI视频编辑工具进行剪辑，自动选择最佳的镜头和剪辑点。

（2）动画和特效：应用AI动画软件来创建动画效果，添加视觉效果，如AR滤镜、虚拟背景等。

（3）配音和音效：使用AI语音合成技术生成自然的配音。添加背景音乐和音效，可以使用AI音乐生成工具创作原创音乐或选择合适的版权免费的音乐。

（4）字幕和翻译：利用AI自动生成字幕，进行实时翻译。

3. 调整和优化

（1）质量评估：使用AI分析工具来评估视频的质量和观众反应。

（2）A/B测试：比较不同版本的视频，以确定哪个版本更受欢迎。

4. 发布和推广

（1）选择平台：选择合适的平台发布视频。

（2）AI营销工具：利用AI营销工具进行推广，分析观众数据，根据观众的观看习惯和偏好调整推广策略。

5. 技巧和提示

（1）**利用现有内容创作**：使用AI工具分析现有内容，找出最受欢迎的主题和风格，然后在新的视频中加以利用。

（2）**视频内容保持简洁**：视频内容应该简洁明了，避免冗长和复杂的叙述。

（3）**人性化的触感**：尽管使用了AI技术，但视频应该保持人性化的触感，与观众建立情感联系。

通过充分利用AI技术的优势，可以提高视频制作的效率和质量，同时保持内容的创意和吸引力。

11.3 如何写出优质的文生视频Prompt

11.3.1 文生视频Prompt的基本范畴

文生视频Prompt的基本范畴包含但不限于以下几个方面：

· **视频主题**：这是Prompt的核心，可以是具体的活动、事件、概念、情感或故事情节等。

· **视频风格**：指定视频的视觉和感觉风格，如写实、卡通、抽象、复古、未来派等。

· **视频元素**：包括视频中需要出现的具体人物、物品、场景、符号等。

· **视频节奏**：描述视频的节奏感，如快慢、流畅或断续等。

· **视频色彩**：指定视频的主要色调、色彩风格或色彩搭配。

· **视频时长与格式**：指明视频的长度和格式要求，如短视频、长视频、横屏、竖屏等。

· **视频分辨率**：指定视频的清晰度，如1080p、4K等。

· **音效与配乐**：描述视频中需要的音效和背景音乐。

· **文字与字幕**：若视频中有文字或字幕的需求，也需要在Prompt中指明。

· **技术要求**：包括转场效果、动画效果、特效等。

· **观众定位**：考虑目标观众群体的特点和偏好。

· **情感调性**：视频希望传达的情感和氛围，如温馨、激动、忧郁等。

· **法律法规与道德标准**：确保视频内容符合相关法律法规和道德标准。

· **文化与社会价值观**：考虑视频内容是否尊重和反映当地文化与社会价值观。

在编写Prompt时，应尽量提供详细和具体的信息，以便AI更好地理解并生成符合要求的视频内容。同时，也要注意语言的清晰性和准确性，避免模糊或含糊的描述。

11.3.2 文生视频Prompt的核心范畴

文生视频Prompt围绕以下几个核心范畴作为输入信号，帮助AI模型理解用户希望创建的视频的风格、内容、情绪、场景等各个方面：

· **创意与概念**：这是Prompt的核心部分，用来概述视频的主题、故事线或者视觉创意。例如，“生成一段包含未来城市的天际线，太阳刚刚在高楼大厦之间升起，无人机在忙碌地穿梭等元素的视频”。

· **风格与美学**：描述视频的视觉风格，比如色彩搭配、光影效果、动画类型（如手绘、3D、卡通等）。例如，“采用赛博朋克风格，霓虹灯闪烁，雨夜中的都市景象”。

· **镜头语言与动作**：具体说明视频中应包含的镜头运动、转换及角色或物体的动作。例如，“从空中俯瞰开始，缓慢拉近至街道，然后跟随一个行人进入咖啡馆”。

· **音频指导**：Prompt主要是针对视频生成，但也可能包括对背景音乐、声效或旁白的要求。例如，“配以轻松的爵士乐，背景有轻柔的咖啡机蒸汽声”。

· **情感与氛围**：定义视频所要传达的情感与氛围，如欢乐、悲伤、紧张或宁静。例如，“营造一种温馨而怀旧的家庭聚会氛围，带有一丝幽默感”。

· **目标受众与用途**：有时Prompt也会指出视频的目标观众群体及预期用途，比如教育、广告宣传、娱乐或是个人回忆录等。

通过精心设计的Prompt，能够生成多样化的视频内容，能从简单的动画片段到复杂的剧情短片，适用于不同行业和创作需求。随着AI技术的进步，Prompt的复杂度和精准度也在不断提高，使得生成的视频内容更加贴近人类创作者的意图和审美。

1. 视频主题描述的Prompt

在文生视频中，关于视频主题描述的Prompt可以简洁输出，如下：

· **教育主题**：知识传授、技能教学、学习经验分享等。

· **娱乐主题**：幽默搞笑、剧情故事、音乐表演、动画短片等。

· **广告主题**：产品推广、品牌宣传、商业广告等。

· **新闻主题**：新闻报道、时事评论、社会事件分析等。

· **纪录片主题**：人物访谈、历史回顾、文化探索等。

· **旅行主题**：目的地介绍、旅行攻略、风景展示等。

· **健康主题**：健康知识普及、运动健身教程、饮食健康建议等。

· **科技主题**：科技创新、产品评测、科技趋势解读等。

· **艺术主题**：艺术作品展示、艺术家访谈、艺术创作过程等。

· **环保主题**：环境保护、可持续发展、绿色生活方式推广等。

2. 描述的视频风格Prompt

· **写实风格**：视频内容以真实、具体、客观的方式呈现，力求还原现实生活中的场景和人物。

· **卡通风格**：视频以动画形式呈现，采用夸张、幽默、生动的设计元素，适用于娱乐、儿童教育等领域。

· **抽象风格**：视频以抽象的图形、颜色和线条来表达主题，强调艺术感和视觉效果，留给观众更多的想象空间。

· **复古风格**：视频模仿过去某个时代的艺术风格和审美，如20世纪50年代的复古海报、20世纪80年代的像素游戏等。

· **未来派风格**：视频采用前卫、高科技的设计元素，展现对未来世界的想象，如赛博朋克、科幻等。

· **暗黑风格**：视频以黑色调为主，强调神秘、恐怖、悬疑的氛围，适用于惊悚片、犯罪片等题材。

· **清新风格**：视频以明亮、清新的色调和简洁的构图展现，给人以轻松、愉悦的感觉，适用于旅行、生活记录等。

· **艺术风格**：视频以独特的艺术手法和创意来表达主题，强调个人风格和艺术价值，适用于艺术短片、实验电影等。

· **民族风格**：视频融入某个民族或地区的文化元素，展现其独特的艺术风格和风情，如中国风、日本和风等。

· **奇幻风格**：视频以魔法、神话、幻想等元素为基础，构建一个虚拟的世界，适用于奇幻电影、游戏宣传等。

3. 视频元素的Prompt

以下是一个关于文生视频中视频元素的Prompt，以及每种元素的简要解释：

· **人物角色**：视频中扮演特定角色的演员或动画角色，包括主角、配角、反派等，他们通过表演推动故事发展。

· **场景地点**：视频中的背景环境，如室内、室外、城市、乡村等，场景的选择对故事氛围和背景设定有重要影响。

· **物品道具**：视频中使用的物品和道具，如工具、武器、日常用品等，它们可以辅助叙事或作为重要的故事线索。

· **动物和植物**：视频中出现的有生命的元素，包括动物和植物，它们可以是主角、配角或场景的一部分，为视频增添多样性和自然感。

· **自然现象**：视频中的自然现象，如天气变化、自然灾害、季节更迭等，用于增强故事的真实性或象征意义。

· **交通工具**：视频中使用的各种交通工具，如汽车、飞机、船只等，它们可以展示故事发生的环境或推动情节发展。

· **特效动画**：视频中使用的特殊效果和动画，如CGI、视觉特效、动态图形等，用于创造奇幻场景或强化视觉效果。

· **文字字幕**：视频中出现的文字信息，包括对话字幕、旁白、标题等，用于传递信息或辅助理解视频内容。

· **音效音乐**：视频中的声音效果和背景音乐，用于营造氛围、表达情感或提升观看体验。

· **时间元素**：视频中的时间概念，包括时代背景、季节变化、时间流逝等，用于设定故事背景或构建时间线。

在编写Prompt时，尽量提供具体、明确的元素描述，以便AI更好地理解并生成符合要求的视频内容。

4. 音效与配乐描述的Prompt

在文生视频中，关于音效与配乐描述的Prompt可以包括以下几个方面：

· **背景音乐风格**：描述所需的背景音乐风格，如古典、流行、摇滚、电子等。

· **情感氛围**：描述音乐和音效需要传达的情感和氛围，如温馨、紧张、欢快、悲伤等。

· **场景特定音效**：描述视频中特定场景所需的音效，如森林中的鸟鸣、街道上的车流声等。

· **动作音效**：描述视频中动作场景的音效，如打斗声、撞击声、爆炸声等。

· **对话音效**：描述视频中对话的音效处理，如回声、变声、环境混响等。

· **音乐节奏**：描述音乐的速度和节奏，如快节奏、慢节奏、同步卡点等。

· **音乐动态**：描述音乐的变化和动态，如渐强、渐弱、高潮、结尾等。

· **音乐主题**：描述音乐的主题和旋律，如主题曲、插曲、背景旋律等。

· **音效创新**：描述视频中创新的音效设计，如特殊的音效处理、声音的变形等。

· **音效与画面的同步**：描述音效和配乐与视频画面的同步关系，如音效与动作的精确匹配、音乐与场景的切换等。

5.视频节奏描述的Prompt

在文生视频中，关于视频节奏描述的Prompt可以包括以下几个方面：

· **总体节奏**：描述视频整体的节奏，如快节奏、慢节奏、中等节奏等。

· **场景转换节奏**：描述视频中不同场景之间的转换节奏，如快速切换、慢速过渡、渐变等。

· **动作场景节奏**：描述视频中动作场景的节奏，如追逐、战斗、运动等。

· **情感场景节奏**：描述视频中情感场景的节奏，如对话、回忆、沉思等。

· **高潮节奏**：描述视频中高潮部分的节奏处理，如加速、减慢、暂停等。

· **结尾节奏**：描述视频结尾部分的节奏，如快速收尾、缓慢淡出、突然转折等。

· **节奏变化**：描述视频中节奏的变化和转折，如突然加速、逐渐减慢、节奏中断等。

· **节奏与音效的配合**：描述视频节奏与音效的配合关系，如节奏感强烈的音乐、音效强调的节奏点等。

· **节奏与画面的协调**：描述视频节奏与画面元素的协调关系，如镜头移动、画面缩放、特效运用等。

· **节奏与叙事结构的结合**：描述视频节奏与叙事结构的结合方式，如节奏引导故事发展、节奏强化情节转折等。

11.3.3 让AI帮写优质的文生视频Prompt

以下是一个关于熊猫展示中国功夫视频的Prompt设计：

（1）视频主题描述：一只可爱的熊猫在练习中国功夫，展示中国传统武术的招式和动作。

（2）视频风格描述：动画风格，采用卡通渲染，以幽默、夸张的方式表现熊猫的功夫动作。

（3）视频元素描述：

· **熊猫角色**：身穿中国传统服饰，展示中国功夫的动作和招式。

· **场景地点**：选择一个具有中国传统特色的场景，如竹林、寺庙等。

· **物品道具**：熊猫使用的功夫道具，如拳套、棍棒等。

· **动作音效**：熊猫练习功夫时的打击声、呼吸声等。

· **背景音乐**：具有中国特色的背景音乐，如古筝、二胡等。

（4）视频节奏描述：快节奏，强调熊猫功夫动作的流畅和力度，同时保持幽默和轻松的氛围。

（5）音效与配乐描述：

· **动作音效**：熊猫打拳、踢腿时的打击声和空气振动声。

· **背景音乐**：选择一首具有中国特色的曲目，以增强视频的氛围。

这个Prompt设计展示了一个优质的文生视频Prompt是如何写的，这个Prompt可以帮助AI理解并生成一个关于熊猫练习中国功夫的视频。不过虽然这个文生视频的Prompt写得不错，但目前AI文生视频类工具的功能还比较有限，只能实现部分的需求，如果要达到以上描述的效果，还需要用多种工具进行组合应用和剪辑。

11.4 AI生成视频提示词SMS-SACL框架

11.4.1 提示词SMS-SACL框架的基本介绍

AI生成视频这类工具非常新，很多新手用户在写AI生成视频Prompt的时候，常常无从下手。而太过简单的提示词，又不能指导AI按照自己的意愿生成视频。为了让用户便捷地生成高质量的Prompt，我们提出了提示词SMS-SACL框架。

提示词SMS-SACL框架是一个结构化地写Prompt的指导框架，用于指导AI生成视频内容的创作过程。它包含了7个关键维度：主体（Subject）、运动（Movement）、风格（Style）、场景（Setting）、氛围（Atmosphere）、镜头语言（Camera Language）、光影（Lighting and Shadow），每个维度都为视频的创作提供了具体的方向和细节。

1. 主体（Subject）

主体描述是对视频中主要表现对象的特征、状态和行为的描述。这包括人物的性别、年龄、职业、性格等，以及物体的形状、颜色、质感等。主体描述有助于观众更好地理解和关注视频中的关键元素。

描述视频中主要的角色或物体，以及它们在视频中的主要作用。

2. 运动（Movement）

主体对象的动作和动态。这包括人物的动作、表情、姿态等，以及物体的运动轨迹、速度和节奏。主体运动可以增强视频的活力和动感，使画面更具吸引力。

描述主体或场景中的物体如何移动，以及这些运动如何与视频的故事或情感相匹配。

3. 风格（Style）

风格是指视频所呈现的艺术特征和视觉美学。它决定了视频的整体感观。描述视频的整体艺术风格，如魔幻现实主义、搞笑滑稽、未来主义等。

4. 场景（Setting）

场景是指视频拍摄的空间环境，包括室内场景和室外场景。场景的选择和布置对视频的整体风格和氛围有着重要影响。场景元素包括背景、道具、色彩搭配等，它们共同构成了视频的视觉背景。

描述视频发生的地点和环境，包括周围的环境、布局和氛围。

5. 氛围（Atmosphere）

氛围是指视频整体传达出的情感和气氛。它包括音乐、音效、色彩、光线等因素的综合作用。氛围的营造有助于观众更好地沉浸在视频故事中，感受到创作者想要传达的情感。

描述视频的整体情感和感觉，如紧张、欢乐、宁静等。

6. 镜头语言（Camera Language）

镜头语言是指通过摄影机的镜头来传达信息和情感的表现手法。它包括镜头的选择（如远景、中景、近景、特写等）、镜头的角度（如平视、俯视、仰视等）、镜头的运动（如推、拉、摇、移等）及镜头的构图（如黄金分割、对称、引导线等）。这些元素共同构成了视频的视觉语言，对观众的视觉体验产生重要影响。

描述如何使用摄影机的镜头来捕捉和传达视频内容，包括镜头的选择、角度、运动等。

7. 光影（Lighting and Shadow）

光影是视频画面中光线和阴影的运用。合理的光影搭配可以增强画面的立体感、质感和氛围感。光影包括自然光、人造光、顺光、逆光、侧光等多种类型，以及它们在画面中的分布和变化。通过调整光影，可以创造出不同的视觉效果和情感氛围。

这个框架旨在为AI提供足够多的信息，使其能够生成与预期内容相匹配的视频。通过详细描述每个维度，AI可以更好地理解视频的创意方向和视觉效果，从而生成更加符合要求的内容。

11.4.2 提示词SMS-SACL框架的使用实例

在本案例中，我们示范了让AI生成狸花猫揉面团视频的例子，介绍了三种使用SMS-SACL框架的方式：

（1）自己遵循SMS-SACL框架规则手写提示词。

（2）在智谱清言ChatGLM中让AI按SMS-SACL框架结构来写提示词。

（3）使用智谱清言的智能体“SMS-SACL视频师”来写提示词。

这三种方式中，第一种需要极强的表达能力，第二种可以借用AI的创造力提高效率和创造性，第三种方式最为便捷。

1. 按照SMS-SACL框架手写提示词

一只狸花猫用手在案板上揉面团，猫手指上沾有面粉，背景是厨房环境，氛围专注，内容要富有创造力，极限特写镜头，自然光线。

以上这个提示词，包含了7个关键维度：主体（Subject）、运动（Movement）、风格（Style）、场景（Setting）、氛围（Atmosphere）、镜头语言（Camera Language）、光影（Lighting and Shadow），可以粘贴到AI视频生成工具中生成视频。

2. 在智谱清言ChatGLM中让AI按SMS-SACL框架结构来写提示词

用户输入：

一只狸花猫在厨房案板上揉面团，魔幻现实主义风格 。按主体、运动、风格、场景、氛围、镜头语言、光影这几个角度写成适合AI生成视频的中文Prompt。

AI输出：

主体：一只狸花猫；运动：揉面团；风格：魔幻现实主义；场景：厨房案板；氛围：神秘而温馨；镜头语言：细腻、生动；光影：柔和且富有层次

中文Prompt：在这部魔幻现实主义风格的视频中，主角是一只灵巧的狸花猫。镜头缓缓推进，展现狸花猫在厨房案板上揉面团的情景。猫咪的动作细腻而生动，仿佛带有某种魔法。厨房内的氛围神秘而温馨，光影柔和且层次分明。请AI捕捉这一独特场景，让观众感受到猫咪与面团之间的奇妙互动。

把Prompt复制粘贴到“清影-AI生视频”中，即可生成视频。

3. 使用智谱清言的智能体“SMS-SACL视频师”来写提示词

在智谱清言智能体中心搜索“SMS-SACL视频师”，可找到这个智能体并点击使用。

用户输入：

一位音乐家站在繁华的街口弹吉他，先用“SMS-SACL视频师”写出Prompt，再绘图。

智谱清言

与 SMS-SACL视频师 的对话

用户

一位音乐家站在繁华的街口弹吉他，先用"SMS-SACL视频师"写出Prompt，再绘图。

SMS-SACL视频师

根据您的要求，我将使用SMS-SACL框架为您撰写一个视频Prompt，再生成相应的图像参考。

SMS-SACL视频Prompt:

1. **主体（Subject）**：一位男性音乐家，长发，穿着休闲，手持一把吉他。
2. **运动（Movement）**：音乐家的手指在吉他弦上灵活地弹奏，身体随着音乐轻轻摆动。
3. **风格（Style）**：现代都市风格，强调都市生活的活力和艺术氛围。
4. **场景（Setting）**：繁忙的街口，周围是高楼大厦和匆匆的行人，街道两旁有咖啡馆和商店。
5. **氛围（Atmosphere）**：充满活力和艺术气息，音乐家的演奏与城市的喧嚣形成鲜明对比。
6. **镜头语言（Camera Language）**：中景镜头，捕捉音乐家和周围环境，同时特写镜头展现手指弹奏的细节。
7. **光影（Lighting and Shadow）**：自然光照，午后的阳光洒在音乐家的身上和街道上，形成温暖而生动的光影效果。

图像描述:

现在，我将根据这个Prompt生成一个图像，作为视频制作的参考。这个图像将展示一位音乐家在繁忙街口弹吉他的场景，体现出现代都市的风格。

CogView AI绘画：已完成

把AI生成的视频Prompt粘贴到智谱清影中生成视频。

扫下面二维码，可直接使用智能体。

11.5 可灵AI生成视频实操应用

2024年2月，OpenAI公司发布的Sora可以实现文生视频，但只是部分功能向公众开放。而国内大厂研发的可灵AI对普通用户开放，普通用户可以使用AI来生成视频，下面的例子就是可灵AI生成的视频。

11.5.1 图生视频

使用智谱清言和天工AI生成图片。你可以使用自己常用的AI工具来生成图片，或者使用现有的图片。在本案例中，用AI可以生成非常酷炫的图片，所以笔者就使用了AI制作的图片。

在快影App中，使用AI视频的图生视频功能，把图片制作成视频。

在快影App中，点击AI创作栏目，即可进入视频制作，视频配乐是后期用其他工具添加的。下面是视频生成过程：

11.5.2 文生视频

在快影App中的AI视频创作栏目下，可以输入文字，让AI生成视频。但目前AI生成视频的能力还比较有限，因此有些需求不能满足。

11.6 清影生成视频实操应用

打开智谱清言网址，登录后，点击“清影-AI生视频”进入，即可看到视频生成的界面，按界面提示操作即可。

· **清影提供了两种生成视频的方式**：文生视频和图生视频。文生视频就是你输入文字需求，AI即可生成视频，目前是生成6秒的视频。图生视频是你上传图片，输入生成视频的要求，AI就把你上传的图片生成视频。

11.6.1 清影文生视频

· **灵感描述**：在这里输入你的需求，比如你输入的需求是：极限特写镜头，自然光线，一位女子的手在案板上揉面，背景是厨房环境，手指上沾有面粉，氛围专注，内容要富有创造力。

· **进阶参数**：进阶参数有3个，即视频风格、情感氛围、运镜方式，根据要创作的视频的目标，选择合适的参数即可。此例子中，选择的是：视频风格——电影感；情感氛围-温馨和谐；运镜方式——水平。

生成视频后，可以分享或者下载。

11.6.2 清影图生视频

（1）在清影视频生成界面，选择图生视频，点击“拖放文件或点击此处可上传图片”，从本地设备中选择你要生成视频的图片，上传即可。在此案例中，选择的图片是穿着复古服饰的白色猫。

（2）灵感描述。你可以输入想让图片产生怎样的视频效果的语言文字，也可以不输入，让AI自行发挥。虽然让AI自行发挥的结果比较随机，但是有时候也有意外的效果。

（3）利用你上传的图片，AI可以生成视频。

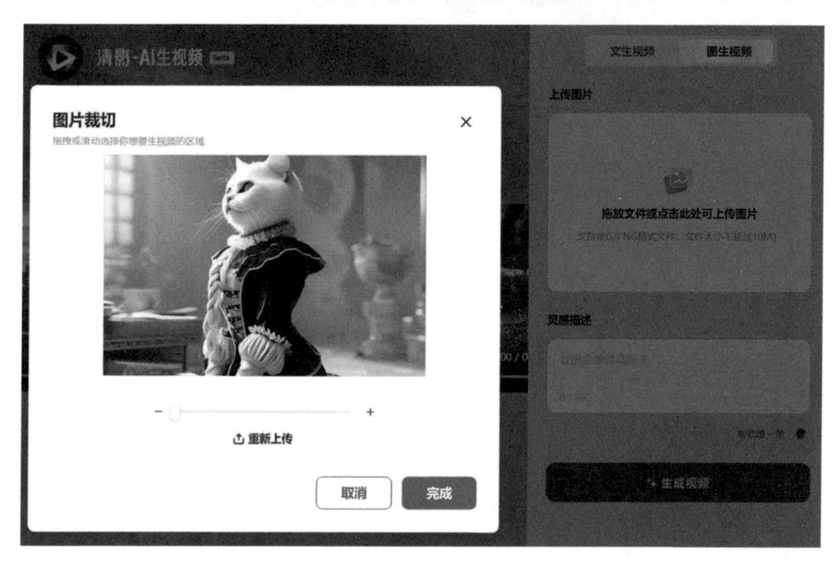
清影-AI生视频 beta
文生视频
图生视频
图片裁切
拖拽或滑动选择你想要生成视频的区域
上传图片
拖放文件或点击此处可上传图片
重新上传
灵感描述
取消
完成
生成视频

清影-AI生视频 beta
文生视频
图生视频
上传图片
0:01 / 0:06
灵感描述
让画面整体动起来
0 / 200
帮我想一条
添加背景乐
生成视频

微信扫二维码
看演示

第 12 章 AI赋能编程与软件开发

AI与编程交织的智慧——大模型助力代码创作，展现前所未有的开发效能，揭示AI技术如何在代码世界创造新图景。

12.1 AI辅助编程的大模型

国内外有不少AI辅助编程的大模型，下面进行简单介绍：

· **GitHub Copilot**：由GitHub和OpenAI联合开发，GitHub Copilot是一个AI编程助手，它能够在开发过程中给开发者提供代码建议，帮助开发者更快地编写代码。

· **OpenAI Codex**：OpenAI Codex是OpenAI开发的一个编程模型，它是GitHub Copilot背后的技术。它能够理解人类语言并将其转换为代码。

· **Google AI's AlphaCode**：AlphaCode是谷歌AI开发的一个模型，旨在解决编程竞赛问题。它能够生成代码和评估代码，以解决复杂的编程问题。

· **DeepMind AlphaCode**：DeepMind的AlphaCode是一个用于编程竞赛的AI系统，它能够生成代码解决方案，并在竞赛中与其他人类程序员竞争。

· **智谱清言（CodeGeeX）**：智谱清言在编程能力方面与其他模型相似，都能生成正确且可运行的代码。

· **通义千问（阿里通义大模型）**：通义千问在搜索能力和上下文理解方面表现良好，但在专业信息方面存在一些准确性问题。

· **文心一言（百度文心大模型）**：文心一言在编程方面适合初学者，它会在代码中插入说明，在文末附上文字总结，帮助用户理解代码逻辑。

这些大模型各有特色，用户可以根据自己的需求进行选择。

12.2 AI辅助编程的大模型提供的功能

AI辅助编程的大模型为用户提供了多种功能，旨在提高开发效率、改善代码质量，并减轻程序员的负担，常见的功能如下：

- **代码补全与建议**：根据当前代码上下文，自动补全代码片段，并提供编码建议，减少键入工作量。
- **代码重构**：帮助用户优化现有代码结构，提高代码的可读性和可维护性。
- **错误检测与修复**：自动识别代码中的错误，并提供修复建议，减少调试时间。
- **代码审查**：分析代码质量，指出潜在的性能问题、安全隐患，并提出改进意见。
- **文档生成**：自动生成代码文档，帮助用户理解代码的功能和用法。
- **代码示例搜索**：当用户需要实现特定功能时，提供相关代码示例和最佳实践。
- **智能问答**：解答与编程相关的问题，包括编程语言特性、框架使用、API文档等。
- **代码翻译**：将代码从一种编程语言转换成另一种语言。
- **单元测试生成**：自动生成单元测试用例，帮助用户验证代码的正确性。
- **项目管理和规划**：辅助用户进行项目管理，如任务分配、进度跟踪等。
- **学习与培训**：提供编程教程、指导，辅助用户学习新的编程技能。
- **代码风格统一**：确保代码风格一致，符合团队规范。
- **版本控制辅助**：帮助用户理解代码变更历史，管理版本冲突。
- **性能分析**：分析代码性能瓶颈，并提出优化建议。
- **云服务与API集成**：帮助用户快速集成第三方云服务和API。

AI辅助编程的大模型通过自然语言处理和深度学习技术，能够不断学习和适应用户的编程习惯，从而为用户提供更加个性化和高效的帮助。

1. 智谱AI的CodeGeeX

CodeGeeX是一款基于大型模型的智能编程助手。它可以实现多种功能，包括代码的生成与补全、自动添加注释、代码翻译及智能问答等。这个工具支持多种编程语言，可以帮助开发者提高编程效率和质量。CodeGeeX由清华大学知识工程实验室研发，是一款全能的编程助手，适用于多种集成开发环境（IDE）。它基于大规模的多语言代码生成模型，并在代码生成能力上进行了优化。

CodeGeeX支持多种编程语言，包括但不限于以下这些：

· **前端**：VUE、JavaScript、TypeScript、HTML、CSS、React。

· **后端**：C、C++、Java、Python、Go、PHP、Rust、SQL。

· **App端**：ObjectC、Kotlin、Swift、Uni-App。

· **其他**：Peal、Ruby、GraphQL、Cobol。

这些语言覆盖了前端、后端、移动应用开发等多个领域，可以满足不同用户的需求。

CodeGeeX的主要功能包括以下几个方面：

· **代码生成与补全**：CodeGeeX能够根据用户的需求生成代码片段或补全正在编写的代码，从而提高编程效率。

· **自动添加注释**：它可以自动为代码添加注释，帮助用户更好地理解和维护代码。

· **代码翻译**：CodeGeeX支持跨语言代码翻译，可以将代码从一种编程语言翻译成另一种编程语言。

· **智能问答**：针对与编程相关的问题，CodeGeeX能够提供准确的解答和指导。

· **支持多种编程语言**：CodeGeeX支持多种主流编程语言，使其适用于广泛的开发场景。

· **IDE兼容性**：CodeGeeX可以集成到多种IDE中，方便用户在编程过程中直接使用。

这些功能使得CodeGeeX成为一款强大的编程助手，帮助用户提高编程效率和质量。

2. CodeGeeX的工作步骤

· **用户交互**：CodeGeeX通过用户界面接收用户输入的信息，如代码、问题或指令。

· **问题理解**：CodeGeeX分析用户输入的信息，理解其意图和需求。

· **解决方案生成**：根据用户的需求，CodeGeeX生成解决方案或代码。这可能包括代码生成、代码补全、代码解释、代码审查、代码修复等。

· **结果展示**：CodeGeeX将生成的代码或解决方案展示给用户。

· **用户反馈**：用户根据展示的结果进行反馈，可能需要进一步的调整或优化。

· **迭代优化**：根据用户的反馈，CodeGeeX进行迭代优化，以提供更准确和更高效的解决方案。

这些步骤构成了CodeGeeX的核心工作流程，帮助用户更高效地完成编程任务。

智谱清言智能体CodeGeeX智能编程助手界面：

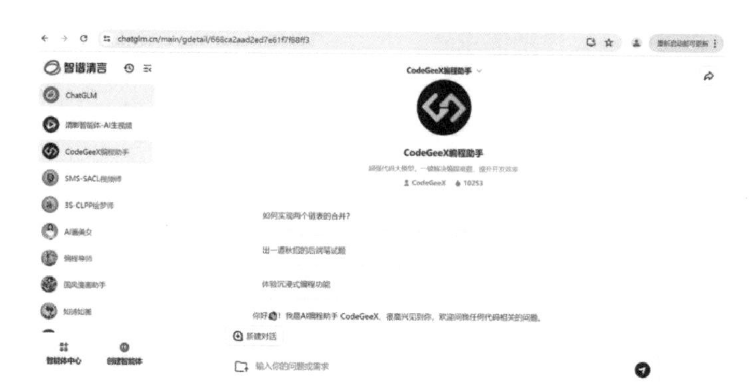

CodeGeeX的官网网址是：https://codegeex.cn/，开发者可到官网直接使用智能编程助手。

12.3 AI辅助的代码开发示范

在这里，我们使用一个非常简单的例子来展示智谱清言智能体CodeGeeX智能编程助手的应用。在智谱清言官网https://chatglm.cn/，搜索“CodeGeeX编程助手”即可使用。

用户输入：

我想编写一个程序，用户输入喜好，可以推荐一个书单给用户，你能帮我编写代码实现吗?

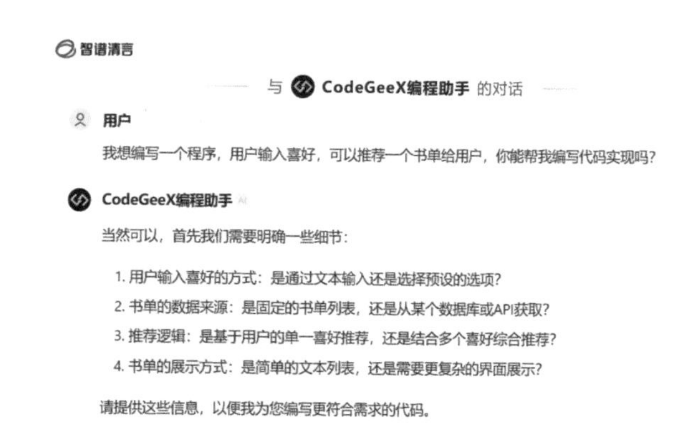

根据提示，用户继续输入详细需求：

（1）用户通过文本输入。

（2）书单来源于某个数据库或者API。

（3）推荐逻辑：基于用户的多个喜好。

用户

1.用户通过文本输入。
2.书单来源于某个数据库或者API。
3.推荐逻辑：基于用户的多个喜好。

CodeGeeX编程助手

了解了您的需求，我们可以设计一个简单的程序来满足这些要求。程序将包括以下几个部分：

1. 用户界面：用于输入喜好和展示推荐书单。
2. 数据获取：从数据库或API获取书单数据。
3. 推荐逻辑：根据用户输入的多个喜好，从数据源中筛选出匹配的书单。
4. 结果展示：在用户界面上展示推荐的书单。

由于涉及数据库或API调用以及复杂的界面展示，这通常需要前端和后端技术的结合。为了简化，我们可以使用一个假设的数据源和简单的推荐逻辑来演示这个概念。

我将先编写一个后端脚本来模拟数据获取和推荐逻辑，然后创建一个简单的HTML界面来展示结果。请注意，这只是一个示例，实际应用中可能需要更复杂和健壮的代码。

首先，我将编写后端脚本的代码。

"CodeGeeX编程助手"调用工具：generateCodeByCodeGeeX4

以下是一个简单的后端脚本示例，用于模拟从数据库或API获取书单数据，并根据用户输入的多个喜好推荐书单。

python　复制

```python
# 假设的书单数据源
book_list = [
    {"title": "Python编程入门", "genre": "编程", "author": "John Smith"},
    {"title": "JavaScript高级编程", "genre": "编程", "author": "Jane Doe"},
    {"title": "深入理解计算机系统", "genre": "计算机科学", "author": "David R. K.
    {"title": "算法导论", "genre": "算法", "author": "Thomas H. Cormen"},
    {"title": "红楼梦", "genre": "小说", "author": "曹雪芹"},
    {"title": "围城", "genre": "小说", "author": "钱钟书"},
    {"title": "活着", "genre": "小说", "author": "余华"},
    {"title": "时间简史", "genre": "科普", "author": "史蒂芬·霍金"},
    {"title": "宇宙简史", "genre": "科普", "author": "史蒂芬·霍金"},
    {"title": "人类简史", "genre": "历史", "author": "尤瓦尔·赫拉利"}
]

# 根据用户输入的喜好推荐书单
def recommend_books(preferences):
    recommended_books = []
    for book in book_list:
        for preference in preferences:
            if preference.lower() in book.values():
                recommended_books.append(book)
                break
    return recommended_books

# 测试示例
user_preferences = ["编程", "小说"]
recommended_books = recommend_books(user_preferences)
for book in recommended_books:
    print(book["title"], "-", book["author"])
```

在这个示例中，我们假设有一个书单数据源 `book_list`，其中包含了每本书的标题、类型和作者。然后，我们定义了一个 `recommend_books` 函数，该函数接受用户输入的喜好作为参数，并返回根据喜好推荐的书单。最后，我们使用示例喜好"编程"和"小说"来测试函数，并打印推荐的书单信息。

请注意，这只是一个简单的示例，实际的实现可能需要更复杂的逻辑和数据源。接下来，我将为您创建一个简单的HTML界面来展示推荐的书单。

以下是一个简单的HTML界面示例，用于展示推荐的书单。这个界面将包括一个表单，用户可以在其中输入他们的喜好，以及一个区域来显示推荐的书单。

html　　复制

```html
<!DOCTYPE html>
<html lang="en">
<head>
    <meta charset="UTF-8">
    <meta name="viewport" content="width=device-width, initial-scale=1.0">
    <title>Book Recommendation</title>
    <style>
        body {
            font-family: Arial, sans-serif;
        }
        .container {
            max-width: 600px;
            margin: auto;
            padding: 20px;
        }
        .book-list {
            margin-top: 20px;
        }
    </style>
</head>
<body>
    <div class="container">
        <h1>Book Recommendation</h1>
        <form id="preference-form">
            <label for="preferences">Enter your preferences (separated by comm
            <input type="text" id="preferences" name="preferences" required>
            <button type="submit">Get Recommendations</button>
        </form>
        <div id="book-list" class="book-list">
            <!-- Recommended books will be displayed here -->
        </div>
    </div>
    <script>
        document.getElementById('preference-form').addEventListener('submit',
            event.preventDefault();
            var preferences = document.getElementById('preferences').value.spl
            // Call your backend API to get recommendations
            // For this example, we'll just simulate the API call
            var recommendedBooks = getRecommendedBooks(preferences); // Replac
            displayBooks(recommendedBooks);
        });

        function getRecommendedBooks(preferences) {
            // Simulate API call by returning a hardcoded list of books
            return [
                {"title": "Python编程入门", "author": "John Smith"},
                {"title": "红楼梦", "author": "曹雪芹"},
                {"title": "时间简史", "author": "史蒂芬·霍金"}
            ];
        }

        function displayBooks(books) {
            var bookList = document.getElementById('book-list');
            bookList.innerHTML = ''; // Clear previous recommendations
            books.forEach(function(book) {
                var bookItem = document.createElement('div');
                bookItem.innerHTML = book.title + ' - ' + book.author;
                bookList.appendChild(bookItem);
            });
        }
    </script>
</body>
</html>
```

在这个示例中，我们创建了一个简单的表单，用户可以在其中输入他们的喜好。当用户提交表单时，我们将调用一个函数 `getRecommendedBooks` 来获取推荐的书单。这个函数目前是模拟的，您需要替换为实际的API调用。然后，我们使用 `displayBooks` 函数将推荐的书单显示在页面上。

请注意，这只是一个简单的示例，实际的实现可能需要更复杂的界面设计和后端逻辑。

AI进行了回复解释并给出了示范代码，把以上HTML代码贴到文件中，形成一个HTML文件，再在本地浏览器中打开，会出现相应的界面。这个只是一个简单的实例，在具体的场景下，你可以根据自己的需求对CodeGeeX编程助手提出要求。

ⓘ 文件　E:/测试/我喜爱的书推荐.html

Book Recommendation

Enter your preferences (separated by commas):

Get Recommendations

第 13 章 多模态应用

多模态融合的世界——探索声音、图像、视频与文本交汇的无限可能，这一前沿技术如何打破感官界限，创造更加丰富和沉浸式的交互体验，开启未来应用的新篇章。

13.1 多模态应用介绍

多模态应用是指整合了多种数据模式（如文本、图像、声音等）的应用程序。在大语言模型中，多模态应用意味着模型能够理解并生成不同类型的数据，从而提供更丰富、更全面的信息和用户体验。

大语言模型，目前有OpenAI的GPT-4、谷歌的PaLM、百度的ERNIE等，智谱华章的智谱清言已经在多模态应用方面取得了一些进展。

以下是一些多模态应用的例子：

· **图像描述生成**：给定一张图像，模型可以生成相应的文本描述。例如，给模型一张狗的照片，它可以生成“一只棕色的狗在草地上跳跃”这样的描述。

· **文本到图像生成**：给定一段文本描述，模型可以生成相应的图像。例如，给模型一段“一个宇航员在火星上行走”的文本描述，它可以生成一张宇航员在火星上行走的图像。

· **图像到文本问答**：给定一张图像和一个与图像相关的问题，模型可以生成相应的答案。例如，给模型一张冰激凌的图片和一个“这是什么？”的问题，它可以生成答案“这是冰激凌”。

· **视觉常识推理**：给定一张图像和一个关于图像的常识问题，模型可以生成相应的答案。例如，给模型一张人们在餐厅吃饭的图片和一个“他们在哪里吃饭？”的问题，它可以生成答案“他们在餐厅吃饭”。

· **图像和文本的联合嵌入**：将图像和文本映射到同一嵌入空间中，以便于进行图像和文本的相似度搜索和相关性分析。

· **视频内容理解**：模型可以分析视频内容，理解视频中的事件、物体和行为，甚至能够生成视频的摘要或描述。

· **语音识别与生成**：结合语音识别技术，模型能够将语音转换为文本，或者根据文本生成语音。

· **情感分析**：在处理文本的同时，模型可以分析文本中的情感倾向，这在社交媒体分析、客户反馈处理等领域非常有用。

· **跨模态检索**：用户可以上传一张图片，模型能够根据图片内容推荐相关的文本信息，或者相反，根据文本描述推荐相关图片。

这些多模态应用可以应用于各种场景，如自动驾驶、智能助手、内容审核、医疗诊断等，为用户提供更丰富、更全面的信息和体验。随着大语言模型技术的不断发展，未来多模态应用的应用场景和功能将会更加广泛和强大。

13.2 多模态应用实例

以下是智谱清言ChatGLM的多模态应用案例，包括从查找鲜花的全球市场规模到将英文内容翻译为中文，从搜索销量前五的鲜切花，到AI自动编程对鲜切花销售量占比绘制饼图，再到调用智能体进行花艺设计。

通过在对话框中输入以下的提问，AI选择合适的工具进行了搜索、浏览网页、翻译、编程及绘制饼图、文生图像、调用智能体生成更符合场景的图像返回结果等一系列操作。

Prompt 1：全球2023年鲜花销售额有多少？其中中国市场的销售额有多少？

Prompt 2：请将这个网址内容翻译为中文：https://mygardenflowers.com/flower-industry-statistics/。

用户

请将这个网址内容翻译为中文：https://mygardenflowers.com/flower-industry-statistics/

ChatGLM

联网阅读：打开 "49 Fascinating..."，读取7685字

这个网页提供了关于全球鲜花产业的49个有趣统计数据。以下是一些亮点：

1. 2023年，全球鲜花产业估计价值约1050亿美元。
2. 美国是最大的切花进口国，占全球进口的约15%。
3. 荷兰是世界上最大的鲜花出口国，占全球鲜花出口的40%以上。
4. 全球切花市场预计从2021年到2026年将以4.2%的复合年增长率增长。
5. 鲜花产业在全球支持了超过500万个工作岗位。
6. 在美国销售的约80%的鲜花是进口的，大部分来自哥伦比亚（70%）和厄瓜多尔（20%）。

更多详细数据和信息，请访问原网页：MyGardenFlowers。

Prompt 3：全球销售前五的鲜切花品种是哪几种？各占比多少？

用户

全球销售前五的鲜切花品种是哪几种？各占比多少？

ChatGLM

查询 1 次，打开 3 个网页并总结

2023年，全球鲜切花市场的主要品种包括玫瑰、康乃馨、百合、非洲菊（扶郎花）、菊花和郁金香。在这些品种中，玫瑰是市场上收入最高的，其销售额约为130亿美元。这主要归因于玫瑰作为爱情和美丽的象征，在各种场合如婚礼、周年纪念日和情人节中广受欢迎。玫瑰的多样性和色彩丰富性也使其成为各种花卉布置的首选 ❶。

不过，具体的全球销售前五的鲜切花品种及其各自的市场占比数据目前并未找到详细的信息。可以确定的是，玫瑰在鲜切花市场中占据非常重要的地位。其他品种如康乃馨、百合、非洲菊和菊花的销售情况也非常良好，但具体的市场份额数据未明确提及。

Prompt 4：我查到全球销售量最多的鲜切花占比如下：玫瑰（55%）、菊花（14%）、郁金香（9%）、百合（8%）、康乃馨（6%）和其他花（8%）。请按这个数据绘制出饼图。

用户

我查到全球销售量最多的鲜切花占比如下：玫瑰（55%）、菊花（14%）、郁金香（9%）、百合（8%）、康乃馨（6%）和其它花（8%）。请按这个数据绘制出饼图。

ChatGLM

代码生成... ^

python　　复制

```python
1   import matplotlib.pyplot as plt
2
3   # Data for the pie chart
4   labels = ['玫瑰', '菊花', '郁金香', '百合', '康乃馨', '其他']
5   sizes = [55, 14, 9, 8, 6, 8]
6   colors = ['#ff9999','#66b3ff','#99ff99','#ffcc99','#c2c2f0','#ffb3e6']
7
8   # Plotting the pie chart
9   plt.figure(figsize=(8, 8))
10  plt.pie(sizes, labels=labels, colors=colors, autopct='%1.1f%%', startangle=140
11  plt.axis('equal')  # Equal aspect ratio ensures that pie is drawn as a circle.
12  plt.title('全球销售量最多的鲜切花占比')
13  plt.show()
```

结果

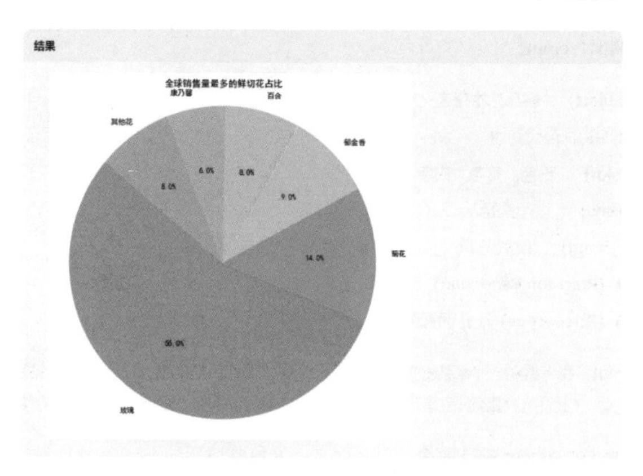

这是根据您提供的数据绘制的全球销售量最多的鲜切花占比的饼图。图中展示了玫瑰、菊花、郁金香、百合、康乃馨以及其他花卉的销售占比。玫瑰占据了市场的55%，是最大的部分，其次是菊花和郁金香。

Prompt 5：请画一幅画，高清照片风格，用玫瑰、菊花、郁金香、百合、康乃馨组成的花篮。

用户

请画一幅画，高清照片风格，用玫瑰、菊花、郁金香、百合、康乃馨组成的花篮。

ChatGLM

CogView AI绘画：已完成

这是根据您的要求绘制的一幅高清照片风格的花篮图画，里面包含了玫瑰、菊花、郁金香、百合和康乃馨。希望您喜欢这幅作品。

在ChatGLM对话中@ 3S-CLPP绘梦师智能体，可以调出该绘画智能体并与其进行对话，输入以下需求后，3S-CLPP绘梦师就可以绘制出更符合场景的图像。

Prompt 6：设计一款适合家居客厅的艺术花艺，先用3S-CLPP框架写出Prompt，再绘制图像。

用户

设计一款适合家居客厅的艺术花艺，先用3S-CLPP框架写出Prompt，再绘制图像。

3S-CLPP绘梦师

根据您的要求，我将首先使用3S-CLPP框架来设计一个适合家居客厅的艺术花艺Prompt，然后基于这个Prompt来绘制图像。

3S-CLPP**框架设计**Prompt：

1. **主题**（Subject）：客厅艺术花艺
2. **风格**（Style）：现代简约
3. **色彩**（Color）：粉色、黄色、白色
4. **场景**（Scene）：客厅桌面
5. **光线**（Lighting）：自然光
6. **精度渲染**（Precision Rendering）：高清
7. **构图视角**（Perspective）：正面视图

基于这个Prompt，我将绘制一个高清的图像，展示一个现代简约风格的客厅艺术花艺，包括粉色玫瑰、黄色郁金香、白色百合和淡粉色康乃馨，放置在透明玻璃花瓶中，营造出温馨和谐的氛围。

现在，我将根据这个Prompt来绘制图像。

CogView AI绘画：已完成

微信扫二维码看演示

微信扫二维码看演示

这是我根据您的要求设计的现代简约风格的客厅艺术花艺图像。图中展示了一个放置在客厅桌上的花艺作品，其中包括粉色玫瑰、黄色郁金香、白色百合和淡粉色康乃馨，放置在一个透明玻璃花瓶中。整体布局突出了和谐与艺术氛围，展现了现代简约的美感。希望这个设计能符合您的期望。

第 14 章 DeepSeek与创新无止境

在科技的星空中，DeepSeek如新星般崛起，其历程映照着人类探索的脚步。本章追溯DeepSeek的成长轨迹，探讨它如何催化开源生态，剖析其创新亮点，揭秘全球风靡之因。最后，通过实操应用实例，展现其将抽象算法转化为现实力量，共启智能新时代。

14.1 DeepSeek的发展历程

DeepSeek（深度求索）成立于2023年7月，总部位于杭州，是一家专注于大语言模型（LLM）研发的创新型科技公司。其目标是通过算法优化与开源策略，推动高性能、低成本的AI技术普及。公司由幻方量化支持，致力于数据蒸馏、模型压缩等核心技术。

DeepSeek在短短两年内实现了技术迭代的“三级跳”，相关核心论文与模型包括以下这些。

1. DeepSeek LLM（2024年1月）

首个包含670亿参数的开源模型，基于2万亿双语（中英）数据集训练，在代码、数学和推理任务中超越LLaMA2 70B和GPT-3.5。其创新点包括分组查询注意力（GQA）和多阶段学习率调度器，能够显著提升训练效率。

DeepSeek LLM是一个开源大型语言模型项目，通过长期主义推动开源语言模型的发展。该模型采用2万亿 token的数据集进行预训练，并进行监督微调和直接偏好优化，最终形成了DeepSeek Chat模型。评估结果表明，DeepSeek LLM在代码、数学和推理等领域超越了LLaMA2 70B，并在开放性问题评估中优于GPT-3.5，展现了其强大的生成能力和对话能力。（论文网址：https://arxiv.org/pdf/2401.02954）

2. DeepSeekMoE（2024年1月）

提出MoE架构的优化方案，通过细粒度专家分割和共享专家隔离，以40%的计算量实现与密集模型相当的性能。例如，16B参数的DeepSeekMoE性能媲美LLaMA2 7B。

DeepSeekMoE是基于专家混合系统的大规模语言模型架构，旨在实现极致的专家专业化。该架构通过两种主要策略实现目标：

（1）细粒度专家分割：将专家分割成更小的子专家，并激活更多子专家，从而允许更灵活地组合激活的专家，实现更精确的知识获取。

（2）共享专家隔离：将一些专家隔离为共享专家，用于捕获和巩固跨不同上下文的通用知识，减少其他路由专家之间的冗余，提高参数效率。

实验结果表明，DeepSeekMoE在2B参数规模下即可与GShard 2.9B相媲美，并且在性能上接近其密集型对应模型。进一步扩展到16B参数规模后，DeepSeekMoE仅需40%的计算量即可达到与LLaMA2 7B相当的性能。（论文网址：https://arxiv.org/pdf/2401.06066）

3. DeepSeek-V3（2024年12月）

结合MoE与多头潜在注意力（MLA），支持128K长上下文，训练成本仅557.6万美元。其在数学、代码任务中表现接近GPT-4o，成为开源领域的标杆。

DeepSeek-V3是一个强大的MoE语言模型，拥有671B总参数，其中每个token激活37B参数。为了实现高效的推理和成本效益的训练，DeepSeek-V3采用了多头潜在注意力（MLA）和DeepSeekMoE架构，这些架构在DeepSeek-V2中得到了充分验证。此外，DeepSeek-V3开创了无辅助损失策略以实现负载均衡，并设置了多token预测训练目标以增强性能。DeepSeek-V3在14.8万亿个多样化和高质量的token上进行预训练，然后进行监督微调和强化学习，以充分发挥其能力。综合评估表明，DeepSeek-V3在其他开源模型中表现优异，并实现了与领先闭源模型相当的性能。尽管性能优异，但DeepSeek-V3的完整训练仅需2.788M H800 GPU小时。此外，其训练过程非常稳定。在整个训练过程中，没有遇到任何无法恢复的损失峰值或回滚。（论文网址：https://arxiv.org/pdf/2412.19437）

4. DeepSeek-R1（2025年1月）

突破性采用纯RL训练推理能力，跳过监督微调（SFT），成本仅为OpenAI同类模型的3%～5%。在数学竞赛（如MATH500）和编程任务中的表现超越主流模型。

DeepSeek-R1系列模型利用大规模RL来提升大型语言模型（LLM）的推理能力。DeepSeek-R1-Zero 模型直接在基础模型上进行 RL 训练，无须SFT，展现出惊人的推理能力，例如自我验证、反思和生成长链式思维（CoT）。然而，它也存在可读性差和语言混合等问题。DeepSeek-R1模型通过引入冷启动数据和多阶段训练流程，解决了这些问题，并在推理任务上取得了与OpenAI-o1-1217相当的性能。此外，研究团队还探索了将DeepSeek-R1的推理能力蒸馏到小型密集模型中，并取得了显著的成果。

DeepSeek-R1-Zero代表了一种不依赖于冷启动数据的纯RL方法，在各个任务中表现出强大的性能。DeepSeek-R1更加强大，利用冷启动数据和迭代RL微调。最终，DeepSeek-R1在一系列任务中实现了与OpenAI-o1-1217相当的性能。

研究团队进一步探索了将推理能力蒸馏到小型密集模型中。使用DeepSeek-R1 作为教师模型生成800K训练样本，并微调了几个小型密集模型。结果很有希望：DeepSeek-R1-Distill-Qwen-1.5B在数学基准测试中优于GPT4o和Claude3.5 Sonnet，在AIME上达到28.9%，在MATH上达到83.9%。其他密集模型也取得了令人印象深刻的结果，显著优于基于相同基础检查点的其他指令微调模型。未来，研究团队计划在以下方向对DeepSeek-R1进行研究：

（1）通用能力：目前，DeepSeek-R1 在函数调用、多轮、复杂角色扮演和JSON 输出等任务方面的能力不如 DeepSeek-V3。未来，我们将探索如何利用长CoT来增强这些领域的任务。

（2）语言混合：DeepSeek-R1目前针对中文和英文进行了优化，这可能会导致在处理其他语言的查询时出现语言混合问题。例如，即使查询语言不是英文或中文，DeepSeek-R1也可能使用英文进行推理和回复。我们计划在未来的更新中解决这个问题。

（3）提示工程：在评估DeepSeek-R1时，我们观察到它对提示敏感。少样本提示会持续降低其性能。因此，我们建议用户直接描述问题并使用零样本设置指定输出格式，以获得最佳结果。

（4）软件工程任务：由于评估时间过长，影响了RL过程的效率，因此大规模RL没有在软件工程任务中得到广泛应用。因此，DeepSeek-R1在软件工程基准测试中相对于DeepSeek-V3没有表现出巨大的改进。未来版本将通过在软件工程数据上实施拒绝采样或在RL过程中引入异步评估来解决这个问题，以提高效率。（论文网址：https://arxiv.org/pdf/2501.12948v1）

在DeepSeek开放平台通过API调用使用大模型，也可以下载开源的模型，根据自己的硬件条件和需要进行本地化部署。DeepSeek开放平台网址：https://platform.deepseek.com/。一些小规模的模型可以部署在本地电脑上，用于处理自己的文件和完成一些任务。

14.2 DeepSeek促进了开源生态

1. DeepSeek开源的模型

截至2025年2月，DeepSeek开源了多款大模型，主要包括以下几个系列模型和其他具体模型：

（1）DeepSeek-V3 系列。

· **参数规模**：6710亿参数。

· **架构**：基于MoE架构，每次处理任务时仅激活约370亿参数，显著降低推理成本。

· **特点**：支持多词元预测（MTP），生成速度提升至60 TPS（每秒生成60个token）。在多项基准测试中表现优异，性能接近GPT-4o等闭源模型。

· **训练成本**：总训练成本约为557.6万美元，远低于同类闭源模型。

（2）DeepSeek-R1 系列。

· **参数规模**：6710亿参数（R1和R1-Zero）。

· **架构**：同样采用MoE架构，优化推理任务。

· **特点**：

R1：在多个推理基准测试中的表现优于OpenAI的o1模型，特别是在编程任务（如LiveCodeBench）中表现突出。

R1-Zero：通过纯强化学习训练，无需监督微调，展示了推理能力的突破，但输出质量有限。

· **蒸馏模型**：从R1系列中蒸馏出多个小规模模型，参数规模从15亿到700亿不等，硬件效率更高。

（3）JanusPro 系列。

· **参数规模**：7B和1.5B两种型号。

· **特点**：多模态AI模型，优化了文本到图像的指令跟踪能力和生成稳定性。在GenEval和DPGBench基准测试中击败了OpenAI的DALLE 3和Stable Diffusion。

（4）DeepSeek-V2 系列。

· **特点**：作为V3的前代模型，V2系列同样基于MoE架构，性能与GPT-4-Turbo相当，但成本仅为GPT4的1%，被誉为“AI界拼多多”。

（5）其他蒸馏模型。

· **R1-Distill-Qwen-32B**：基于Qwen开源模型系列，性能优于OpenAI-o1-mini。

· **其他小规模模型**：参数规模从15亿到700亿不等，适用于资源有限的环境。

DeepSeek通过开源V3、R1、JanusPro等系列模型，展示了其在AI大模型领域的技术实力和成本优势。这些模型不仅在性能上接近甚至超越闭源模型，还通过MoE架构和蒸馏技术显著降低了推理和训练成本，推动了开源AI生态的发展。

2. 免费开源和部分免费开源的模型

截至2025年2月，DeepSeek开源的大模型中，部分模型是免费开源的，但也有一些模型仅部分开源或未完全免费。

（1）完全免费开源的模型。

· **DeepSeek-V3 系列**：DeepSeek-V3 是免费开源的，包括其代码、权重和训练细节。用户可以在GitHub等平台上获取完整的模型资源，并用于研究、商业或其他用途。

· **DeepSeek-V2 系列**：作为V3的前代模型，V2系列也是完全免费开源的。提供了完整的模型权重和训练代码。

· **部分蒸馏模型**：从R1系列中蒸馏出的小规模模型（如15亿到700亿参数的模型）通常是免费开源的。这些模型旨在降低硬件需求，适合资源有限的环境。

（2）部分开源或未完全免费的模型。

· **DeepSeek-R1 系列**：R1系列（包括R1和R1-Zero）虽然开源，但部分功能或权重可能受到限制。例如，R1-Zero的完整训练数据或某些优化版本可能未完全公开。

· **JanusPro 系列**：JanusPro系列（7B和1.5B）虽然是开源的，但其多模态能力（如文本到图像生成）可能需要额外的许可或付费支持。部分高级功能可能仅对商业用户开放。

（3）开源协议。

· DeepSeek的开源模型通常采用Apache 2.0或MIT等宽松的开源协议，允许用户自由使用、修改和分发。但对于某些商业用途或高级功能来说，可能需要遵守额外的条款或支付费用。

· DeepSeek的大部分模型（如V3系列、V2系列及部分蒸馏模型）是完全免费开源的，适合研究和个人使用。部分模型仅部分开源，或对商业用途有一定限制。如果需要使用这些模型，需要查看具体的开源协议和官方文档，以确保合规使用。

14.3 DeepSeek的创新点与火爆全球的原因

1. 技术创新的三大支柱

（1）MoE架构。

DeepSeek的创新之一是其采用的MoE架构。这一架构通过引入动态路由和稀疏激活技术，使得模型仅在需要时激活一部分参数，而非一次性激活所有参数。这样，DeepSeek能够以较少的计算资源获得极高的推理性能。例如，DeepSeek-V3仅激活了约370亿参数，却实现了与更为庞大的模型相媲美的性能。这种灵活高效的计算方式，大大降低了计算成本，同时提升了推理速度，使得DeepSeek在计算力消耗和推理能力之间实现了完美的平衡。

（2）强化学习驱动的推理能力。

另一个突破性创新是DeepSeek的强化学习驱动推理能力。DeepSeek通过多阶段的RL训练，使得其AI模型不仅具备常规的数据处理能力，还能够“自发涌现”出复杂的逻辑推理能力。例如，R1模型在群体奖励优化和冷启动数据引入的帮助下，能够逐步提升推理精度，甚至展现出类似“顿悟”的现象——AI在面对复杂问题时，能够突破常规思维，产生新的解决方案。这一能力，使得DeepSeek在应对多变的任务和复杂的决策场景时展现出无与伦比的优势。

（3）工程优化与开源模式。

在工程优化方面，DeepSeek的技术团队通过从数据清洗到FP8混合精度训练的全流程优化，将整体训练成本降至行业的1/10。例如，R1模型的训练成本仅为560万美元，相比之下，传统大型AI模型的训练成本高得多。这一成本优势，使得DeepSeek在广泛应用和普及方面具备了巨大的潜力。而且，DeepSeek坚持开源模式，将模型代码和技术论文全部公开，吸引了全球范围内的开发者共同参与复现与改进。这种开放性和透明度，推动了技术的快速发展，并促进了AI技术的民主化进程。

2. 受到全球关注的三大原因

（1）性价比革命。

DeepSeek的一个关键亮点是其卓越的性价比，尤其是在推理性能上，DeepSeek能够以OpenAI仅1%的成本实现同等的性能表现。例如，DeepSeek-V3在性能上与GPT-4o相媲美，但其计算资源消耗却远低于传统的大型模型。这一突破性优势，打破了“算力垄断”格局，挑战了那些依赖于超高算力的传统AI模型，并使得高性能AI技术不再是少数大型企业的专属，从而推动了整个行业的技术革新与竞争格局的变化。

（2）开源生态。

另一个引发全球关注的原因，是DeepSeek在开源方面的巨大贡献。通过公开发布模型代码和研究论文，DeepSeek为全球开发者提供了一个宝贵的技术平台。加州大学伯克利分校等世界顶级学术机构已经成功复现了DeepSeek的模型，这标志着该技术不再仅存在于少数大公司内部，而是进入了更加开放、透明的生态系统。这种开源的做法，促进了技术创新的共享与合作，使得全球范围内的开发者和研究者都能够参与到DeepSeek的不断演进中，推动了技术民主化。

（3）行业颠覆性。

DeepSeek的创新不仅仅体现在技术和成本上，它还具有深远的行业颠覆性。微软CEO纳德拉曾公开评价DeepSeek，认为它“重新定义了推理计算效率”，这一评价突出了DeepSeek在计算效率上的革命性突破。美国媒体也将其称为“经济实惠的开放竞争对手”，并指出它可能会对当前AI技术市场格局产生深远影响。随着DeepSeek不断扩展其技术应用场景，越来越多的行业和企业开始看到其在降低成本和提高效率方面的巨大潜力，这无疑为整个AI产业带来了新的动力，并推动了全球范围内对AI技术的广泛应用与推广。

14.4 DeepSeek的实操应用

Deepseek的官方网址是https://www.deepseek.com/，可以在官网直接使用对话助手，或者下载手机App使用，也可以点击至他们的开放平台，调用大模型API或者下载开源的大模型。

1. 通用场景与操作技巧

（1）内容创作。

结构化指令公式：场景+目标用户+内容要素+风格要求。

示例：“面向大学生群体的三亚毕业旅行攻略，人均预算3000元以内，需包含交通、住宿、餐饮，网红景点拍照时段建议（避开高峰时段）、必尝的5种海南特色小吃及对应夜市推荐，语言风格活泼有趣”。

（2）智能客服。

指令示例：“以表格形式总结客户常见问题及解决方案”，支持个性化回复生成。

（3）教育辅助。

应用示例：针对《济南的冬天》这篇课文输出教案，帮助教师进行备课。

2. 行业垂直应用

· **金融**：分析市场数据与风险，生成投资报告（如“对比A股与美股2024年波动性”）。

· **医疗**：辅助诊断时输入“根据患者症状和化验结果，列出可能的疾病及置信度”。

· **设计**：生成室内设计方案草图或优化代码架构（如“重构Python代码以提高运行效率”）。

应用示范：生成45㎡LOFT户型智能家居方案。要求：①标注小米/华为生态兼容设备；②预留适老化改造空间；③3D模型代码可直接导入AutoCAD。

DeepSeek在不同场景的应用需把握以下几点：

· **指令颗粒度**：从“设计智能家居方案”升级到写包含兼容某些设备、预留适老化改造空间这样的设计方案。

· **领域适配**：医疗场景侧重循证验证，教育领域强调启发式引导，金融应用需嵌入实时数据接口。

· **伦理边界**：始终明确AI的辅助定位，关键决策需保留人类专家复核机制。

建议使用者建立“Prompt模板库”，持续积累如“营销文案生成模板”“设计方案模板”等场景化指令集，最大化释放工具价值。

案例一：毕业生三亚旅游攻略

用户输入：

“面向大学生群体的三亚毕业旅行攻略，人均预算3000元以内，需包含交通、住宿、餐饮，网红景点拍照时段建议（避开高峰时段）、必尝的5种海南特色小吃及对应夜市推荐，语言风格活泼有趣”。

DeepSeek 经过深度思索加联网搜索后，给出以下内容：

🌴 三亚毕业旅行攻略：3000元玩转海岛，朋友圈C位出道！🌊

💰 预算分配：人均3000元，精打细算不踩雷！

1. 交通：往返机票+当地交通 ≈ 1200元。

往返机票：提前蹲守特价机票（6月/9月淡季更划算），北上广出发往返约1500元，但可拼学生折扣或中转航班压到1000元内！

当地交通：公交+共享单车+偶尔打车，5天人均200元。租电动车（50元/天）环海骑行更自由！

2. 住宿：青旅/民宿拼房，5晚 ≈ 600元。

三亚湾/大东海附近民宿，人均100元/晚，和同学拼房更省！想体验网红泳池？选性价比高的设计民宿，拍照超出片。

3. 餐饮：500元吃遍海南味。

早餐嗦粉（10元/碗），午晚餐海鲜拼团（人均50元/顿），留100元给夜市小吃冲刺！

4. 景点门票：500元打卡必去地。

天涯海角（淡季门票80元）、蜈支洲岛（150元）、南山寺（150元），学生证可能有优惠！

剩余300元：买椰子、冲浪体验或夜市剁手备用金！

📷避开人群的网红景点拍照时段

1. 天涯海角：早上7:30开门冲第一波，承包“天涯石”，无路人乱入！

2. 蜈支洲岛：下午4点后登岛，夕阳滤镜+人少到能拍“玻璃海”大片！

3. 椰梦长廊：傍晚5~6点，椰影+落日，随手拍都是《爱乐之城》既视感！

4. 亚龙湾热带天堂森林公园：错峰中午11点，旅行团吃饭时，你独享玻璃栈道！

5. 西岛渔村：上午9点前登岛，骑小电驴穿梭彩色渔船，原生态海岛风get！

🍜 必尝5种海南小吃+夜市推荐

1. 海南粉（酸辣开胃）。推荐地：群众街夜市，本地人扎堆的老字号，10元一碗管饱！

2. 清补凉（椰奶+十几种料）。推荐地：第一市场夜市，郑阿婆清补凉（15元）椰香超浓！

3. 椰子鸡（鲜甜火锅）。推荐地：嗲嗲的椰子鸡（人均80元），三个椰子一锅汤，鸡肉嫩到飞起！

4. 陵水酸粉（黏糊糊的酸辣暴击）。推荐地：解放路小吃街，阿婆路边摊，8元碗酸爽上头！

5. 和乐蟹粥（深夜暖胃神器）。推荐地：亿恒夜市，20元/碗，蟹黄多到溢出来！

特种兵小贴士

1. 防晒：SPF50+防晒霜+草帽，海南紫外线专治不服！

2. 交通：高德地图搜“三亚公交”，实时查车次，拒绝傻等！

3. 砍价：海鲜市场对半砍，加工费按“斤”算，别被“按个”坑了！

毕业旅行不穷游，3000元也能浪到飞起！快拉上室友，三亚的碧海蓝天和美食在等你~

案例二：帮助初中语文老师进行备课

用户输入：

你现在是初中语文老师，请针对《济南的冬天》这篇课文进行备课，并输出教案。

没有启用深度思考和联网查询，DeepSeek回复如下：

新课标语文《济南的冬天》教案

一、教学目标

1. 知识与能力目标

（1）掌握生字词，理解“温晴”“响晴”“安适”等词语的含义。

（2）学习作者抓住景物特征进行描写的方法，体会比喻、拟人等修辞手法的表达效果。

（3）品味文章清新自然的语言风格，感受作者对济南冬天的热爱和赞美之情。

2. 过程与方法目标

（1）通过朗读、品味、讨论等方式，引导学生深入理解课文内容，体会作者情感。

（2）运用比较阅读的方法，引导学生体会不同作家笔下冬天的不同特点。

（3）鼓励学生进行仿写练习，学习作者描写景物的方法。

3. 情感态度与价值观目标

（1）感受济南冬天的独特魅力，培养学生热爱自然、热爱生活的情感。

（2）体会作者对祖国山河的热爱之情，激发学生的爱国热情。

二、教学重难点

1. 教学重点

（1）学习作者抓住景物特征进行描写的方法，体会比喻、拟人等修辞手法的表达效果。

（2）品味文章清新自然的语言风格，感受作者对济南冬天的热爱和赞美之情。

2. 教学难点

（1）理解作者如何通过对比、衬托等手法突出济南冬天的特点。

（2）体会文章蕴含的深刻情感，感受作者对祖国山河的热爱。

三、教学过程

（一）导入新课（5分钟）

（1）播放关于济南冬天的视频或图片，引导学生感受济南冬天的独特魅力。

（2）提问：你印象中的冬天是怎样的？济南的冬天又有什么不同？

（3）引出课文《济南的冬天》，并简要介绍作者老舍。

（二）初读课文，整体感知 (10分钟)

（1）学生自由朗读课文，注意读准字音，读通句子。

（2）思考：课文主要写了什么内容？作者对济南冬天的总体印象是什么？

（3）引导学生概括课文主要内容，并找出文中直接表达作者对济南冬天感受的句子。

（三）精读课文，品味语言 (20分钟)

1. 品味“温晴”的冬天

引导学生找出描写济南冬天“温晴”特点的句子，并分析作者是如何运用比喻、拟人等修辞手法来表现这一特点的。

例如：“一个老城，有山有水，全在天底下晒着阳光，暖和安适地睡着，只等春风来把它们唤醒。”这句话运用拟人的修辞手法，将济南的老城、山水人格化，生动形象地写出了济南冬天温暖舒适的特点。

2. 品味“响晴”的冬天

引导学生找出描写济南冬天“响晴”特点的句子，并分析作者是如何运用对比、衬托等手法来突出这一特点的。

例如：“在北中国的冬天，而能有温晴的天气，济南真得算个宝地。”这句话通过与北中国其他地方的冬天进行对比，突出了济南冬天“温晴”的特点。

3. 品味“安适”的冬天

引导学生找出描写济南冬天“安适”特点的句子，并分析作者是如何通过描写人们的活动来表现这一特点的。

例如："小山整把济南围了个圈儿，只有北边缺着点口儿。这一圈小山在冬天特别可爱，好像是把济南放在一个小摇篮里，它们安静不动地低声地说：'你们放心吧，这儿准保暖和。'"这句话运用比喻的修辞手法，将小山比作摇篮，生动形象地写出了济南冬天温暖舒适、安适宁静的特点。

（四）拓展延伸，深化理解（10分钟）

（1）比较阅读：将《济南的冬天》与《沁园春·雪》进行比较，引导学生体会不同作家笔下冬天的不同特点。

（2）仿写练习：引导学生模仿课文的写法，描写自己家乡的冬天，注意抓住景物特征，运用恰当的修辞手法。

（五）总结全文，升华情感（5分钟）

（1）引导学生回顾课文内容，总结作者描写济南冬天的写作方法。

（2）体会作者对济南冬天的热爱和赞美之情，感受作者对祖国山河的热爱。

（3）鼓励学生用心观察生活，发现生活中的美，并用文字记录下来。

四、板书设计

《济南的冬天》温晴：比喻、拟人；响晴：对比、衬托；安适：人们的活动热爱、赞美

五、作业布置

（1）背诵课文第三自然段。

（2）仿照课文的写法，写一篇描写家乡冬天的短文，题目自拟。

六、教学反思

本节课的教学设计注重引导学生通过朗读、品味、讨论等方式，深入理解课文内容，引导学生进行仿写练习，提高学生的写作能力。同时，还要注意引导学生体会文章蕴含的深刻情感，感受作者对祖国山河的热爱，培养学生的爱国情怀。

案例三：生成LOFT户型智能家居方案

用户输入：

生成45㎡LOFT户型智能家居方案。要求：①标注小米/华为生态兼容设备；②预留适老化改造空间；③3D模型代码可直接导入AutoCAD。

DeepSeek经过深度思索加联网搜索后，给出以下内容：

以下是为45㎡ LOFT户型设计的智能家居方案，综合了小米/华为生态兼容设备、适老化改造预留空间及3D模型设计建议，方案可直接导入AutoCAD使用。

一、户型规划与智能系统架构

1. 空间分区

一层：玄关、开放式厨房+餐厅、客厅、卫生间（干湿分离）。

二层：卧室+工作区、储物空间。

垂直动线：楼梯区域需预留传感器安装位，如人体感应灯、扶手集成紧急呼叫按钮。

2. 网络与协议

采用双频Wi-Fi 6路由器（如小米AX6000或华为AX3 Pro），搭配Zigbee网关（小米多模网关/华为智能网关），确保全屋设备稳定连接。

协议兼容性：优先选择支持多协议（Wi-Fi/Zigbee/蓝牙Mesh）的设备，便于未来扩展。

二、智能设备选型（分区域标注小米/华为生态）

1. 玄关与安防系统

（1）智能门锁

小米生态：小米智能门锁X（支持NFC/指纹/密码，联动米家App）。

华为生态：华为智能门锁Pro（鸿蒙智联，支持3D人脸识别）。

（2）安防监控。

小米：米家智能摄像头2K（支持AI人形追踪）。

华为：华为智选海雀智能摄像头（鸿蒙智联，本地AI存储）。

适老化预留：门锁旁预留紧急按钮接口，墙面预埋电源插座（供未来安装一键呼叫设备）。

2. 客厅与照明系统

（1）照明控制。

小米：Yeelight智能吸顶灯（支持色温调节，联动小爱同学）。

华为：欧普智能吸顶灯（鸿蒙智联，语音/App双控）。

（2）环境感知。

温湿度传感器（小米/华为通用Zigbee协议）。

适老化预留：墙面预留低位开关（高度0.8m），地面采用防滑瓷砖（参考广州适老化改造案例）。

3. 厨房与能源管理

（1）智能家电。

小米：米家智能电磁炉（联动烟感报警器）。

华为：华为智选智能插座（支持能耗监测，鸿蒙生态联动）。

（2）安全防护。

燃气泄漏传感器（小米/华为均支持，报警联动机械手关闭阀门）。

4. 卧室与健康监测（智能床垫）

华为生态：八享时智能床垫（监测心率/呼吸，数据同步至华为健康App）。

小米生态：暂未覆盖，可兼容第三方Zigbee健康监测设备。

适老化改造预留：床头预留电源插座+USB接口（供未来安装紧急呼叫设备或健康监测仪器）。

5. 卫生间与适老化核心区

（1）智能设备。

小米：米家智能浴霸（温湿度联动）。

华为：鸿蒙智联浴霸（支持语音控制）。

（2）适老化设计。

坐式淋浴器（预留安装空间），墙面预埋扶手支架（高度可调），地面防滑处理。

水浸传感器+跌倒检测雷达（华为/小米均支持，报警推送至家属手机）。

三、适老化改造预留方案

1. 空间预留

楼梯扶手内侧预埋走线槽，供未来加装电动升降椅导轨。

卫生间墙体采用轻质隔断，便于后期改造为无障碍通道。

2. 智能化扩展接口

全屋墙面预留86型智能开关底盒（支持零火线），兼容未来语音控制面板升级。

顶部预留智能窗帘电机轨道槽（小米/华为电机通用）。

四、3D模型与AutoCAD导入说明

1. 模型设计

使用 Coohom 或 AiHouse 软件建模（支持DWG格式导出），分层标注智能设备点位（如传感器、插座）及适老化改造区域。

示例代码片段（AutoCAD LISP）：

```lisp
(defun c:smart_home ()
  (command "_layer" "new" "智能设备" "")
  (command "_layer" "new" "适老化预留" "")
  (princ "模型分层完成，可编辑设备点位。")
```

2. 导入注意事项

检查DWG文件版本兼容性（建议保存为AutoCAD 2018格式）。

智能设备图层需标注品牌及协议类型（如“小米Zigbee”“华为HiLink”）。

五、方案优势与成本对比

项目	小米生态方案	华为生态方案
核心优势	性价比高（预算约1.5万）	系统集成度高（预算约2.5万）
适老化适配	需第三方设备补充	原生支持健康监测
扩展性	依赖生态链企业	鸿蒙智联跨品牌兼容

六、实施建议

（1）分阶段部署：优先安装安防、照明、传感器等基础设备，后期逐步扩展适老化模块。

（2）服务支持：华为提供全屋智能设计服务（需额外付费），小米可通过米家App自助配置。

14.5 结语

DeepSeek以“低成本+高性能+开源”的组合拳，重新定义了AI大模型的竞争规则。其技术突破为开发者提供了高效工具，展现了AI普惠化的未来。无论是个人用户还是企业，均可通过精准提问与指令设计，将DeepSeek转化为生产力提升的“智能助手”。

第 15 章 AIGC的未来趋势和挑战

透视AIGC未来：从繁荣愿景到艰巨挑战，解锁创新方向，携手人类智慧，共创技术与创意的新纪元。

15.1 AIGC的发展前景

AIGC发展前景非常广阔，主要体现在以下几个方面：

1. 市场规模的快速增长

市场潜力巨大：AIGC市场需求正迅速增长，据预测，到2030年AIGC市场规模将达到万亿元级别。中国AIGC产业规模在2023年约为143亿元，预计将在未来几年内持续高速增长，到2028年预计将达到7202亿元，甚至有望在2030年突破万亿元大关。

投资热度高：AIGC赛道吸引了大量投资，展现出高热度与高成长性，进一步推动了AIGC技术的研发和市场应用。

2. 技术能力的显著提升

· **算法和模型的不断优化**：随着GANs（生成对抗网络）、CLIP、Transformer等技术的累积融合，AIGC的技术能力得到了显著提升，为其在市场上的广泛应用提供了可能。

· **硬件算力的提升**：硬件算力的提升使得AIGC的核心算法和大模型训练水平不断提高，能够更好地落地应用。

3. 应用领域的不断拓展

· **内容创作革命**：AIGC技术将在文本、图像、音频和视频等多媒体内容的生成上发挥更大作用，改变内容生产和消费的方式，引领一场由生成式AI驱动的内容创作革命。

· **办公和生产力场景**：AIGC应用层创新成为产业发展的确定方向，特别是在办公场景和生产力场景中，AIGC应用将持续扩展，为企业提供更多的生产优化路径选择。AI写作、AI绘画、视频生成等应用已经广泛应用于内容创作领域，显著提高了工作效率和用户体验。

· **其他领域**：AIGC在营销、教育、影视等多个领域也展现出广阔的应用前景。例如，在营销领域，AIGC通过生成创意内容，满足企业个性化、精准化的营销需求；在教育领域，AIGC可以生成虚拟教师、智能辅导助手等，为教育行业提供新的教学模式。AIGC技术可能会在教育领域引发变革，通过个性化学习内容和智能辅导，为用户提供更加高效和定制化的学习体验。

4. 创新应用的不断涌现

· **AI Agent**：AI Agent作为大模型落地业务场景的主流形式，将赋予AIGC感知、记忆、规划和行动能力，推动“人机协同”成为新常态。例如，AI Agent可以根据个人在线互动和参与事务处置时的信息，了解和记忆个体的兴趣、偏好、日常习惯，识别个体的意图，主动提出建议，并协调多个应用程序去完成任务。

· **超级入口**：AIGC将加速超级入口的形成，通过整合多个应用和服务，为用户提供更加便捷、高效的使用体验。

5. 商业模式创新

互联网数据中心预测，2024年33%的G2000企业将利用创新的商业模式，使GenAI（通用人工智能）的货币化潜力翻倍，表明AIGC将推动全新的商业生态和价值创造方式。

6. 政策环境的不断优化

· **政策支持**：国家出台多项政策推动AIGC行业发展，为AIGC技术的研发和应用提供了良好的政策环境。随着政策的进一步落实和完善，AIGC行业将迎来更加广阔的发展空间。

15.2 AIGC面临的挑战和问题

随着AIGC技术的飞速发展，其在各个领域的应用日益广泛，但也面临着诸多挑战和问题。

1. 数据安全和隐私保护

AIGC 系统的训练和应用需要大量数据，其中可能包含个人隐私信息。如何确保数据的安全存储、传输和使用，防止数据泄露和滥用，成为首要挑战。需要注意以下几个方面：

· **加强数据保护法规建设**：制定和完善数据安全和个人隐私保护相关法律法规，明确数据收集、使用、存储和删除的规范。

· **发展数据安全技术**：推动数据加密、匿名化处理、联邦学习等技术的研究和应用，确保数据安全。

· **增强用户意识**：加强数据安全教育和宣传，增强用户的数据保护意识，引导用户合理授权和使用 AIGC 服务。

2. 技术滥用和误用

AIGC 技术的滥用和误用可能引发虚假信息传播、版权纠纷、Deepfake 等问题，对社会造成负面影响。需要注意以下几个方面：

· **建立健全监管机制**：制定 AIGC 技术使用规范，加强内容审核，防止其被用于不当目的。

· **推动行业自律**：建立行业自律组织，制定 AIGC 伦理准则，引导企业合规使用 AIGC 技术。

· **加强技术研发**：开发可用于检测和识别虚假信息的 AIGC 技术，降低虚假信息传播的风险。

3. 技术快速迭代带来的挑战

AIGC 技术更新换代速度快，企业和个人需要不断学习和适应新技术，只有这样才能保持竞争力。需要做到以下几个方面：

· **加强技术研发和创新**：推动AIGC技术的持续改进和优化，提高其稳定性和可靠性。

· **加强人才培养和引进**：培养更多 AIGC 领域的专业人才，满足产业发展需求。

· **推动技术标准和规范建设**：制定 AIGC 技术标准和规范，促进技术应用的标准化和规范化。

4. 数据量和多模态数据处理的挑战

随着数据量的爆炸性增长和多模态数据的出现，AIGC 技术面临着更大的存储和处理挑战。需要从以下两方面应对：

· **发展高效的数据处理技术**：开发分布式存储、智能缓存等技术，提高数据处理效率和降低存储成本。

· **加强多模态数据处理研究**：研究多模态数据的融合和处理技术，更好地满足 AIGC 技术的需求。

5. 高质量数据的稀缺性

高质量数据的获取和标注成本高昂且耗时较长，成为制约 AIGC 技术进一步发展的瓶颈。需要关注以下三个方面：

· **加强数据共享和合作**：建立数据共享平台，推动高质量数据的开放和共享。

· **加强数据标注和清洗技术研究**：开发高效的数据标注和清洗技术，提高数据的质量和可用性。

· **加大投入力度**：政府和企业可以加大投入力度，支持高质量数据的采集和标注工作。

6. 其他挑战

除了以上主要挑战，AIGC 还面临以下问题：

· **版权和创作归属问题**：如何确定 AI 生成内容的版权归属，需要法律和政策的明确。

· **内容真实性和可靠性**：如何确保 AI 生成内容的准确性和可靠性，尤其是将 AIGC运用在新闻、教育和研究领域。

· **伦理和道德问题**：如何平衡 AIGC 技术的创新和应用与伦理道德之间的关系。

· **技术局限性和改进需求**：AIGC 技术在创造真正原创和富有深度的作品方面仍有局限，需要持续改进和优化。

· **法律和监管的跟进**：现有的法律和监管体系可能跟不上 AIGC 技术的步伐，需要制定和更新相关的法律法规。

· **就业和市场影响**：AIGC 技术可能会在某些领域取代人类工作，需要政府和社会共同努力，确保技术进步不会导致大规模失业。

AIGC 技术的发展和应用带来了巨大的机遇，但也面临着诸多挑战。需要政府、企业、科研机构和社会各界共同努力，加强技术研发和创新、完善法规和标准、加强人才培养和引进等措施的落实和执行，才能推动 AIGC 技术健康发展和广泛应用，为社会创造更大的价值。

15.3 未来研究方向和机遇

AIGC作为人工智能领域的一个重要分支，其未来研究方向和机遇主要体现在以下几个方面：

1. 未来研究方向

· **多模态大模型的发展**：未来的AIGC将更加注重多模态智能的发展，即能够同时处理文本、语音、图像等多种类型的数据。这种多模态能力将使得AIGC系统更加全面和智能化，能够更好地适应各种场景和需求。

· **个性化定制与用户体验优化**：随着用户需求的多样化，未来的AIGC系统将更加注重个性化定制，根据用户的偏好和需求提供定制化的服务和体验。这将涉及对用户数据的深度挖掘和分析，以及更加智能化的推荐算法和交互设计。

· **行业应用的深化与拓展**：AIGC技术已经在金融、医疗、工业等多个领域得到了应用，未来这些应用将不断深化，并拓展到更多新的领域。例如，在医疗领域，AIGC技术可以应用于疾病诊断、药物研发等方面，提高医疗服务的效率和准确性；在工业领域，则可以用于生产优化、设备维护等方面，降低生产成本和提高生产效率。

· **技术融合与创新**：未来的AIGC技术将与其他技术如区块链、物联网等进行深度融合，形成更加完善的技术生态体系。这种技术融合将带来更加丰富的应用场景和商业模式，推动AIGC技术的持续发展。

AIGC对人类社会的影响与应对策略：预计到2045年，大约50%的工作岗位可能被AI技术取代。在这一背景下，具备创造力和深度思考等能力的高阶智能人才将变得更加重要。同时，生产效率的提升可能引发社会结构和分配方式的深刻变革，因此需要重塑分配制度以维持供需平衡，确保社会的和谐稳定。

2．机遇

· **市场需求增长**：随着人工智能技术的普及和应用场景的拓展，AIGC技术的市场需求将持续增长。特别是在内容创作、客户服务、市场营销等领域，AIGC技术将发挥越来越重要的作用。

· **政策支持与资金投入**：各国政府都在积极推动人工智能技术的发展，并出台了一系列相关政策和措施来支持AIGC技术的研发和应用。同时，随着资本市场对人工智能技术的关注度持续加大，越来越多的资金将投入AIGC技术的研发中。

· **技术突破与产业升级**：随着算法和模型的不断优化及硬件算力的提升，AIGC技术的智能化水平将不断提高。这将推动相关产业的升级和转型，为经济发展注入新的动力。

· **人才培养与团队建设**：随着AIGC技术的不断发展，对人才的需求也将不断增加。未来将需要更多具备人工智能、机器学习、数据挖掘等领域知识和技能的人才来推动AIGC技术的研发和应用。

AIGC技术未来的研究方向将围绕多模态智能、个性化定制、行业应用深化与拓展及技术融合与创新等方面展开；同时，市场需求增长、政策支持与资金投入、技术突破与产业升级及人才培养与团队建设等方面将为AIGC技术的发展提供广阔的机遇。

15.4 如何确保人类智慧与创造力的持续发展

在当今世界，AIGC正以前所未有的速度改变着我们的生活和工作方式。从智能写作到艺术创作，从音乐编曲到游戏设计，AIGC正在跨越传统界限，展现前所未有的能力。然而，在这个充满无限可能的时代，确保人类智慧与创造力的持续发展成为一个重要而复杂的挑战。为了迎接这一挑战，以下策略和建议显得尤为关键：

1．重视教育与终身学习

随着AI技术的不断演进，终身学习已成为个人成长的必要条件。教育体系应当与时俱进，聚焦于创新思维、批判性思考能力、问题解决能力和跨学科知识的培养。这不仅有助于个人适应快速变化的职业环境，还能激发内在的创造力，形成不可替代的人类优势。

2．鼓励人文与艺术教育

尽管AI能够高效完成标准化任务，但人类独有的创造力、情感表达和同理心却依然无可替代。因此，加强对人文、艺术和社会科学领域的教育，对于培养人类特有的“软技能”至关重要，这将确保人类在智能时代仍能发挥独特价值。

3．科技与人文的融合

鼓励科技与艺术、文学等人文领域的跨界合作，这样能够碰撞出新的创意火花。通过AI辅助的文学创作、艺术设计和音乐制作，人类创作者可以站在技术的肩膀上，探索未知的艺术疆界，同时确保人类智慧始终处于核心位置。

4．AI伦理与哲学教育

伴随AI技术的普及，相关的伦理和哲学议题日益凸显。AI伦理、数据隐私和责任讨论应纳入教育体系，旨在培育具备高度社会责任感的公民，确保AI技术的健康发展。

5．创新与研究的支持

政府和企业应加大对基础及应用研究的投资，尤其关注AI与人类创造力交汇的前沿领域。这有助于深化AI对人类智慧的理解，开发出既能辅助人类又能激发人类创造力的AI工具。

6．多样性与包容性的促进

多样性是创新的催化剂。在AIGC时代，强调不同背景、文化和观点的融合，这可以促进更广泛、更深层次的创造力涌现，构建一个多元共生的创新生态。

7．技术进步与社会福祉的平衡

在推动AI技术革新的同时，必须审慎评估其对就业市场、社会结构和人类福祉的影响。政策制定者应确保技术发展的红利能够公平地惠及社会各阶层，避免技术鸿沟的扩大。

8．个人发展与职业规划

个体应主动规划职业生涯，识别并培养AI难以复制的技能，如领导力、战略规划和复杂决策能力。这不仅能增强个人竞争力，也是对人类智慧与创造力的有力维护。

面对AIGC时代的机遇与挑战，采取上述策略不仅能确保人类智慧与创造力的持续发展，还将促成人机和谐共存的新局面。在这个过程中，我们不仅要拥抱技术变革带来的便利，更要坚守人类智慧的光芒，让创造力成为引领未来的不竭动力。

第 16 章 相关概念及常用术语

汇集人工智能与AIGC领域知识——从专业术语到前沿资源，特别呈现文生图像Prompt技巧，助您轻松驾驭创意表达，探索无限可能。

16.1 人工智能与AIGC常用术语

16.1.1 人工智能常用术语

人工智能领域涉及众多专业术语，这些术语涵盖了从基础理论到具体应用的各个方面。以下是一些人工智能领域常用的术语。

1. 基础概念

· **人工智能（Artificial Intelligence, AI）**：由人工制造出来的系统所表现出来的智能。它通常涉及机器学习、自然语言处理、计算机视觉等多个子领域。

· **通用人工智能（Artificial General Intelligence, AGI）**：一种具有广泛认知能力的人工智能，能够在各种各样的任务和环境中表现出与人类相当的智能水平。

· **机器学习（Machine Learning, ML）**：一种使计算机系统能够自动地从数据中学习并改进其性能的技术。它不需要进行明确的编程即可让计算机完成任务。

· **深度学习（Deep Learning, DL）**：机器学习的一个分支，通过构建深层的神经网络来模拟人脑的学习过程。它在图像识别、语音识别等领域取得了显著成果。

2. 关键技术

· **神经网络（Neural Networks, NNs）**：一种模仿生物神经网络结构和功能的数学模型。它由大量的神经元（节点）和连接这些神经元的边（权重）组成。

· **卷积神经网络**（Convolutional Neural Networks, CNNs）：一种特殊类型的神经网络，特别适用于处理具有网格结构的数据（如图像）。它通过卷积操作来提取数据的局部特征。

· **循环神经网络**（Recurrent Neural Networks, RNNs）：一种能够处理序列数据的神经网络。它能够记住之前的信息并用于当前的计算，因此特别适用于自然语言处理等领域。

· **生成对抗网络**（Generative Adversarial Networks, GANs）：由生成器和判别器两个子网络组成的网络结构。生成器负责生成逼真的数据，而判别器则负责区分生成的数据和真实的数据。两者通过相互对抗的方式进行训练。

3. 算法与模型

· **监督学习**（Supervised Learning）：一种机器学习算法，它使用标记好的数据集来训练模型，以便模型能够学习如何将输入数据映射到输出数据。

· **无监督学习**（Unsupervised Learning）：一种机器学习算法，它使用未标记的数据集来训练模型，以便模型能够发现数据中的隐藏模式或结构。

· **强化学习**（Reinforcement Learning, RL）：一种机器学习算法，它通过让智能体（Agent）在环境中进行试错学习来优化其行为策略。智能体通过执行动作并接收环境的反馈（奖励或惩罚）来不断改进其行为。

4. 应用领域

· **自然语言处理**（Natural Language Processing, NLP）：研究人与计算机之间用自然语言进行有效通信的各种理论和方法。它涉及语言理解、语言生成等多个方面。

· **计算机视觉**（Computer Vision, CV）：研究如何使计算机能够像人类一样理解和解释图像和视频的技术。它涉及图像识别、目标检测等多个领域。

· **智能机器人**（Intelligent Robot）：一种能够感知环境、理解任务并自主执行任务的机器人。它结合了机械、电子、传感器、人工智能等多个领域的技术。

5. 其他术语

· **数据挖掘**（Data Mining）：从大量数据中提取有用信息或知识的过程。它通常涉及数据预处理、模式识别等多个步骤。

· 知识图谱（Knowledge Graph）：一种用图形结构表示实体之间关系的语义网络。它可以帮助计算机更好地理解和解释人类语言中的复杂概念。

· 自主计算（Autonomic Computing）：一种使计算机系统能够自我管理和自我优化的技术。它可以根据系统的运行情况和任务需求自动调整资源分配和计算策略。

· 缩放法则（Scaling Law）：当模型参数、数据集规模和计算量等因素增大时，模型性能会呈现一定的规律性变化。这种规律性变化通常表现为幂律关系，即模型性能与这些因素的某个幂次方成正比。

16.1.2 AIGC常用术语

AIGC领域涉及多个技术和概念，以下是一些常用的术语。

1. 基础概念

· 人工智能（AI）：一种计算机科学技术，使机器能够模仿人类智能行为。

· 机器学习（ML）：一种通过训练数据和算法来改进模型性能的AI子领域。

· 深度学习（DL）：基于多层神经网络的机器学习方法，常用于处理复杂的模式和数据，如图像、语音和自然语言处理等。

2. 关键技术

· 生成式人工智能（Generative AI）：一种通过模型学习和生成新的数据（如图像、音频、文本等）内容的技术。

· 自然语言处理（NLP）：研究如何使计算机能够理解、解释和生成人类语言的技术。

· 计算机视觉（CV）：使计算机能够理解和解释视觉信息的AI领域。

· 神经网络（Neural Networks）：由人工神经元构成的大规模计算系统，用于模拟和解决各种问题。

· 卷积神经网络（CNNs）：专门用于处理图像数据的深度学习神经网络。

· 循环神经网络（RNNs）：用于处理序列数据的神经网络，常用于自然语言处理和时间序列预测。

· 变换器（Transformer）：一种用于处理序列数据的深度学习模型，广泛应用于自然语言处理。

· 生成对抗网络（GANs）：通过生成器和判别器相互进行对抗训练的模型，用于生成逼真的数据。

3. 模型与方法

· **预训练**（Pre-training）：在大规模数据集上训练模型，然后在特定任务上进行微调的过程。

· **微调**（Fine-tuning）：在特定任务或数据集上对预训练模型进行进一步训练以提高性能。

· **迁移学习**（Transfer Learning）：将在一个任务中学到的知识应用到另一个相关任务中。

· **强化学习**（Reinforcement Learning）：通过奖励和惩罚机制训练智能体的机器学习方法。

· **注意力机制**（Attention Mechanism）：在处理序列数据时，允许模型关注重要部分的一种技术。

4. 评估与优化

· **损失函数**（Loss Function）：衡量模型预测与真实值之间差异的函数。

· **梯度下降**（Gradient Descent）：一种优化算法，用于通过逐步调整参数以得到最小化的损失函数。

· **正规化**（Regularization）：防止模型过拟合的一种技术，通过加入惩罚项来约束模型复杂度。

· **过拟合**（Overfitting）：模型在训练数据上表现良好，但在新数据上表现不佳的情况。

· **欠拟合**（Underfitting）：模型在训练数据和新数据上都表现不佳的情况。

5. 数据处理

· **数据增强**（Data Augmentation）：通过对训练数据进行变换以增加数据量和多样性的方法。

· **特征工程**（Feature Engineering）：从原始数据中提取和选择有用特征的过程。

6. 其他相关术语

· **用户生成内容**（User-Generated Content, UGC）：由用户创作并分享的内容，如文章、图片、视频等。

· **大型预训练模型**：在AIGC中，这些模型通过大量数据训练，以提高其理解能力和生成内容的能力。

· **智能数字内容孪生**：将数字内容从一个维度映射到另一个维度的技术，主要用于内容的增强与转译。

16.2 推荐资源

16.2.1 开放平台与大模型

以下为国内大型预训练模型的开放平台网址：

· BigModel：https://bigmodel.cn/

· 飞桨：https://www.paddlepaddle.org.cn/

· 阿里云天池：https://tianchi.aliyun.com/

· Tencent AI Lab：https://ailab.tencent.com/

· 科大讯飞：http://www.iflytek.com/

· 商汤日日新：https://platform.sensenova.cn/

· ModelArts：https://www.huaweicloud.com/product/modelarts.html

· 扣子：https://www.coze.cn/

· MiniMax：https://platform.minimaxi.com/

· 旷视科技：https://www.megvii.com/

· 商汤科技：https://www.sensetime.com/

· 依图科技：http://www.yitutech.com/

· Horizon Robotics：http://www.horizon-robotics.com/

· 小米AI：https://ai.mi.com/

这些平台提供了各种预训练模型，涵盖计算机视觉、自然语言处理、语音识别等领域。部分平台可能需要注册或申请权限才能使用其模型。

以下为国外大型预训练模型的开放平台，这些平台提供了各种先进的大型语言模型（LLMs）：

· Hugging Face：提供了多种开源的大型语言模型，例如BLOOM和OPT。

· OpenAI：开发了GPT-4o，这是目前最先进的OpenAI语言模型，具有文本、图像、视频和语音等多模态功能。

· Anthropic：推出了Claude 3，这是一个与GPT-4和ChatGPT竞争的语言模型。

· xAI：由马斯克（Elon Musk）的AI初创公司开发，推出了Grok-1，有3140亿参数。
· Mistral AI：开发了Mistral 7B和Mixtral 8x22B等模型。
· Google：推出了PaLM 2和Gemini 1.5等模型。
· Meta AI：开发了Llama 3和其他Llama系列模型。
· Stability AI：推出了Stable LM 2。
· Salesforce AI：开发了XGen-7B。
· EleutherAI：推出了Pythia。
· Nvidia：开发了Nemotron-4。

这些平台提供的模型涵盖了从文本生成到代码补全、从对话系统到数据分析等多种应用场景。部分模型可能需要通过API访问或满足特定条件才能使用，且这些大模型一直在不断发布新版本。

16.2.2 AI智能助手及绘图AI、视频AI

· 智谱清言：https://chatglm.cn/
· 豆包：https://www.doubao.com/
· Kimi：https://kimi.moonshot.cn/
· 文心一言：https://yiyan.baidu.com/
· 讯飞星火：https://xinghuo.xfyun.cn/
· 通义：https://tongyi.aliyun.com/
· 天工AI：https://www.tiangong.cn/
· 腾讯元宝：https://yuanbao.tencent.com/
· 百小应：https://ying.baichuan-ai.com/
· 零一万物：https://www.lingyiwanwu.com/
· ChatGPT：https://openai.com/
· Midjourney：https://www.midjourney.com/
· 即梦AI：https://jimeng.jianying.com/
· 可灵AI：https://klingai.kuaishou.com/

以上AI助手都有App版本，部分有小程序版本，用户可以根据自己的实际情况选择使用。

16.3 文生图像Prompt

16.3.1 提示词3S-CLPP框架常用词

维度	常用Prompt示例
主题（Subject）	人物、风景、动物、建筑、静物、抽象、历史、科幻、梦幻
风格（Style）	写实、卡通、水墨、油画、版画、极简、表现主义、超现实
色彩（Color）	黑白、暖色调、冷色调、鲜艳、柔和、复古、高对比度
场景（Scene）	室内、室外、城市、乡村、森林、海洋、夜空、战场、日常生活
光线（Lighting）	自然光、人工光、逆光、侧光、软光、硬光、阴影
精度渲染（Precision Rendering）	高清、超高清、低多边形、像素风格、模糊、锐化
构图视角（Perspective）	鸟瞰、俯视、平视、仰视、全景、微距、长焦、鱼眼

16.3.2 风格（Style）的Prompt

以下为一些国外著名画家风格的Prompt，以及该风格的特征：

国外著名画像风格Prompt	特征
毕加索风格（Picasso Style）	抽象主义、立体主义、多角度描绘
莫奈风格（Monet Style）	印象派、光影柔和、色彩丰富
达·芬奇风格（Da Vinci Style）	文艺复兴、精细、对称
凡·高风格（Van Gogh Style）	后印象派、粗犷笔触、色彩鲜艳
米开朗基罗风格（Michelangelo Style）	文艺复兴、雕塑感、力量感
杜尚风格（Duchamp Style）	达达主义、概念艺术
卡拉瓦乔风格（Caravaggio Style）	明暗对比强烈、现实主义
雷诺阿风格（Renoir Style）	印象派、人物画、色彩丰富
马蒂斯风格（Matisse Style）	野兽派、色彩大胆、简练线条
沃霍尔风格（Warhol Style）	波普艺术、丝网印刷、重复图案
塞尚风格（Cézanne Style）	后印象派、结构主义
伦勃朗风格（Rembrandt Style）	明暗对照法、戏剧性光影
拉斐尔风格（Raphael Style）	文艺复兴、和谐、优雅
霍尔拜因风格（Holbein Style）	德国文艺复兴、精细肖像

续表

国外著名画像风格Prompt	特征
奥基夫风格（O'Keeffe Style）	抽象表现主义、放大自然细节
霍珀风格（Hopper Style）	现实主义、孤独感、光影效果
波洛克风格（Pollock Style）	抽象表现主义、滴画法
透纳风格（Turner Style）	浪漫主义、光影变化
康定斯基风格（Kandinsky Style）	抽象艺术、色彩与音乐关联
恩索尔风格（Ensor Style）	表现主义、面具与象征
莫迪利亚尼风格（Modigliani Style）	现代主义、拉长的人物形象
莱热风格（Léger Style）	立体主义、机械美学
利希滕斯坦风格（Lichtenstein Style）	波普艺术、漫画风格

以下为一些中国画风格的Prompt及特征，包括一些中国著名画家的风格及特征：

中国画风格Prompt	特征
工笔画风格	精细、细腻，注重细节和写实性
写意画风格	简洁、自由，注重意境和表现力
岩画风格	古朴、粗犷，多用线条表现，常见于敦煌壁画
水墨画风格	以水墨为主，强调笔触和墨色的变化，追求意境和情趣
浅绛风格	以淡墨和淡彩为主，色彩清淡，意境深远
花鸟画风格	专注于花鸟虫鱼的描绘，讲究生动和情趣
山水画风格	以山水为主题，强调自然景观的意境和气势
人物画风格	专注于人物形象的描绘，包括肖像、故事、神话等题材
张择端风格	北宋画家，以《清明上河图》闻名，注重细节和生动的人物描绘
马远风格	南宋画家，擅长山水画，构图大胆，意境深远
赵孟頫风格	元代画家，风格儒雅、细腻，注重书法入画
黄公望风格	元代画家，擅长山水画，风格古朴、意境深远
唐寅风格	明代画家，擅长山水、人物、花鸟画，风格多变，富有个性
石涛风格	清代画家，擅长山水画，风格独特，注重笔墨的自由表现
齐白石风格	现代画家，擅长花鸟画，风格简练、生动、富有民间气息
徐悲鸿风格	现代画家，擅长画人物和马，风格写实，注重线条和结构的准确性
潘天寿风格	现代画家，擅长花鸟画，风格豪放、用笔大胆
李可染风格	现代画家，擅长山水画，风格厚重、意境深远

16.3.3 光线（Lighting）的Prompt

以下为一些光线的Prompt及效果，包括了一些著名的光线和效果：

光线Prompt	描述
柔和散射光（Soft Scatlered Light）	晴天散射光，光线均匀柔和
金色阳光（Golden Hour Light）	日出或日落时的温暖金色光线
蓝调时刻（Blue Hour Light）	日落之后或日出之前的冷蓝色光线
逆光（Back lighting）	光线从背后照射，形成轮廓光
侧光（Side Lighting）	光线从侧面照射，强调形状和纹理
顶光（Top Lighting）	光线从头顶照射，产生强烈的阴影效果
底光（Bottom Lighting）	光线从下方照射，营造神秘或戏剧性效果
自然光（Natural Light）	室外自然光线，包括直射光和散射光
人工光（Artificial Light）	室内灯光，如白炽灯、荧光灯等
水面反光（Glare on Water）	水面上反射的光线，常见于湖泊和海洋
漫反射光（Diffuse Reflection Light）	光线在粗糙表面上的散射效果
高光（Specular Highlight）	光滑表面上的亮点，强调物体的光泽
阴影与高光（Chiaroscuro）	强烈的光影对比，常见于巴洛克风格绘画
环境光（Ambient Light）	填充场景的柔和光线，减少阴影
聚光灯（Spot light）	集中的光线，常用于舞台或摄影
散射光（Diffuse Light）	在雾天或多云天气中的柔和光线
硬光（Hard Light）	明显的阴影边缘，光线来自单一方向
软光（Soft Light）	柔和的阴影边缘，光线来自多个方向
斯特罗布里奇光（Stroboscopic Light）	频繁闪烁的光线，常用于摄影和舞台效果
萨洛蒙光（Salomon Light）	用于医学和科研的高强度稳定光源
月光（Moon light）	月亮发出的柔和、冷色调的光线
北极光（Aurora Borealis）	极地地区夜空中的自然光现象

16.3.4 构图（Composition）的Prompt

以下为一些构图的Prompt，这些可以帮助用户在创作时考虑不同的画面布局和视觉焦点：

构图Prompt	特征
三分法构图（Ruleof Thirds）	把画面分为九宫格，将重要元素放在交点或线上
黄金分割构图（Golden Ratio）	使用黄金分割点来定位画面中的重要元素

续表

构图Prompt	特征
对称构图（Symmetrical Composition）	画面左右或上下对称，创造平衡感
非对称构图（Asymmetrical Composition）	画面元素分布不均匀，创造动态感
中心构图（Central Composition）	将主要元素放在画面中心
前景构图（Foreground Composition）	在画面前方放置元素，增加深度感
引导线构图（Leading Lines）	使用线条引导观众视线到画面焦点
框架构图（Framing Composition）	使用自然或人造元素在画面周围形成框架
层次构图（Layering Composition）	通过前景、中景、背景的层次来增加画面深度
负空间构图（Negative Space）	在主体周围留出大量空白，强调主体或创造特殊视觉效果
动态构图（Dynamic Composition）	通过倾斜或曲线构图来创造动感
静态构图（Static Composition）	通过水平和垂直线条来创造平静或稳定的画面
对比构图（Contrast Composition）	利用形状、颜色、光线等对比元素来增强视觉效果
重复构图（Repetition Composition）	通过重复元素来创造节奏和模式
点构图（Point Composition）	以一个或多个点作为视觉焦点
线构图（Line Composition）	使用线条的走向和排列来引导视觉流动
面构图（Shape Composition）	利用形状的排列和组合来构建画面
空间深度构图（Depth Composition）	通过透视、大小、重叠等手法在二维画面中创造三维空间感
焦点构图（Focus Composition）	通过景深控制，使某部分画面清晰而其他部分模糊，以突出焦点
裁剪构图（Cropping Composition）	通过裁剪画面边缘来聚焦主题或创造特殊的视觉效果
简洁构图（Minimalist Composition）	减少画面元素，强调极简主义

16.3.5 视角（Perspective）的Prompt

以下为一些视角的Prompt，这些可以帮助用户在创作时考虑不同的视觉角度和空间感：

视角Prompt	特征
鸟瞰视角（Bird's-eye View）	从高处向下看，通常用于展示广阔的场景或复杂的布局
俯视视角（Overhead View）	直接从正上方往下看，常用于展示平面图或游戏地图
平视视角（EyeLevel View）	与观察者眼睛平行的高度，模拟日常视角
仰视视角（Worm's-eye View）	从低处向上看，常用于强调对象的高度或力量感

续表

视角Prompt	特征
全景视角（Panoramic View）	广阔的视角，通常包含很宽的视野范围，用于展示壮丽景色
微距视角（Close-up View）	非常近的距离观察，强调细节和纹理
长焦视角（Telephoto View）	使用长焦镜头，压缩空间感，使远处物体显得更近
鱼眼视角（Fish eye View）	极端的广角镜头，产生圆形或类似鱼眼的视角，具有强烈的视觉冲击
正交视角（Orthogonal View）	没有透视效果的二维视角，所有线条都是垂直或平行的
透视视角（Perspective View）	利用透视原理，模拟人眼观察到的三维空间效果
双视角（Two-point Perspective）	有两个消失点的透视视角，常用于展示建筑的正面
三视角（Three-point Perspective）	有三个消失点的透视视角，用于展示物体在空间中的位置
对角线视角（Diagonal Perspective）	通过对角线布局创造动态和深度感
倾斜视角（Dutch Angle/Tilted View）	倾斜相机角度，创造紧张或失衡的感觉
深度视角（Deep Perspective）	强调深度和远处的空间感，通过透视线条的汇聚来表现
浅度视角（Shallow Perspective）	透视效果较弱，用于平面设计或插画，强调平面感
虚拟视角（Virtual Reality View）	模拟虚拟现实中的视角，提供360度全景体验

16.4 参考文献

[1] 吴军.数学之美[M].北京：人民邮电出版社，2012.

[2] 陈师曾.陈师曾说中国绘画[M].沈阳：万卷出版公司，2018.

AIGC时代

大道至简，创造力的永恒光芒

在中国古代哲学中，“大道至简”是一句富有哲理的名言，出自《道德经》，它揭示了宇宙万物背后的真理往往是最质朴、最直接的。在AIGC盛行的今天，这一古老智慧依然照亮着我们前行的道路，尤其是对于每一个个体而言，创造力这一人类独有的特质，在这个数字化的时代里显得尤为重要和珍贵。

“大道至简”，意味着宇宙间最深刻的道理往往以最简洁明了的方式呈现。在AIGC领域，尽管算法模型日益复杂，技术迭代日新月异，但究其根本，所有创新的源泉都指向了人的创造力。正如“道”虽无形却孕育万物，人类的创造力虽无法量化，却是推动科技进步和社会发展的原动力。

随着AIGC技术的发展，机器能够自动生成文章、音乐、图像、视频、代码等各类内容，甚至可以模仿人类的创作风格，这无疑给传统的创作方式带来了巨大冲击。然而，正是这种冲击，促使我们重新审视创造力的价值。AIGC可以提高效率，丰富表现形式，但它无法完全替代人类的情感深度、文化背景和独到见解。因此，在这个充满挑战的时代，创造力成为个人独特性的体现，是人机协作中不可或缺的人文内核。

“大道至简”的哲学提醒我们，面对AIGC带来的变革，个体应当回归创造力的本质。这意味着，我们要敢于探索未知，保持好奇心，勇于表达自我，善于在复杂的信息海洋中提炼出最纯粹的想法和情感。创造力不应被技术和工具所束缚，相反，它们应成为激发灵感、提升创意的伙伴。通过与AI的互动，我们可以更加专注于创新思维的培养，以及对世界深层次认知的探索。

在AIGC时代的大潮中，人类的创造力如同灯塔，指引着人类前进的方向。它不仅是技术创新的源泉，更是人文精神的基石。正如“大道至简”所传达的智慧，真正的创造力往往源于人们对生活本质的深刻理解和感悟。因此，无论技术如何发展，我们都应保持对创造的热情，对未知的好奇，让这份独特的天赋继续发光发热，引领我们走向更加丰富多彩的未来。

即使在AIGC时代，人类的创造力依然是最根本的存在，它如同古老的智慧一般，虽经千锤百炼，但依旧熠熠生辉，照亮着人类前行的道路。

在探索人类与人工智能共同创作本书旅程的终点，我们衷心地向那些赋予本书生命力的AIGC智能工具表达最深切的感激之情。从智谱清言与ChatGPT的智慧之光，到通义与Midjourney的创意源泉，再到文心一言、豆包、Kimi、讯飞星火、元宝的多才多艺，一路有天工AI音乐相伴，以及清影AI、可灵AI、即梦AI以魔力视频的灵巧手笔点缀其间——每一步都有你们的身影。没有你们的帮助和支持，这本展现AIGC魅力的书籍便无法成形。感谢你们，感谢这些AI背后的开发者们和创造了众多领域知识的人们，让我们共同见证了这个时代的伟大变革！